사진을 곁들인 **실무형 지침서**
양봉학개론

松本文男 著/남상용 역

사진을 곁들인 실무형 지침서
양봉학개론
養蜂大全

松本文男 著 / 남상용 역

특종 꿀벌과 밀원식물도 망라한 양봉대전(養蜂大全)

봉군의 육성에서 채밀, 여왕 만들기, 사양(먹이주기), 월동까지 양봉의 모든 것을 알 수 있다!

RGB

머리말

꿀벌과 함께 살기

　일본에서 화원양봉원을 50세가 되서야 시작한 것은 어린 시절, 사이가 좋았던 친구 집에서 얻어먹었던 꿀맛을 잊을 수 없었기 때문이다. 그 꿀은 절반이 백색으로 결정(結晶)이 되어 있었는데 지금 생각하면 일본의 꿀이 아니었는지도 모른다. 그 후 맛있는 꿀을 찾아 일본 전역 방방곡곡의 꿀을 먹어 보았지만 어떤 것도 그때의 맛에는 미치지 못했다.

　「자신이 먹고 싶은 진짜 꿀을 맛보려면 스스로 벌을 키우는 수밖에 없다」는 결론을 내렸다. 그렇게 생각한 것이 양봉의 길로 들어선 계기가 되었다. 또한 평생 은퇴없이 현역으로 할 수 있는 일을 계속하고 싶다는 마음도 있었다. 저자는 어린 시절부터 동물을 아주 좋아했다. 부모님은 당시에 농사를 짓기 위해 소를 기르고 있었는데 송아지를 유별나게 좋아했던 저자는 나들이나 산책을 나갈 때마다 송아지 뒤를 따라 갔다왔다 할 정도였다. 그때부터 동식물은 정을 주고 키우면 마음을 깊이 소통할 수 있다는 것을 배웠다. 그래서인지 지금도 많은 꿀벌에 둘러싸여 살고 있지만, 꿀벌도 마찬가지라고 생각한다. 꿀벌이 있어야만 양봉 일을 계속할 수 있기에 언제나 꿀벌과 함께 살고자 다짐하고 있다. 일기예보에서 계속 비가 내린다는 예보를 하면 꿀벌을 위해 비상식량을 확보한다. 채밀(採蜜)을 준비하며 아직 날지 못하는 새로 태어난 꿀벌이 벌통 밖에 떨어져 있으면 핀셋으로 주워 넣기도 한다. 벌통 뚜껑을 열 때는 "문을 열어요"라고 말을 걸고, 뚜껑을 닫을 때는 "문을 닫아요. 사이에 끼이면 죽을 수도 있으니 피해요"라고 말을 걸고 있다. 그렇게 매일 꿀벌의 행동을 관찰하면서 보살피고 있으면, 점차 작은 꿀벌들의 마음이 보이게 된다. 지금까지 내가 해온 것들은 모두 꿀벌이 나에게 가르쳐 준 것이다.

　이 책을 저술하면서 타마가와대학(玉川大學) 명예교수인 사사키 마사미 씨에게 대단히 많은 신세를 졌다. 사사키 마사미 씨의 「꿀벌에서 본 꽃의 세계」(카이유샤, 海游舍)를 참고문헌으로 꿀벌의 생태와 밀원식물에 대한 설명을 인용할 수 있게 허락해 주신 것에 깊이 감사드린다. 또한 이와나미 긴타로(岩波金太郞) 씨는 토종 꿀벌의 사육 방법에 대해 협력해 주셨다. 서양 꿀벌뿐만 아니라 일본 토종 꿀벌에 대해서도 자세히 소개해 주신 것에 진심으로 감사드린다.

　꿀벌은 셀수도없이 많은 꽃들을 방문하여 꿀과 꽃가루를 모으고, 수분(pollination)을 돕고 달콤한 꿀을 우리에게 제공해 준다. 우리 인간은 꿀벌이 없이는 생존할 수 없는 존재인 것이다. 봄철에 1마리의 꿀벌은 10마리나 20마리의 꿀벌을 돌본다. 이러하니 1마리의 꿀벌도 무시할 수 없고 꿀벌의 생명을 가볍게 생각하지 않겠다는 마음의 각오를 다지게 된다. 지금까지 20년 이상 이른 아침부터 저녁 늦게까지 꿀벌과 성실하게 마주해온 자세에 대해서는 자부심이 있다. 저자 나름대로 연구를 계속하여 성과를 내고 있는 양봉기술은 꾸준히 쌓아온 경험과 관찰에 불과하다. 그런 저자의 마음과 삶이 조금이라도 여러분의 양봉에 도움이 된다면 본인으로서는 매우 기쁘겠다.

화원양봉장에서 마츠모토 후미오(花園養蜂場 松本文男)로부터

역자의 글

꿀벌은 우리에게 유용한 익충이다. 버릴 것이 하나 없다. 벌이 만들어 주는 벌꿀은 말할 것도 없이 프로폴리스, 로열젤리, 밀랍에다 요리용 수벌 번데기에서 화분 매개에 이르기까지 유익하고 또 유익한 곤충이다. 때로는 벌침에 쏘여 아프고 무섭기도 하지만 이 또한 봉침요법으로 우리에게 유익한 치료를 해주고 애완곤충으로도 유익하다. 작물재배에서 꿀벌이 없는 세상은 상상할 수가 없다. 꿀벌이 없어지면 우리 인류의 생존 자체가 불가능한 상황이 된다. 미물이지만 유익한 혜택을 끊임없이 주는 꿀벌에서 우리 삶의 자세를 되돌아보고 가다듬어야 하지 않을까?

역자는 양봉을 부업으로 하시던 부모님을 따라 조력자의 역할을 한 지가 40여 년이 되었다. 대학 시절에는 작고하신 최승윤 교수께 농업곤충학을 들으며 제대로 된 공부를 해보겠다고 했는데 여의치 않았다. 그래서인지 양봉에 대한 자신이 아직도 없다. 아마도 주도하거나 직접 모든 과정을 겪어보지 않아서일 것이다. 어떤 분야의 전문가가 되려면 절체절명의 위기나 독립적인 시도를 꾸준히 해보아야 한다. 방관자적이거나 소극적인 시도는 독립적 발전에 한계가 있다. 이 책 속에서 원저자도 제안했듯이 먼저 벌통 2~3개를 가지고 일단 꿀벌을 직접 키워보기를 권한다. 요즘은 도시농업 강좌도 많고 농림수산식품교육문화정보원(농정원)에서 실제 합숙 훈련을 하면서 저렴하게 기술을 배우게 하는 양봉학교 프로그램도 지원하고 있다. 목표와 뜻을 가지고 하려고만 하면 비교적 저렴한 경비로 제대로 양봉을 배울 수 있을 것이다. 벤처 시대에 자영하면서 창업하는 시대를 살고 있다. 각 분야마다 포화되는 것을 느끼는데 양봉분야도 예외는 아니다. 혁신적 아이디어로 벌통 속에 첨단 장비를 넣어 온습도와 병충해 방제 등을 스마트(자동화) 사육을 할 수도 있을 것이다. 예전에는 자연스럽게 부모나 이웃, 마을공동체에서 기술을 배우고 익혔지만, 요즘은 네트워크가 넘쳐나는데, 다양하고 고도화된 기술과 산업은 기술 전수의 단절과 한계의 시대를 살고 있다. 그래서인지 아이러니하게 교육비는 더 많이 들어가고 시간도 많이 소요된다.

삼육대학교 환경디자인원예학과에서는 거의 30년간 양봉학개론을 개설해오고 있다. 강사분들을 옆에서 보면서 양봉학 교재의 필요성을 느끼고 있었다. 그러던 중 일본에서 이 책을 접하게 되었다. 사실 일본은 우리에게 애증(愛憎)이 교차하는 나라이다. 그러나 중요한 것은 그들의 연구적이고 전문적인 자세는 배워야 한다. 이 기술들은 기후도 문화도 비슷하여 우리나라에 바로 적용해도 큰 문제가 없다. 아주 새로운 것은 아닐지라도 역자가 생각하지 못한 여러 가지 연구와 지혜로 저술된 이 책에서 양봉 기술에 대해 체계적으로 배우는 계기가 되었다. 사실 이제는 우리나라의 양봉산업 구조와 기술이 일본을 추월하고 있으나 저술분야는 아직도 우리가 미진한 측면이 있다. 기술이 있어야 성공하는 시대에 이 양봉학 책이 여러분 성공의 초석이 되기를 바란다. 막상 번역을 마치고 보니 아직도 부족한 부분이 많다. 여러분의 충고와 지도 편달을 받아 조만간 다시 보완하여 출간하고자 한다. 미력하나마 이 책을 통해 한국 양봉산업 발전에 일조하기를 바라면서 인사를 대신한다.

2021. 8. 10.
불암산 기슭에서 역자 올림

목차(contents)

머리말 ··· 4
역자의 글 ··· 5

제1장 꿀벌의 생태와 사육의 역사

제1절 꿀벌은 어떤 생물인가? ················· 10
제2절 꿀벌의 생태 ································· 12
제3절 꿀벌의 사회성 ······························ 15
제4절 일벌의 활동 ································· 17
제5절 벌집의 구조 ································· 19
제6절 꿀벌과 인류의 연구사 ··················· 21
제7절 전문 양봉가와 문답하기(Q&A) ······· 23

제2장 양봉을 위한 준비

제1절 벌통과 주변 용품 ························· 26
제2절 양봉 도구 ···································· 28
제3절 양봉 복장과 장비 ························· 30
제4절 소비 만들기 ································· 32
제5절 벌통을 놓는 장소 ························· 36
제6절 종봉의 구입과 사육 ······················ 38
제7절 벌에 쏘이는 문제 ························· 40

제3장 봉군 관리기술

제1절 계절별 봉군관리 ··························· 44
제2절 봄철의 관리 ································· 46
제3절 여름철의 관리 ······························ 52
제4절 가을철의 관리 ······························ 58
제5절 방한대책 ······································ 62
제6절 겨울철의 관리 ······························ 64
제7절 양봉 달력 ···································· 66

제4장 벌통의 관리와 점검

제1절 꿀벌이 도착하면 ··························· 70
제2절 벌을 순하게 만들기 ······················ 72
제3절 매일의 관리-내검하기 ·················· 74
제4절 사양의 종류와 방법 ······················ 80
제5절 소비와 벌통의 갱신과 보관 ·········· 84
제6절 벌통 이동 ···································· 86
제7절 이동시 벌통의 소문을 닫는 요령 ··· 87

제5장 봉군의 관리

제1절 소비를 늘리고 줄이기 ·················· 90
제2절 계상과 격왕판 사용법 ·················· 91
제3절 계상 올리기 ································· 92
제4절 수벌의 효율적 관리 ······················ 94
제5절 자연분봉의 관리와 억제 ··············· 98
제6절 봉군의 육성과 분봉 ···················· 104
제7절 봉군의 합봉 ······························· 106

제6장 여왕벌 만들기와 관리

제1절 여왕벌 만들기 ···························· 110
제2절 여왕벌을 만드는 도구와 기술 ······ 112
제3절 여왕벌 만들기 1단계-이충 과정 ··· 115
제4절 여왕벌 만들기 2단계-일벌에게 역할주기 116
제5절 여왕벌 만들기 3단계-신왕의 도입 ···· 118
제6절 여왕벌이 없어지면 ······················ 120
제7절 여왕벌 부재 시의 대응책 ············· 122
제8절 구왕(舊王) 활용하기 ···················· 123

제7장 채밀과 꿀병 포장

제1절 채밀의 기초 ······························· 126
제2절 채밀 도구 ··································· 128
제3절 채밀 1단계-소비에서 벌 털어내기 ···· 130
제4절 채밀 2단계-탈봉한 꿀소비를 회수용 벌통에 넣기
·· 132
제5절 채밀 3단계-채밀하기 ··················· 134

제6절 채밀 4단계-꿀병에 담기와 포장하기 …… 138

제8장 말벌 대책
제1절 말벌의 생태와 종류 ………………… 142
제2절 말벌 대책①-방어용 그물망 치기………… 143
제3절 말벌 대책②-포획기 사용하기 …………… 144
제4절 말벌 대책③-포획과 이용 ………………… 145

제9장 밀랍 활용하기
제1절 양봉산물의 다양한 이용………………… 148
제2절 밀랍의 채취와 이용 ……………………… 150
제3절 밀랍 녹이기와 굳히기 …………………… 151
제4절 밀랍 정제하기 …………………………… 152
제5절 밀랍 주형으로 밀랍초 만들기 …………… 153
제6절 막대 형태의 밀랍초 만들기 ……………… 154

제10장 토종벌의 사육기술
제1절 토종벌과 생활하기 ……………………… 158
제2절 토종벌통의 종류와 선택 ………………… 160
제3절 야생 토종벌 포획하기 …………………… 162
제4절 토종벌통의 설치와 이동 ………………… 164
제5절 토종벌의 관리 …………………………… 166
제6절 토종 분봉군 포획하기 …………………… 168
제7절 토종벌의 인공분봉 ……………………… 170
제8절 토종 무왕군의 합봉 ……………………… 171
제9절 토종꿀의 채밀 …………………………… 172
제10절 소비식 토종벌통의 채밀 ………………… 173
제11절 다단식 토종벌통의 채밀 ………………… 175
제12절 서양 꿀벌과 토종 꿀벌의 비교 ………… 176
제13절 토종벌 사육에 관한 질문과 답(Q&A) …… 177

제11장 밀원식물과 꿀
제1절 밀원과 화분원 식물들…………………… 182
제2절 꼭 심어야 하는 밀원식물 목록표 ………… 183
제3절 주요 밀원식물 가이드…………………… 184
  1. 봄철의 밀원식물 …………………………… 184
  2. 여름철의 밀원식물 ………………………… 187
  3. 가을철의 밀원식물 ………………………… 193
  4. 겨울철의 밀원식물 ………………………… 195
제4절 주요 밀원식물의 개화력 ………………… 196
제5절 저자의 화원양봉장 밀원식물 관리………… 198
제6절 꿀의 색과 향에 대하여 ………………… 200
제7절 꽃가루(화분) …………………………… 201

제12장 꿀벌의 병충해와 방제 대책
제1절 꿀벌의 병충해 …………………………… 208
제2절 꿀벌의 주요 병해 ………………………… 209
  1. 노제마병 …………………………………… 209
  2. 부저병 ……………………………………… 210
  3. 백묵병 ……………………………………… 211
  4. 낭충봉아부패병 …………………………… 212
제3절 꿀벌의 주요 해충 ………………………… 213
제4절 꿀벌을 해하는 동물 ……………………… 218

제13장 부록
제1절 한국의 꿀 등급판정 기준 및 방법 ……… 220
제2절 양봉산업의 육성 및 지원에 관한 법률 …… 224
제3절 한국 양봉통계 …………………………… 233
제4절 지역별 방역기관 관할지역 및 연락처 …… 234
제5절 한국의 양봉용 의약품 목록 ……………… 235
제6절 양봉용어 ………………………………… 236
제7절 참고문헌 ………………………………… 245
제8절 양봉 관련 주소록 ………………………… 246
제9절 색인 ……………………………………… 247
  1. 한글색인 …………………………………… 247
  2. 영문색인 …………………………………… 252

제1장
꿀벌의 생태와 사육의 역사

꿀벌의 가족은 여왕벌, 일벌, 수벌로 구성(castes)되어 있다. 벌은 여왕벌을 중심으로 집단생활을 하는 사회성 곤충이다. 꿀벌은 흥미로운 습성을 많이 가지고 있다. 각각 벌의 역할부터 화밀(floral nectar)을 모아 꿀을 만드는 구조, 벌집 구조 등, 놀라운 생리와 생태를 소개한다.

제1절 꿀벌은 어떤 생물인가?

꽃에서 꽃으로 날아다니며 수분을 도와 식물에게 열매를 맺게 하고 벌꿀과 로열젤리, 화분 등의 혜택을 주는 꿀벌은 사람에게도 소중한 동반자이다. 꿀벌의 생태는 흥미진진함, 그 자체이다.

▲ 봄에 유채꽃에 온 꿀벌. 꿀(화밀)이나 꽃가루(화분)를 모아 간다.

1. 꿀벌은 꽃벌과 동류

이 책에서는 서양 꿀벌과 토종 꿀벌의 2종류에 대한 사육법을 소개하고 있지만, 사실 벌이라고 불리는 곤충은 전 세계에 10만 종 이상이 서식하는 것으로 알려져 있다. 제대로 분류되지 않은 종류를 포함하면 모든 생물 중에서 가장 큰 그룹 중 하나로 알려져 있다.

꿀벌은 그중에서도 꽃벌이라고 불리는 가장 진화된 곤충 중의 하나이다. 꽃벌은 전 세계에서 약 2만 종이 있다. 그 중이 한국에는 약 300종, 일본에는 500여 종이 서식하는 것으로 추정되고 있다. 꿀벌의 특징은 이름 그대로 꿀을 채취하는 벌이라는 것이다. 전 세계에는 서양, 한국, 일본을 포함해 9종이 현존한다. 꿀벌은 집단생활을 영위하는 '사회성 곤충' 중에서도 가장 고도의 시스템을 가지고 있는 것으로 알려져 있다. 1마리의 여왕벌을 중심으로 수만 마리에 달하는 일벌, 그리고 수천 마리의 수벌이 하나의 봉군(bee colony)을 형성해 운명공동체로 살아가는 것이다.

일벌은 꽃을 찾아 날아다니며 꿀을 모아 벌통(벌집) 안에서 여러 동료에게 나누어 준다. 꿀을 넘겨받은 벌은 그 꿀을 여러 번 토해내거나 공기에 노출시켜 수분을 증발시키고, 당분의 농도를 높여 효소의 작용으로 꽃꿀(화밀)을 진짜 꿀로 만들어 저장할 수 있는 상태로 가공한다. 인간은 벌들이 부단한 노력으로 만들어 낸 귀중한 꿀을 이용하고 있다. 꿀벌처럼 꿀을 만드는 호박벌(bumble bee)도 인간과의 관계가 깊은 벌이다. 꿀 자체는 꿀벌처럼 가공 과정을 거치지 않기 때문에 수분(water)이 많고, 꿀 저장량은 꿀벌과 비교하면 그 양이 아주 적어서 사람이 이용하기 어렵다. 꿀벌의 꿀이 굉장히 귀중하다는 것을 알 수 있다.

2. 꿀벌(일벌)의 형태와 구조 및 기능

일벌의 형태와 구조는 꽃꿀과 꽃가루를 모으기 위한 뛰어난 메커니즘(mechanism)이 잘 갖추고 있다.

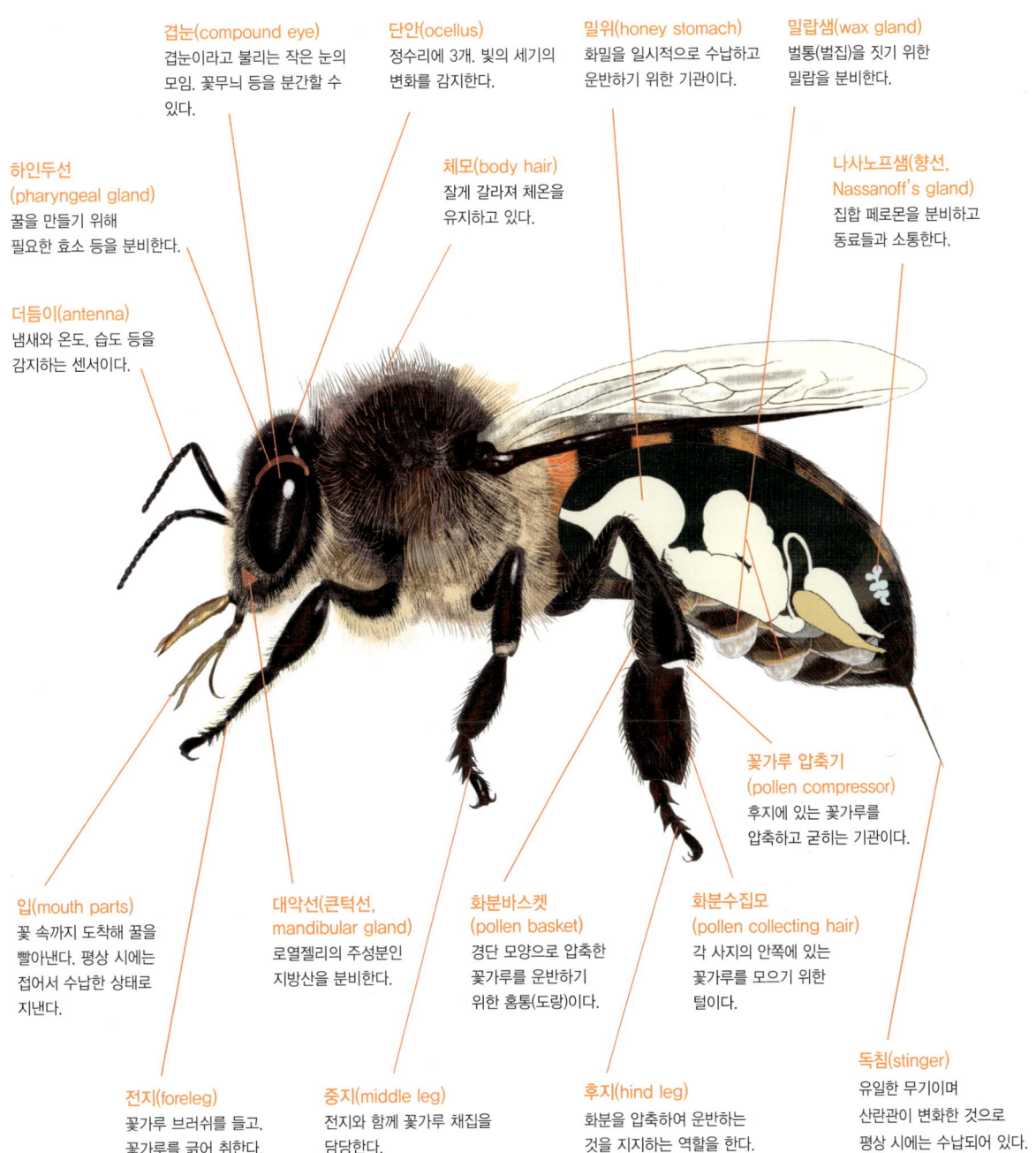

겹눈(compound eye) 겹눈이라고 불리는 작은 눈의 모임. 꽃무늬 등을 분간할 수 있다.

단안(ocellus) 정수리에 3개. 빛의 세기의 변화를 감지한다.

밀위(honey stomach) 화밀을 일시적으로 수납하고 운반하기 위한 기관이다.

밀랍샘(wax gland) 벌통(벌집)을 짓기 위한 밀랍을 분비한다.

하인두선(pharyngeal gland) 꿀을 만들기 위해 필요한 효소 등을 분비한다.

체모(body hair) 잘게 갈라져 체온을 유지하고 있다.

나사노프샘(향선, Nassanoff's gland) 집합 페로몬을 분비하고 동료들과 소통한다.

더듬이(antenna) 냄새와 온도, 습도 등을 감지하는 센서이다.

입(mouth parts) 꽃 속까지 도달해 꿀을 빨아낸다. 평상 시에는 접어서 수납한 상태로 지낸다.

대악선(큰턱선, mandibular gland) 로열젤리의 주성분인 지방산을 분비한다.

화분바스켓(pollen basket) 경단 모양으로 압축한 꽃가루를 운반하기 위한 홈통(도랑)이다.

화분수집모(pollen collecting hair) 각 사지의 안쪽에 있는 꽃가루를 모으기 위한 털이다.

꽃가루 압축기(pollen compressor) 후지에 있는 꽃가루를 압축하고 굳히는 기관이다.

전지(foreleg) 꽃가루 브러쉬를 들고, 꽃가루를 긁어 취한다.

중지(middle leg) 전지와 함께 꽃가루 채집을 담당한다.

후지(hind leg) 화분을 압축하여 운반하는 것을 지지하는 역할을 한다.

독침(stinger) 유일한 무기이며 산란관이 변화한 것으로 평상 시에는 수납되어 있다.

제2절 꿀벌의 생태

단 1마리의 여왕벌을 정점으로 일벌이나 수벌이 모여 수만 마리에 이르는 집단을 형성해 사는 것이 꿀벌들이다. 이들은 수십 cm 가량의 보금자리 안에서 멋진 사회를 이룩하고 있다.

1. 사회성 곤충인 꿀벌

'벌은 집단생활을 하는 사회성 곤충이다'라는 말은 흔히 듣는다. 집단생활의 단위인 '봉군' 그 자체가 하나의 생명체와 같은 것이다. 초등학교 때 개미 관찰을 해본 경험은 없는가? 한 개미집에 한 마리의 여왕벌 개미가 있어서 많은 일개미가 음식을 모아 온다. 꿀벌의 사회와 매우 비슷하지만, 사실 분류학적으로 말하면 개미도 벌의 일종이다. 개미와 벌 모두 큰 집단을 만들어 그 안에 '여왕벌', '일', '수컷'이라는 계층(역할 분담)이 생겨 각각의 임무를 수행하므로 봉군 전체의 효율이 올라 살아남을 가능성이 큰 것이다.

봉군(蜂群)의 구성원은, 여왕벌 외에 여왕벌이 낳은 알로부터 태어난 일벌과 수벌이 있을 뿐이다. 요컨대 1마리의 「어머니」와 그 아이들로 이루어진 집단이라고 하는 것이다. 하나의 벌통(벌집)은 엄청나게 큰 「가족」이 된다.

여왕벌은 오로지 산란에만 매달린다. 벌집 방의 크기에 따라 유정란과 무정란을 나누어 낳고 유정란에서는 암컷, 무정란에서는 수벌이 태어난다. 암컷 벌의 대부분은 일벌이지만 극히 일부가 차세대 여왕벌 후보로 자라난다. 일벌이 될지 여왕벌이 될지는 어떤 먹이를 주느냐에 따라 결정된다.

또 한 마디로 일벌이라고 해서 모두가 꿀이나 꽃가루를 모으는 것은 아니다. 일벌 중에서도 벌통(벌집) 청소나 육아, 벌집 만들기나 식량 저장 등 다양한 분업체제가 취해지고 있다. 이것은 나이 즉 일령(日齡)[1]에 의해서 담당하는 일이 바뀐다.

▲ 1마리의 여왕벌을 어머니로 하여 일벌, 수벌이 가족을 형성하고 있다.

🔶 알의 성별 구분

인간에게도 '남녀의 잉태'는 흔히 화제가 되는데 그것을 완벽하게 해내는 것이 꿀벌에서 여왕벌이다. 여왕벌은 교미를 하면 체내의 '저정낭(貯精囊, sperm reservoir)[2] 속에 수벌에서 제공한 정자를 모아 놓는다. 산란 시에는 먼저 앞다리(前肢)로 벌집(巢室)의 크기를 확인하고, 보통 크기의 벌집 방(소실)에는 저정낭에서 정자를 꺼내 수정시키면서 일벌로 자라는 유정란을 낳는다. 약간 큰 벌집방(소방)에는 저정낭의 뚜껑을 닫고 수벌로 자라는 무정란을 낳는다. 여왕벌의 산란 수가 줄어들면 「왕대」라고 불리는 특별한 방이 만들어진다. 여왕벌은 거기에도 산란을 하는데 이 가운데 차세대 여왕벌 후보는 일벌과 유전적 차이가 없음에도 단순히 먹이만 로열젤리를 먹음으로 여왕벌로 자라가게 된다.

---

[1] 출생으로부터의 경과시간을 일 단위로 나타낸 것을 말한다.
[2] 하등 동물에서 고환 내에서 완성, 성숙한 정자를 사정 시까지 비축하는 주머니를 말한다. 빈모류(貧毛類)에서는 정자는 미완성인 정세포 덩어리로서 고환에서 벗어나 저정낭 안에서 비로소 성숙한다. 두족류(頭足類)에서는 내부에 다수의 홈통이 있으며, 정자는 이 홈통 속에서 다발로 정리되어 있다. 판새류(板鰓類)에서는 수정관 외단 근처의 팽대부를 저정낭이라고 한다.

2. 꿀벌의 능력

일벌은 진화 과정에서 꿀과 꽃가루를 모으기 위한 다양한 능력을 획득해 왔다.

1) 행동 반경(行動範圍)

최대로 10km 정도 날아간다는 연구보고도 있지만 보통 반경 2~4km 정도를 비행할 수 있다. 그런데도 벌의 체중을 인간의 체중으로 환산하면 200만km(달까지 2번 왕복하는 거리)라고 하는 엄청난 비행거리를 날게 된다(사사키 마사키 「벌에서 본 꽃의 세계」에서). 이 벌은 하루에 10회 이상이나 반복해 꿀이나 꽃가루를 계속 모으는 것이다.

2) 학습 기억 능력(学習記憶能力)

벌통(벌집)에서 밖으로 나온 일벌들은 좋은 밀원을 발견하면 그곳에 계속 드나든다. 성과가 큰 밀원에서는 시각이나 후각 등의 능력을 총동원해 그 향기나 색, 모양, 꿀이나 꽃가루를 얻을 수 있던 시각 등을 기억해 다음번부터는 똑바로 벌통(벌집)에서 밀원으로 향한다.

3) 꿀벌의 감각

① 시각(視覚)
홑눈인 단안(単眼)으로는 빛의 강도를 느낄 뿐이지만 겹눈으로는 색상과 모양, 움직임을 볼 수 있다.

② 후각(嗅覚)
코는 없지만 분화구(crater) 모양의 감각 기관이 있어 다양한 향기를 맡는다.

③ 미각(味覚)
혀 및 사지의 관절과 촉각을 통해 미각을 느낄 수 있다.

④ 청각(聴覚)
촉각의 존스틴 기관(Johnston's organ)으로 날개 소리 등을 감지한다.

⑤ 촉각(触覚)
후각과 마찬가지로 촉각이나 전신을 덮는 털 모양의 미소(微小) 감각 기관으로 다양한 정보를 획득한다.

3. 의사소통은 댄스나 페로몬으로

일벌의 의사소통 수단으로 잘 알려진 것은 밀원의 소재를 알리기 위한 '꿀벌 댄스'이다.

우량 밀원식물을 발견한 일벌은 벌통으로 돌아가면 소비 위에서 엉덩이를 조금씩 움직이면서 8자를 그리며 돌아다닌다. 주위의 일벌들은 그 움직임에 추종하면서, 더듬이로 읽어내어 밀원의 있는 곳을 인지한다. 엉덩이를 흔드는 진동과 시간으로 꽃이 있는 방향과 거리를 설명하고 있는 것이다. 밀원이 아주 가까이 있으면 움직임이 심하고, 또 단순하게 원을 그리는 듯한 움직임이 보인다.

또 하나, 꿀벌의 의사소통 수단으로 알려진 것은 페로몬이다. 여왕벌은 여왕벌 물질이라는 페로몬으로 일벌의 난소 발달을 억제하고 벌통(벌집) 내 질서를 유지하며, 일벌은 위험을 감지하면 경보 페로몬을 분비하여 적의 접근을 알리는 등 다양한 페로몬이 의사소통 수단이 되고 있다. 일벌은 여왕벌의 주위에 모여 돌본다.

▶ 여왕벌을 에워싸는 모습을 로열코트(royal coat)라고 불린다.

4. 꿀벌의 먹이

일벌은 꿀을 모은다. 이것은 상식으로서 누구나 아는 이야기이지만, 그 외에도 꽃가루를 모으는 담당 일벌도 존재한다. 꽃가루도 꿀과 마찬가지로 벌에게 있어서 중요한 영양원이다. 꿀은 '밀위(蜜胃)[3]' 라고 불리는 저장공간에 축적되어 벌통(벌집)까지 운반된다. 한편, 꽃가루는 화분브러쉬로 빗어, 뒷다리(後肢)의 꽃가루통(바스켓)에 축적되어 운반된다.

꽃가루는 벌집 방에 넣어져 젊은 일벌이 씹어 으깬 후, 머리를 사용해 다진다. 그러면 장기간의 저장에도 견딜 수 있는 '화분빵'으로 모습이 바뀐다. 화분떡(꽃가루떡)은 꿀벌 유충에게는 중요한 식량원이다.

또한 젊은 일벌은 꽃가루를 먹고 하인두선에서 유액(乳液), 대악선에서 산성 물질을 분비하여 로열젤리라는 영양 만점의 신비한 물질을 만들어 낸다. 여왕벌 후보인 유충에게는 계속 이 로열젤리를 주는데 여왕벌이 된 후에도 평생 이것만을 계속 먹는다. 또한 일벌의 유충은 로열젤리와 거의 같은 성분의 물질을 생후 3일 동안만 공급받을 수 있다. 일벌의 유충은 로열젤리를 먹는 기간이 지나면 이후에는 '화분빵'이 주어진다.

한편, 일벌의 밀위에 축적된 꽃꿀은 구전(口移), 즉 입에서 입으로 벌집 내부에 있는 벌들에게 전달된다. 꽃꿀을 받은 벌은 이 꿀을 자신의 밀위에 넣었다 뺐다 하면서 수분을 증발시키고 저장할 수 있도록 꿀의 농도를 높여간다. 꽃꿀의 당분 농도는 40% 정도이지만 이러한 작업을 통해서 80% 정도까지 높일 수 있다. 또한 타액선에서 분비되는 여러 효소의 기능도 있어 꽃꿀(花蜜)은 인간도 이용할 수 있는 실제 꿀이 되어간다. 화밀의 자당(蔗糖)은 효소의 작용으로 단당류인 포도당과 과당으로 분해된다. 한 마리의 벌이 한 번의 비행에서 가지고 오는 화밀(花蜜)은 20~40mg 정도이다. 작은 숟가락 한 숟가락의 꿀을 모으려면 일벌 한 마리가 5일간 꼬박 일을 해야하고 자운영(연꽃)이라면 14,000개나 되는 꽃을 돌아다닐 정도의 노력이 필요하다(사사키 마사키『벌이 본 꽃세상』에서).

---

[3] 꿀벌이 일시적으로 꽃의 꿀을 저축하는 기관. 위의 앞부분에 있어, 30~50mg의 꿀을 저축할 수 있다. 효소에 의해 자당(蔗糖, cane sugar)이 포도당과 과당으로 분해된다.

▲ 뒷다리 화분 바스켓에 꽃가루를 경단(쌀떡)처럼 달고 돌아온 일벌

(1) 화분 바스켓(basket)과 화분 경단(瓊團)

꽃을 찾아 모은 꽃가루는 뒷다리(후지)에 있는 꽃가루 바스켓에 담아 벌통(벌집)으로 옮긴다.

▲ 꽃가루 덩어리가 커지는 모습

제3절 꿀벌의 사회성

봉군(꿀벌 떼)는 가족 단위로 이루어져 있다. 1마리의 여왕벌, 수천에서 수만의 일벌, 수천의 수벌. 그리고 장차 그 어느 쪽에선가 자랄 아이들(알, 유충, 번데기)도, 벌통(벌집) 안에 대기하고 있다.

1. 가족이 힘을 합쳐 살아가는 운명공동체

계층을 만드는 사회적 곤충인 꿀벌은 모든 구성원 위에 여왕벌이 군림하는 듯한 인상을 받기 쉽다. 그런데 실제 꿀벌 가족은 전원이 공동 작업에 의해 유지되는 운명공동체이다. 모두의 어머니인 여왕벌, 딸인 일벌, 아들인 수벌이 힘을 합쳐 생존을 목표로 역할을 하며 살아간다.

2. 여왕벌

한 무리 안에 단 1마리의 어머니가 여왕벌이다. 하는 일은 알을 낳는 것으로 그 수는 1일에 1000에서 1500개 정도를 낳는다. 그 중 90%가 일벌로 자라는 수정란, 나머지 10%가 수벌로 자라는 무정란이다. 여왕벌은 또한 '여왕벌물질'이라고 불리는 페로몬을 분비한다. 이것은 벌통(벌집) 안에 있는 일벌에게 전달되어 여왕벌이 건강하다는 것을 알림과 동시에 일벌의 난소 발달을 억제한다. 여왕벌의 산란 수가 줄어들면 일벌들은 후계 여왕벌의 육성을 위해 소비(巢脾) 끝에 '왕대'라고 불리는 특별한 산란 장소를 마련하고 그 자리에 여왕벌을 몰아 산란시킨다. 약 3일 후, 왕대의 알이 부화(孵化)되면 그 특정한 일벌에게 특별한 음식인 로열젤리를 주고 6일 후에는 용화(蛹化)[4], 그리고 7일 후에 우화(羽化)[5]하여 새로운 여왕벌이 탄생한다.

한 봉군에 필요한 여왕벌은 단 한 마리뿐이어야 하는데 후계자가 우화하기 직전, 구왕(舊王)은 벌통(벌집)에 있는 가족의 절반 정도를 데리고 벌통(벌집)을 떠난다. 이것이 '분봉(分蜂)'이다.

한편 부화한 지 7일 정도 지난 후 새로운 여왕벌(신왕)은 「교미비행」을 시작해 공중에서 복수의 수벌과 교미를 하고 벌통(벌집)으로 돌아온다. 2~3일 후에는 드디어 산란이 시작된다. 오로지 알을 낳는 날들이 계속된다. 여왕벌의 수명은 3~4년 정도이다. 2년째 이후에는 산란능력이 떨어지기 때문에 양봉가들은 1~2년 안에 갱신하는 것이 일반적인 관리기술이다.

(1) 여왕벌
몸길이 13~20mm
알을 낳는 것이 직업이다.

(2) 일벌
몸길이 10~13mm
봉군 안팎에서 여러 가지 역할을 한다.

(3) 수벌
몸길이 12~13mm
번식 시즌에 새로운 여왕벌과의 교미를 목표로 한다.

▲ 여왕벌은 성충이 되고 나서도 일벌이 주는 로열젤리를 먹는다.

---

[4] 용화(pupation, 蛹化)는 곤충의 유충이 탈피하여 번데기가 되는 현상. 유충이 번데기가 될 때는 성충원기가 부화하기 시작하여 각 부분은 성체의 특정 부분을 형성하기 시작한다.
[5] 우화(emergence, 羽化)는 번데기가 탈피하여 성ㅍ충이 되는 것을 말한다.

3. 일벌

일벌은 봉군의 대다수를 차지하는 일대 세력으로 유정란에서 태어났으며 모든 성별은 암컷이다. 태어나고 나서 3일이면 부화하며 또 여왕벌과 마찬가지로 유충으로 지내는 기간은 6일이다. 단지 먹는 음식이 여왕벌과 달리, 처음 3일간은 로열젤리와 비슷한 물질을 주지만 후반 3일간은 꽃가루와 꿀이다. 그리고 번데기가 되어 12일간을 보낸 후 21일 경과 후에 우화(羽化)한다. 그리고는 나이에 따라서 종사하는 일이 변화해 간다.

여름철에는 2개월(30일) 정도로 수명을 마치게 된다. 가을 태생의 경우는 겨울을 넘어 4~5개월간 계속 생존하며 일을 한다.

4. 수벌

여왕벌은 벌집 방의 크기를 알아채고 알을 낳는다. 많은 경우 일벌이 되는 유정란, 조금 큰 방에는 무정란을 낳는다. 여기서 태어나는 것이 수벌이다. 체형은 일벌보다 땅딸막하고 눈과 체격이 큰 것이 특징이다. 수벌은 일벌과 마찬가지로, 알로 3일간, 유충으로 6일간을 보낸다(음식도 일벌과 같다). 단지 번데기가 되고 나서 우화할 때까지는 15일간이 소요된다.

산란으로부터 24일이 지난 후, 수벌로서의 생활이 시작된다. 수벌의 일은 단지 짝짓기이므로, 평상시에는 아무것도 하지 않고 벌통(벌집) 안에서 일벌로부터 음식을 받아먹고 지낸다(온도 조절은 하고 있다).

봄에 새로운 여왕벌이 짝짓기(교미) 비행에 나서는 계절이 되면 밖에 나가 공중에서 여왕벌이 날아오기를 기다리다가 운이 좋으면 뒤에서 말타기하듯이 짝짓기를 하는데 짝짓기로 인해 생식기와 함께 몸의 조직이 떨어져 나가 죽게 된다.

짝짓기 계절이 끝나고 살아남은 수벌은 벌통(벌집)으로 돌아오지만, 이윽고 일벌들에게 벌통(벌집)에서 쫓겨나 굶어 죽을 운명이 기다리고 있다.

▲ 일벌은 나이에 따라 벌통(벌집) 안팎에서 다양한 일을 해낸다. 말 그대로 일꾼이다.

▲ 우화한지 얼마 안 되는 수벌은 벌통(벌집) 안에서 일하지 않고 빈둥거리고 있다가 곧 목숨을 건 교미비행으로 향한다.

▲ 수컷의 교미기. 사진은 배를 눌러 촬영한 것이다.

제4절 일벌의 활동

일벌은 꿀벌 가족 중에서 압도적인 다수를 차지한다. 벌통(벌집) 안이나 밖에서 여러 가지 일을 담당하지만 계속 같은 일을 하는 것은 아니다. 짧은 일생 동안 맡은 작업은 계속 바뀌어 간다.

1. 젊은 벌과 고참벌의 담당임무(일)

우화(羽化)한 후 대략 40일 정도라고 하는 일벌의 생애지만 하루라도 평온하게 있을 수 있는 날은 없다. 우화하여 당분간은 내역벌(내부 역할 벌)로 일한다. 첫 번째 일은 벌통(벌집) 청소이다. 어쨌든 깨끗한 곤충인 만큼 조금이라도 쓰레기가 있으면 바로 벌통(벌집) 밖으로 버리려고 한다. 이어서 후배들에게 화분(꽃가루)·빵 등을 먹이거나 여왕벌에게 로열젤리를 주거나 하는 일을 한다. 그리고 벌통(벌집)을 육아에 최적이라고 하는 대략 35℃로 유지하기 위해 온도관리와 환기 작업을 담당하는 것도 이 시기이다. 특히 여름철에 벌집이 너무 더워졌을 때는 날갯짓(선풍)으로 바람을 보내 벌통(벌집)을 시원하게 한다. 역시 같은 무렵, 복부에 있는 밀랍샘에서 밀랍을 분비하여 벌통(벌집) 만드는 일에 종사하는 벌도 있다. 이 시기가 지나면 외역벌(외부 역할 벌)들이 모아온 꿀이나 꽃가루를 받아 저장에 적합한 형태로 바꾸는 작업이 시작된다. 외부 역할 직전에는 문지기 일을 한다. 벌통(벌집)의 입구에 진을 치고 있다가 말벌 등의 외적이나 다른 봉군로부터 꿀 등을 훔치러 오는 일벌(盜蜂)로부터 벌통(벌집)을 지킨다. 때에 따라서는 독침을 사용하여 적을 물리치려고 목숨을 걸기도 한다.

마지막으로 기다리고 있는 것이, 꿀이나 꽃가루, 물을 모아 벌통(벌집)으로 가지고 가는 외역벌의 일. 벌통(벌집) 중에서도 가장 나이 든 고참(veteran) 일벌들이 담당한다. 일벌 하면 꽃에서 꽃으로 날아다니는 모습이 떠오르지만, 실은 산더미처럼 쌓여있는 일 중 일부분에 지나지 않는다. 벌통(벌집) 안에서 수명을 다한 다른 벌의 사체는 위생관리를 위해 즉시 벌통(벌집) 밖으로 버려지지만, 죽을 때를 깨달으면 스스로 벌통(벌집) 밖으로 나와 그 생애를 마치는 벌도 많다.

▲ 공기조절을 관리하는 선풍 부대로 서양 꿀벌은 머리를 소문을 향한다.

▲ 토종 꿀벌은 머리를 밖으로 향하게 하는 선풍행동을 한다.

▲ 꽃꿀이나 꽃가루를 모으는 일은 일벌의 마지막 일이라고 할 수 있다.

2. 꿀벌의 일상에서 나이에 따라 변하는 일벌의 일(임무)

일생에서 차례차례로 역할을 바꾸어 가는 일벌. 종사하고 있는 작업(일)으로 대략의 나이를 알 수 있다.

① 벌집 방 청소(巢房掃除)
우화 후 3~5일경은 청소를 담당한다. 쓰레기를 입으로 물어서 소방 밖으로 내보낸다. 벌통(벌집)에서 밖으로 버리는 것은 좀 더 나이 든 벌의 일이다.

② 육아(育兒)
3~10일경은 유충에게 꽃가루 빵 등을, 여왕벌에게 로열젤리를 분비해 공급한다.

③ 공조관리(空調管理)
육아와 같은 시기에 벌통(벌집) 내 환경을 일정하게 유지하기 위해 선풍 행동 등으로 온도를 조절한다.

④ 소비(벌집) 만들기(巢作)
약 10일~20일경의 일로 밀랍을 분비하여 친숙한 육각형의 벌통(벌집)을 만들어 간다.

⑤ 꿀 저장(蜜貯藏)
벌집 만들기와 같은 시기에 외역벌로부터 꿀을 받아 농축하여 저장한다.

⑥ 꽃가루 저장(花粉貯藏)
꿀의 저장과 같은 시기에 외역 담당으로부터 받은 꽃가루를 세게 다져서 저장한다.

⑦ 문지기 역할(門番)
우화 후 15일부터 외역(外役)으로 역할이 바뀔 때까지 외적 등으로부터 벌통(벌집)이나 꿀을 지킨다.

⑧ 외역(外役)
대략 20일 이후는 꿀이나 꽃가루 모으기의 힘든 일을 죽을 때까지 담당한다.

제5절 벌집의 구조

정육각형의 벌집 굴(방)이 정연하게 늘어선 것이 「벌집 방」이다. 충격에 강한 '허니콤[6] 구조'로서도 익숙한 자연계가 낳은 아름다운 형태이다. '벌집'은 대체 어떻게 무엇으로 만들어진 것일까?

1. 벌집은 밀랍으로 구성됨

벌집의 원료가 되는 것은 꽃의 꿀을 원료로 하여 일벌의 밀랍샘에서 분비되는 밀랍(蜜蠟)이다. 공기에 닿으면 굳어 비늘처럼 되어 버리므로 일벌은 이것을 물고 타액과 함께 씹어 으깨어 반죽을 하며 벌집을 구축한다. 촉각으로 구멍의 크기를 측정하면서 육각형으로 만든다.

자연계에서 꿀의 저장소인 벌집은 여러 장의 판상 벌집(1매씩은 '소비(巢脾)[7]'라고 부른다)로 이루어져 있다. 양봉의 경우는 벌통 안에 여러 장의 '소초(벌집의 기초 틀)'를 넣어 두면 일벌이 벌집을 만든다. 소비는 양쪽에 육각형인 '소방(巢房, 벌집 방)'이 정연하게 배치되어 구조를 강하게 하므로 양면의 육각형 바닥은 미묘하게 어긋나게 만들어져 있다. 하나하나의 벌집 방이 곧 육아 공간이며 거실이다. 꿀이나 꽃가루의 저장장소이기도 하다.

2. 어디에 무엇이 있을까?

여왕벌은 벌집 중심부에서부터 산란을 시작한다. 부화한 유충은 우화할 때까지의 시간을 산란한 벌집 방에서 보낸다(벌 유충은 봉아(蜂兒)라고 부른다).

일반적인 벌집에서는 산란·육아 공간의 바깥쪽에 꽃가루를 모아, 또한 그 바깥쪽에 꿀을 모아 가지만, 엄밀한 구별은 없다. 농축되어 완성된 꿀 저장 공간에는 밀개(밀랍 뚜껑)로 덮여있다.

번데기가 우화한 후의 공간은 꽃가루나 꿀을 축적하기 위해 사용되거나 다시 한번 여왕벌이 산란하여 새로운 일벌을 육성하는 예도 있다. 여왕벌의 산란능력이 떨어지면 소비 아래쪽에 왕대라고 불리는 새로운 여왕벌 육성용 공간이 만들어진다. 또한 여왕벌이 어떤 원인으로 없어져 버릴 때는 변성왕대가 만들어진다.

▲ 앞면과 뒷면 벌집(honey comb)이 서로 어긋나는 구조로 되어 있다. 토종 꿀벌의 벌집 방의 모습이다.

▲ 소비 하부에 만들어진 여러 개의 왕대들.

---

[6] 벌집구조(honeycomb structure)는 얇은 두 장의 판(板) 사이에 벌집 같은 다공재(多孔材)를 메운 것(자동차나 항공기의 부재(部材) 등으로 이용함).

[7] 육아권 한가운데 삽입하여 여왕벌로 산란시켜 하나하나의 벌집 방이 만들어지면 산란 소비(巢脾)가 된다. 산란·육아 외에 꿀이나 꽃가루를 모으는 소비는 꿀소비, 화분소비이다.

3. 서양 꿀벌의 소비

육아권이 있어 왕대가 형성되어 있는 소비(벌집 판)의 모식도(위쪽)와 실제사진(우측하단). 중앙 부분은 육아권이고 주위에 수벌집이나 꽃가루나 꿀을 모아 두고 있는 경우가 많다.

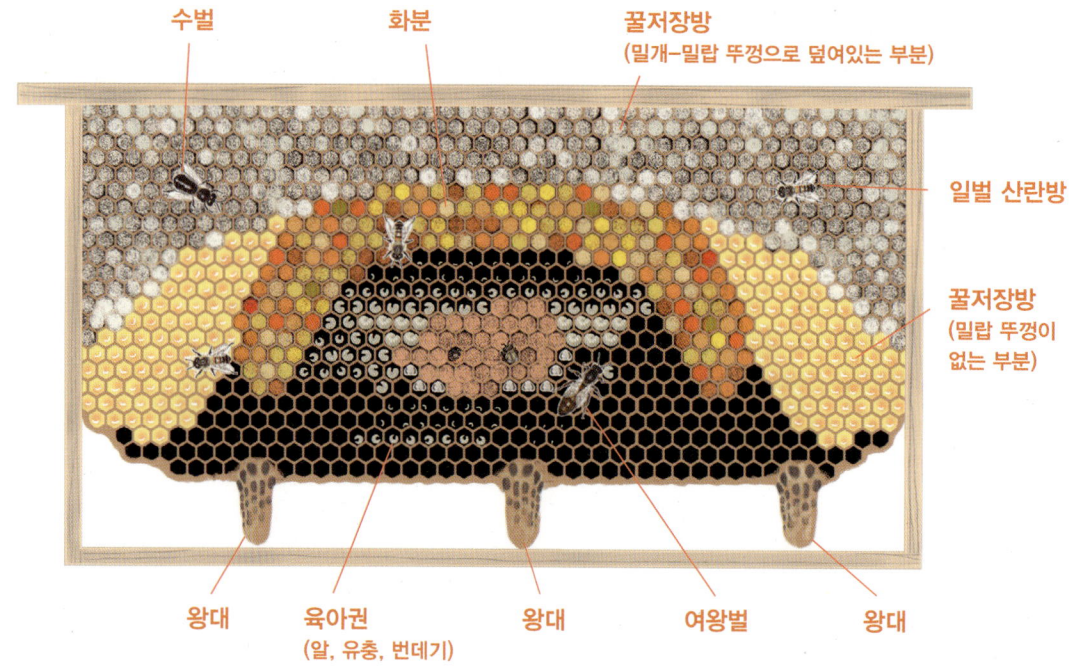

▲ 소비의 일반적인 영역구분

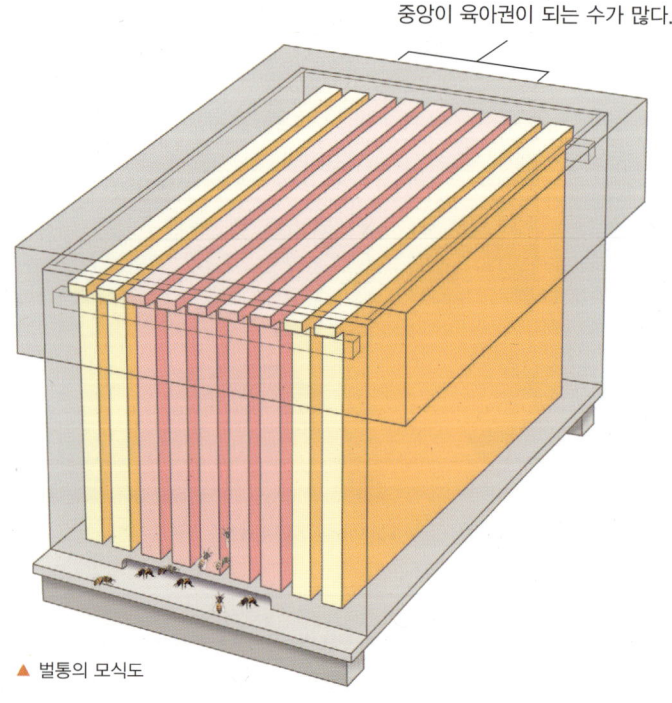

▲ 벌통의 모식도

▲ 실제 소비 사진

제6절 꿀벌과 인류의 연구사

기원전 6000년 무렵으로 추정되는 스페인의 알타미라 동굴(Altamira cave) 동굴 벽화에는 여성과 의문의 인물이 꿀을 채취하는 도안이 그려져 있다. 이는 인류 문명의 역사는 꿀의 역사이기도 하다.

1. 세계의 양봉

인간은 기원전부터 단맛과 건강(자양 강장)을 위해 꿀을 이용해 왔다. 중세 유럽의 게르만 민족은 신혼 커플이 1개월간 꿀 술을 마셔 아이를 가지는 것에 힘을 쓰고 있었다고 한다(honey moon, 허니문의 유래). 그런데도 근대에 이르기까지 여름의 마지막에 벌을 죽이고 벌집에서 꿀을 채취하고 추출하는 원시적인 채집법은 변하지 않았다. 16세기 이후 벌에 관한 다양한 과학적 연구가 진행되었고 미국과 호주에도 양봉이 도입되었다. 19세기에 들어 미국의 랭스트로스 목사가 벌집 판(巢脾, 소비)이 붙은 벌통을 고안하였다. 이후 독일의 메링에 의한 밀랍제의 소초(벌집의 기초)가 고안되고 오스트리아의 풀슈카에 의한 원심력을 이용한 채밀기기의 발명이 계속되어, 꿀벌에게도 좋은 근대적인 양봉이 시작되었다.

2. 한국과 일본의 양봉

우리나라는 예로부터 토종벌을 사육해 왔고 고구려 때 인도에서 중국을 거쳐 서양 꿀벌이 도입되고 백제(서기 643년)가 일본에 전파(서기 720년)하였다고 한다. 서양종 꿀벌은 독일인 카니시우스 퀴겔겐 신부가 서울 혜화동 베네딕도 수도원에서 서양의 양봉기술을 한국에 보급하기 위해 지난 1918년 국문으로 제작한 '양봉요지'가 우리나라 최초의 양봉 교육교재로 최근 독일에서 반환되기도 했다.

일본에서도 예로부터 꿀을 이용했으며 헤이안(平安) 시대 연회에 꿀이 왕에게 헌상된 기록이 있다. 에도막부 말기에「미쓰시(蜜市)」라는 별명을 얻은 농민인 사다이치에몬(貞市右衛門)은 수백군의 꿀벌을 사육하고 있었다고 한다. 근대적인 양봉은 1877년, 정부가 미국으로부터 서양 꿀벌을 수입했을 때부터 시작되었다. 이윽고 기후(岐阜)현이 양봉의 중심지가 되어 일본 특유의 이동양봉도 활발해진 것이다. 1963년에는 꿀의 수입이 자유화되어 양봉가에게는 고난의 시대가 되었다. 그러나 수분용 봉군의 요구가 높아지고 안전성 때문에 국산 벌꿀을 요구하는 사람도 많아 양봉가도 조금씩 증가하고 있다.

▼ 소비(巢脾)를 넣는 벌통이 발명된 근대 이후 세계 각지로 양봉산업이 크게 확대되었다.

▲ 자연계에서 꽃을 피우는 식물의 80% 정도가 꿀벌 등의 방화(訪花. 꽃을 방문하는) 곤충에 의해서 수분이 되고 결실하는 것으로 알려져 있다. 사진 왼쪽 작은 사진은 루콜라(rucola), 위는 립피아(Lippia canescens)에 방화(訪花)하고 있는 꿀벌의 모습이다.

3. 꿀벌 꽃가루받이의 기여도

경제적 효과에서 꿀벌에 의한 수분(pollination)의 혜택은 헤아릴 수 없을 것이다. 많은 딸기, 사과 농가는 양봉가에게 의뢰해 벌집을 밭에 설치해 수분시키고 있다. 특히 딸기의 하우스 재배에서는 그 열매의 대부분에 꿀벌과 관련되고 있어 과육이 풍부한 상품 가치가 높은 농산물의 생산에 기여하고 있다.

만약 꿀벌이 수분을 해주지 않는다면 딸기 한 개의 무게는 아주 가벼워지고 열매를 맺더라도 절반 이상이 생육 불량이 된다고 한다. 목축에 관해서도 벌은 큰 역할을 하고 있다. 소나 양 등이 먹는 목초인 클로버(clover, 토끼풀)나 알팔파(alfalfa, 자주개자리)는 꿀벌에 의한 수분으로 씨앗을 만들어 증식해 간다(사사키 마사키 「벌이 본 꽃의 세계」에서).

[8] 네오니코티노이드(neonicotinoid)란 클로로니코티닐계 살충제의 총칭이다. 이미다크로플리드, 아세타미플리드, 지노테플란 등이 해당된다. 세계 100개국 이상 농약으로 판매되고 있다. 자료: https://ja.wikipedia.org
[9] Bombus affinis. 북아메리카에 서식하는 벌의 일종이다.
자료: https://en.wikipedia.org/wiki/Bombus_affinis

4. 꿀벌과 자연

꿀벌의 대량 죽음이 세계 각지에서 보고된 것은 2000년대 중반 이후다. 북반구의 4분의 1에 달하는 꿀벌이 사라졌다는 보고도 있다. 그 원인으로 네오니코티노이드(neonicotinoid)[8]계 농약 등이 지적되고 있다.

미국에서는 2017년 이전에는 어디서나 볼 수 있던 호박벌(bumble bee)의 일종 '러스티패치드 범블비(rusty patched bumble bee)[9]'가 멸종위기 종으로 지정되었다. 자연 파괴나 농약 사용 등에 의해 벌과 곤충에게 수난의 시대가 계속되고 있다.

농업은 물론 자연계에도 벌은 없어서는 안 될 존재이다. 많은 식물이 꽃가루받이를 벌 등 곤충에 의지한다는 것은 많은 사람들이 익히 잘 알고 있을 것이다. 꿀벌을 키우다 보면 먼저 밀원식물에 대해서 궁금해지게 된다. 게다가 꿀벌이 살아갈 수 있는 환경을 유지하는 것은 우리 인간뿐만 아니라 생물의 다양성을 지키기 위해서 아주 중요한 것이다.

제7절 전문 양봉가와 문답하기(Q&A)

양봉 전문가의 우문현답(愚問賢答)!

문 1. 양봉 초보자인데, 벌통 이외의 도구는 어떻게 구입해서 갖추면 좋을까요?

답 1. 양봉에 필요한 도구는 허리의 파우치에 넣는 하이브툴이나 벌브러쉬, 핀셋, 훈연기 등 기본 도구(28~29페이지) 외에도 많이 있다. 작업을 가르쳐 주는 멘토 양봉가가 있으면 사용하기 쉬운 도구를 물어보는 것이 좋을 것이다. 처음에 구입한 도구를 점차 부족하다고 느끼는 경우는 자주 있는 일이기 때문에 경험을 쌓는 가운데 나름대로 작업하기 쉽다고 느낀 것을 선택해 나간다. 처음이라 잘 모르는 경우는 양봉원(양봉기구점-부록 참조)에 초보자를 위한 도구모음 세트와 초보자 양봉도구 모음(스타트 키트)가 있다.

문 2. 예산이 얼마나 필요합니까?

답 2. 문 1의 양봉을 시작하는 초보자는 양봉도구 등을 양봉원 카탈로그에서 보면 알 수 있지만, 양봉을 시작하려면 어느 정도의 자금이 필요하다. 기본적으로는 적어도 200만원 정도는 들 것으로 보는 것이 좋다. 벌통(벌집)도 비교해 보거나 여왕벌 부재 시에 한쪽에서 유개봉아 소비를 구입(융통)할 수 있으므로(122페이지 '유개봉아 응급처치' 참조), 가능하면 2통(2군)부터 시작하는 것을 추천한다. 특히 비싼 건 채밀로 쓰는 채밀기이다. 처음에는 아는 사람에게 빌려 쓰게 하는 것도 하나의 방법이다. 비싼 물건은 서서히 갖추어 나간다.

문 3. 양봉장 주위에 민가가 있는 경우, 어떤 것을 조심할 필요가 있습니까?

답 3. 이전에, 거리에서 기르고 있는 사람의 집을 보았을 때 벌통 앞에 발을 쳐서, 직접 사람들에게 보이지 않게 하려고 궁리하고 있었다. 벌을 무서워하는 어린아이도 있고, 주위에 민가가 있는 장소에서 기른다면 벌통이 주위에서 직접 보이지 않도록 산울타리 등으로 눈에 보이지 않게 가리는 것이 좋다고 생각한다. 또 근처에 말썽이 많은 것은 벌똥의 피해이다. 벌똥은 빨랫줄이나 차에 닿으면 좀처럼 떨어지지 않는다. 꿀벌은 흰색에 대변을 보는 습성이 있어서 시트와 같은 하얀 천을 양봉장 근처에 걸어두면 거기서 배설을 한다.

문 4. 지역 양봉협회에 가입하는 것이 좋은가요?

답 4. 당장 가입할 필요는 없다고 생각한다. 우선은 양봉을 1년 동안 해보고 계속할 수 있을 것 같은 전망이 섰을 때 가입을 검토하는 것이 좋다. 가입하자마자 탈퇴하게 되면 협회에도 피해가 되고, 실제로 1년 이상 계속하지 못하고 양봉을 그만두는 사람도 적지 않다. 저자의 양봉장은 양봉을 시작한 지 4년째 되던 해에 사이타마현 양봉협회에 가입했다. 우선 꿀벌 사육을 해보고 궤도에 오를 때까지 모습을 본 후 판단해도 충분하다고 생각한다.

문 5. 그럼 밀원식물을 심고 싶은데 조언을 좀 받을 수 있을까요?

답 5. 공터로 묵혀두는 사유지가 있다면 유채 등의 십자화과 식물이나 자운영, 헤어리베치(hairy vetch) 등의 종자를 파종하기를 권장한다. 개화기도 길어 간편하게 키울 수 있다. 또한 정원에 밀원식물을 1~2종이라도 심을 수 있으면 좋겠다. 개화력(開花曆)을 따져서 꽃이 없는 시기를 메우는 개화기 꽃나무나 화초라면 더욱 좋을 것 같다. 저자의 양봉장에서도 자택의 정원에는 때죽나무나 감나무, 온주밀감, 회화나무, 쉬나무(비비트리, *Evodia daniellii*), 애기동백(山茶花) 등 많은 밀원식물을 심고 있다. 밀원식물은 182~199페이지에서 소개하고 있으니 참고하기를 바란다.

문 6. 양봉가에게 필요한 마음가짐은 어떤 것일까요?

답 6. 꿀벌은 우리와 같은 생물이기 때문에 역시 애정을 가지고 잘 봐주는 것은 사육의 기본이라고 생각한다. 매일 벌통의 뚜껑을 열기까지는 하지 않더라도 날마다 벌이 비상하는 모습을 잘 관찰하고 있으면, 「아, 기운이 없구나」「도둑벌이 일어나고 있구나」라는 변화를 재빨리 감지하고 알아차릴 수 있다. 여름이나 겨울에 자신을 벌에 비유해 보고 「오늘은 덥겠지」「춥겠지」라고 상상하면서 관리를 해주는 것이 좋다. 애정을 가지고 꿀벌을 관리하는 것이야말로 양봉가의 가장 큰 마음가짐이라고 생각한다.

문 7. 벌을 늘리고 싶은데 요령을 가르쳐 주세요.

답 7. 벌을 늘리려고 시작하기 전에 먼저 벌 관리법을 한 가지라도 더 익혀야 한다. 또한 1~2년이면 여왕벌이 교대(교체)의 시기를 맞이하므로 여왕벌을 먼저 교체하는 시기 등도 경험해 보기 바란다. 그 후 꿀벌의 군세를 늘리고 싶다면, 이충 등의 여왕벌을 늘리는 체제를 정비해야 한다(115~119페이지 참조). 증군을 시키려면 필요한 벌통이나 소비, 사양비(먹이 비용) 등도 증가하므로 그만큼 비용도 든다. 자금도 제대로 계획을 세워 봉군을 늘려나가도록 한다.

문 8. 저자의 양봉장은 정리 정돈이 잘되어 있습니다만, 정리하는 습관은 양봉에 필요합니까?

답 8. 물론 필요하다고 생각한다. 정리 정돈의 습관을 들이면, 도구를 하나하나 찾아다닐 필요도 없어지고, 시간이나 물자 낭비가 줄어들어, 작업의 효율화로 연결된다. 또 채밀한 벌꿀을 판매한다면 꿀을 채우는 창고의 위생관리도 중요하다. 몸단장을 포함하여 평소에 위생관리를 잘하는 습관이 매우 중요할 것이다. 저자의 양봉장에서는 2명이 식품위생사 자격을 취득하고 있는데 이러한 자격증 취득도 평소의 마음가짐으로 이어지고 있을지도 모른다.

제2장
양봉을 위한 준비

양봉을 시작하기 전에 벌통이나 주변 용품, 양봉 작업에 사용하는 물품을 준비한다. 무엇을 위해 사용하는 도구인가를 알아본 후 사용하기 쉬운 것들을 준비하는 것이 좋다. 양봉업을 하려면 국가기관에 먼저 신고를 해야 할 필요가 있다.

제1절 벌통과 주변 용품

양봉업을 하려고 할 때는 작업효율이나 꿀벌에게 쾌적한 환경을 제공하기 좋다고 생각하는 규격 제품이나 도구를 사용해야 한다. 그렇지 않을지라도 자기가 사용하기 쉬운 것을 선택하는 것이 중요하다.

② 소비(巢脾, 벌집판)
통기구 상단에 환기를 위한 구멍이 있고 철망이 처져 있다.

① 벌통(巢箱)
꿀벌이 사는 집으로 국내 규격은 랑구스토로스식이 기본이다. 벌통의 크기는 다양하나 내부 지름이 가로 37cm 정도의 벌통을 사용한다. 양봉원에 주문 제작하여 사용하고 있다. 보통 앞쪽의 하단에 벌통의 출입문(소문)이 있다.

③ 통기구(通氣口)
상부에 통기가 가능한 철망으로 된 구멍이 있다.

▶ 계상(2단)으로 사용하는 벌통

④ 소문(巢門)
벌통(벌집) 문으로 꿀벌이 들어가고 나오는 곳이다.

◀ 1단으로 사용하는 벌통 모습

⑤ 계상(継箱)
벌통과 같은 크기이지만, 바닥과 뚜껑이 없다. 일반적으로 2단까지가 많지만, 3단, 4단으로 쌓아갈 수 있다.

⑥ 격왕판(隔王板)
이음 통을 위에 올려놓을 때, 격자의 간격은 일벌은 통과할 수 있지만, 여왕벌은 통과할 수 없는 격리판이다.

🐝 벌통의 재질은?

벌통의 재질은 가벼운 화백나무 또는 삼나무가 좋다. 묵직한 무거운 벌통은 이동하기가 힘들다. 특히 소비가 들어있는 벌통은 상당한 무게가 되기 때문에 빈 벌통단계에서 가벼운 재질을 선택하는 것이 현명한 선택이다. 화백나무 또는 삼나무로 말하자면, 화백나무 쪽이 배수가 잘되고, 습기가 차지 않는다는 장점이 있으므로, 일본 저자의 화원양봉장에서는 화백나무 재료의 벌통을 사용하고 있다.

⑦ 개포(蓋布)
소비와 벌통 뚜껑 사이에 낭비되는 벌집을 만들지 않도록 소비 위에 얹는다. 커피콩의 빈 봉지를 잘라 사용하기도 한다.

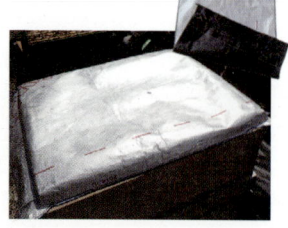

⑧ 단열(斷熱) 시트(sheet)
보온용 개포 위에 올려놓는다 꿀벌들이 갉아먹지 않는 시트를 꿰매어 사용하기도 한다. 비닐을 사용하면 수분의 보존과 방한 대책을 동시에 추구할 수도 있다.

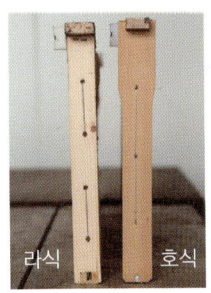

⑨ 소광(巢框)

벌집 바탕에 설치하는 나무틀인 소광은 랑스트로스식(Langstroth, 라식)과 호프만식(Hoffman, 호식)이 있다. 라식은 소초 상단부(상잔) 판자와 측면 판자가 같은 폭이고 호식은 측면 판자 윗부분의 폭이 넓게 되어 있다. 일반적으로 꿀벌이 끼이지 않도록 호식을 주로 사용한다.

🐝 꿀벌의 공간이란?

소비간격 (9mm) / 코마 (소비간격 12mm)

소비와 소비 사이의 틈새를 꿀벌이 살아가는 공간(Bee Space)이라고 한다. 어느 정도가 좋은지는 양봉가에 의해 생각이 나누어진다. 보통 삼각 코마를 치고 딱 12mm 취하고 있다(위 사진 오른쪽 부분). 넓지만 꿀 저장(貯蜜)도 확실하고, 꿀벌이 크게 쭉쭉 자라는 느낌이다. 왼쪽은 코마 없이 9mm인 경우이다.

간격

⑩ 소초(巢礎, 32~34페이지)

육각형의 벌통(벌집) 밑과 방벽의 일부를 양면에 엠보싱(embossing, 필름이나 시트에 요철 모양 따위의 도드라진 무늬를 만드는 방법)으로 가공한 얇은 밀랍 판(벌집 바탕, 소초)을 친 나무 틀. 하단 틈새가 있는 형태(아래)는 꿀벌이 쓸데없는 벌집이나 왕대(벌집의 여왕벌 키우는 방)를 만들기 쉽다. 저자는 하단에 틈이 없는 형태(위)를 사용한다.

㉠ 소초를 9장 넣을 경우

소초에 삼각 코마(소비 사이에 간격을 확보하기 위한 삼각틀)를 치면 소비가 최대 9장 들어간다. 소초 사이는 12mm 정도이다. 초보자는 코마를 치는 것을 권장한다.

㉡ 소초 10장을 넣을 경우

코마를 치지 않고 소초를 넣으면 10장 정도 들어간다. 이때의 소초 사이는 9mm. 자연에서 꿀벌이 9mm 전후에서 육아를 하기때문에 10장을 선호하는 양봉가도 있다.

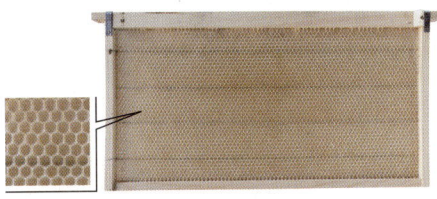

⑪ 반성소비(半盛巢脾)

절반 정도 만들어진 소비, 꿀벌이 대략 절반 정도 벌집 방을 쌓아 올린 소비라는 것이다. 화원양봉장에서 꿀 채취를 마친 꿀벌에게 다음 연도의 벌집방 만들기를 시킨다.

▼ 다양한 용량(폭)의 사양기

⑬ 사양기(먹이 그릇)

먹이 그릇은 꿀벌에게 먹이는 설탕액(당액)을 넣어 두는 그릇으로 풀사이즈의 먹이 그릇은 약 2L의 단물(설탕액)이 들어간다. 바닥을 2분의 1 정도로 얇게 한 것(아래)도 있다.

⑭ 수벌소비(雄蜂巢脾)

수벌의 벌집용으로 벌집 바탕을 깐 소비이다. 수벌의 벌집은 일벌들의 벌집보다 크다. 저자는 벌통의 왼쪽 끝에 위치시켰다.

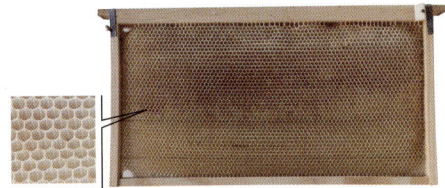

⑫ 전성소비(全盛巢脾)

다 만들어진 소비로 벌집 방이 완성된 소비, 꿀벌이 당장이라도 산란과 꿀, 꽃가루 저장을 시작할 수 있는 상태의 소비를 말한다.

제2절 양봉 도구

좋은 양봉 도구가 있으면, 매일의 작업효율은 현격히 오른다. 소재와 기능, 가격 등 다양하므로 사용하기 쉬운 것을 고민해서 선택한다.

▲ 장도리(못뽑이) 기능이 있으면 편리

① 하이버툴(hive tool)

벌통에 달라붙어 있는 소비를 떼어내거나 벌통이나 소비 판에 붙은 밀랍과 프로폴리스를 깎을 때 등 이용 범위가 넓은 필수품이다.

> **목적에 따라 스스로 제작하여 사용하는 양봉 도구도 적지 않다.**
>
> 양봉 도구는 사용의 용이성으로 선택한다. 양봉 도구(養蜂道具)는 벌통의 공구라는 이름 그대로 벌통 주변 작업에 없어서는 안 되는 도구들이다. 틀이나 뚜껑에 달라붙어 있는 밀랍이나 프로폴리스를 떼어 낼뿐만 아니라 해머 포함, 못을 뽑는 장도리도 필요하다. 갈고리를 포함하는 등의 다기능인 것이 많다. 소재도 구리, 철제, 스테인레스제 등 무게나 크기가 다양하게 있으므로 사용의 용이성을 보고 선택하면 된다.

▲ 하이브툴로 상잔의 벌집을 청소하고 있다.

② 봉솔(벌브러쉬)

내검(內檢)이나 채밀 시 등 소비를 꺼낼 때, 소비 판 등에 있는 벌을 쫓기 위해 사용한다. 채밀 시 등 소비를 꺼낼 때 통통 소비를 흔들어도 떨어지지 않은 꿀벌을 부드럽게 쓸어낸다. 벌통의 뚜껑을 닫을 때 꿀벌이 끼이지 않도록 치우기 위해서도 사용한다. 부드러운 말의 털로 만든 것(馬毛製)이 많다. 사진은 손잡이 끝에 도구가 붙어 있는 형태이다.

③ 핀셋(pincette)

양봉용이 일반적이지만, 화원양봉장에서는 의료용 핀셋을 이용한다. 여왕벌을 이동시키거나 수벌을 잡아서 처리하는 등 여러 가지 사용할 수 있다.

④ 소비잡이 기구

소비를 잡기 위한 기구로 벌에 쏘이지 않는다. 한 손으로도 소비를 들어 올릴 수 있는데 꿀이 달라붙은 경우라도 문제가 없다.

⑤ 훈연기(燻煙器)

꿀벌은 연기를 싫어하고 도망가는 습성이 있으므로 벌들을 진압할 때 사용한다. 금속제 연통에 풀무가 달려 있다. 고리(hook)가 달린 것은 작업 후 바로 허리에 걸 수 있어 편리하다.

⑥ 목초액(木酢液)

숯불구이의 부산물로 나오는 목초액을 훈연이나 냄새 제거를 목적으로 사용할 수 있다. 합봉을 할 때도 꿀벌의 등에 쉿 하고 불어 사용한다. 물과 목초액을 1:1 정도로 희석해서 사용한다. 신뢰할 수 있는 품질의 목초액을 구하여 사용해야 한다.

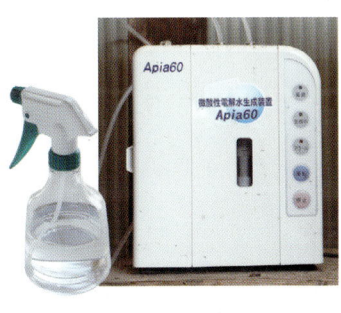

⑦ 전해수(電解水)

미산성(微酸性) 전해수의 제작장치로 만든 전해수는 소독 목적으로 사용된다. 백묵병의 원인이 되는 아스코스패라 아피스(Ascosphaera apis) 곰팡이에도 살균 효과가 있다. 저자는 소독이나 냄새제거(소취) 목적으로 사용한다.

⑧ 꿀벌 건져내기 그물

먹이 그릇에 떨어지거나 물에 빠진 꿀벌을 건져낸다. 먹이 그릇의 폭에 딱 맞도록 스스로 제작한 도구이다.

⑨ 흰색 분필

내검(內檢) 실시날짜 등 벌통에 작업의 진척상황을 메모하는 데 사용한다. 자신의 확인용은 물론 여러 사람이 양봉에 관련된 경우에도 정보를 공유할 수 있다.

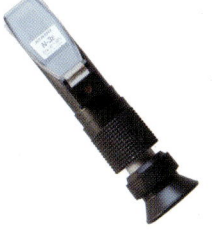

⑩ 굴절당도계(糖度計)

꿀벌의 당도를 측정하는 도구. 초보자는 채밀의 적당한 시기를 가늠할 때 사용하면 좋다.

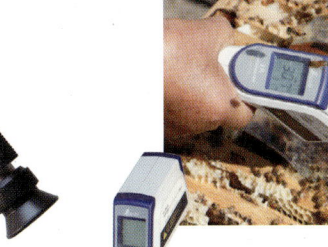

⑪ 디지털 온도계

벌통 내외의 온도를 측정한다. 벌통 안은 일정한 온도로 유지되어 있지만, 초보자는 수시로 온도를 확인하면 좋다.

제3절 양봉 복장과 장비

작업 시에는 벌에 쏘이지 않기 위해 피부를 내보이지 않도록 하는 것이 기본이다. 얼굴과 머리를 지키는 면포를 비롯해 다양한 장비를 몸에 지니고 다닌다. 매일의 작업을 안전하고 쾌적하게 실시할 수 있도록 제대로 된 장비를 구입하여 사용한다.

▲ 국내에서 시판 중인 면포(사진: 불로양봉원 제공)

▲ 면포는 하부에 틈이 있으면 벌이 침입해 오므로 끈을 단단히 묶는다.

① 면포(面布)

얼굴이나 머리를 벌에 쏘이지 않게 쓰는 보호망이다. 밀짚모자 등을 쓰고 위에서 장착하는 것이나 모자와 네트 부분이 일체화된 것, 접는 것, 씻을 수 있는 것 등 여러 종류가 있다.

② 작업복(作業着)

벌을 취급할 때의 옷은 흰색 등 연한 색이 좋다고 여겨지지만, 검은색 등 진한 색을 피하면 빨간색 등도 문제없다.

▼ 사용하기 쉽도록 개조하면서, 오랜 세월 사용했던 가방이다

③ 장갑(手袋)

화원양봉장에서는 가죽으로 만든 작업용 장갑을 사용한다. 고무장갑은 땀이 차기 때문에 장시간 사용하면 불쾌하거나 손가락을 상하게 할 수 있지만, 가죽제는 쾌적하게 작업을 할 수 있다.

④ 팔 덮개(팔토시)

장갑과 상의 소매 사이를 단단히 가릴 수 있으므로, 소맷부리에서 벌이 들어오는 것을 막을 수 있다. 발목에도 달면 안심이다. 시판하는 제품도 많지만, 수제로 직접 만들어 사용해도 좋다.

⑤ 웨스트 백(west bag)

벨트에 꿰거나 끈으로 묶어서 허리에서 내린다. 종류가 다양하므로 사용하기 쉬운 것을 고르자. 작업 도구를 항상 가방에 넣는 버릇을 들이면 분실물도 적어진다.

⑥ 발 장갑(地下足袋)

통기성이 나쁜 장화를 오랜 시간 신으면 뜸이 들어 작업하기 힘들다. 추천은 고무 버선. 장시간 작업해도 지치지 않는다. 양봉 작업에 최적이다.

⑦ 안전화(安全靴)

발끝에 강철제 철심이 들어있다. 무거운 도구를 깜빡 떨어뜨렸을 때나, 대나무가 발밑에 자라고 있는 것 같은 위험한 현장에서 발끝을 지켜준다.

⑧ 장화(長靴)

가벼운 차림의 잠수복의 일종인 웨트 슈트(wet suit)로 고무 소재로 신축성이 있고 작업하기 쉬운 장화이다. 이슬이 어느 정도 있는 아침에 작업할 때 신으면 좋다

▲제대로 된 장비를 갖추어야 쾌적하고 효율적으로 작업할 수 있다.

제4절 소비 만들기

소비 만들기는 주로 양봉 작업이 일단락되는 겨울, 일손이 비었을 때 일을 시작한다. 소광재는 주로 화백나무(Chamaecyparis pisifera)로 만든다.

1. 도구를 궁리하여 작업을 효율적으로

벌집 소초는 기성품으로 판매하는 제품도 많이 있지만, 1장씩 조심스럽게 손으로 직접 만들면 강도가 강해지고, 비용도 절감된다. 시간이 많은 겨울에 벌집 소초를 만들면 좋다. 손으로 만드는 요점은 벌집틀을 채밀할 때 원심력을 이용한 채밀기에 걸면 휘거나 부서지지 않도록 튼튼하게 만드는 것이다. 철사는 튕기면 기타줄(guitar string)과 같은 고음이 울릴 정도로 팽팽하게 치고, 내구성이 있는 철제인 스크류 못(screw nails)을 사용하여 조립한다.

2. 소비 조립에 필요한 재료

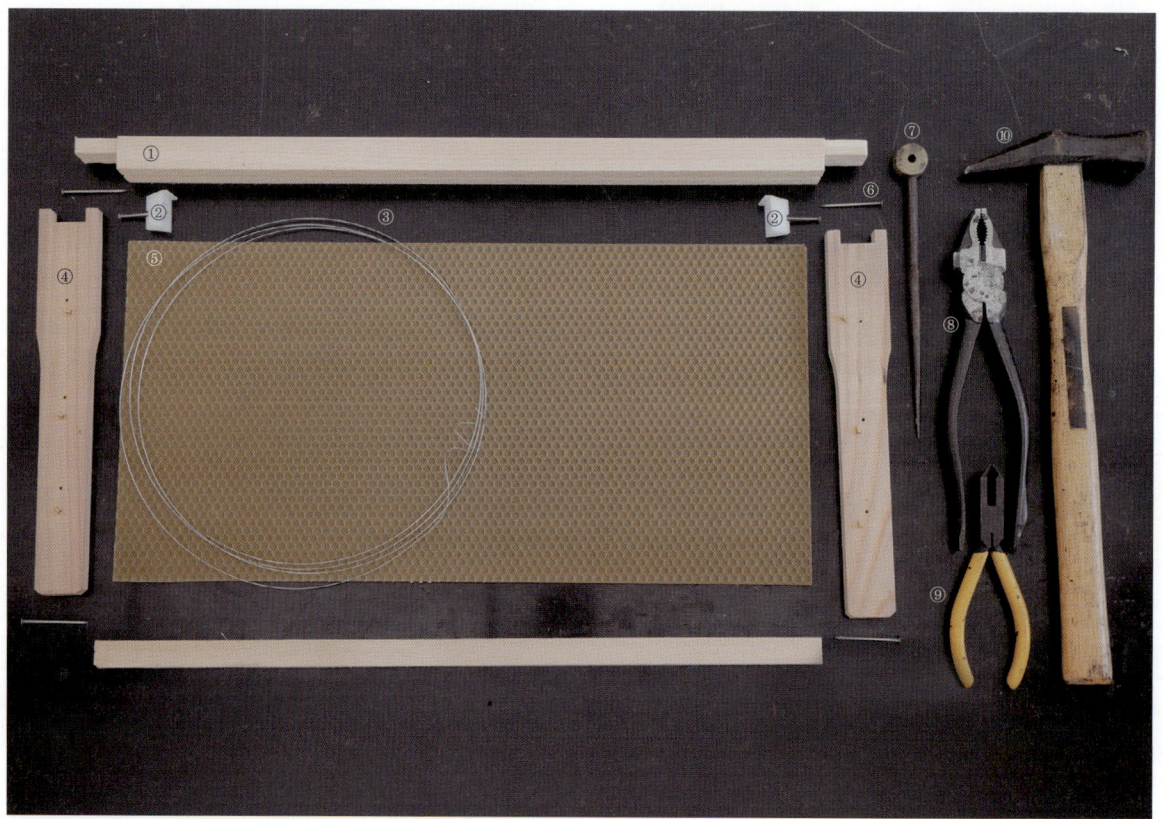

▲ ① 위 소광대(상잔), ② 삼각 코마 2개, ③ 스테인레스 철사, ④ 옆소광대(측잔)와 동그란 철사 구멍 6개, ⑤ 소초(밀랍제), ⑥ 못 6개, ⑦ 두꺼운 바늘(장침), ⑧ 펜치, ⑨ 니퍼, ⑩ 쇠망치

3. 소광대 조립하기

언제든지 정확하게, 솜씨 있게 조립하는 것이 중요하다. 못은 강도와 내구성을 고려하여 선택한다. 저자의 경우는 소초 크기에 맞춘 조립용 자가제작한 키트(kit)를 사용하여 조립하고 있다.

❶ 동그란 쇠고리를 사용하여 동그란 쇠고리 3개를 모아서, 각각 측면 소광대의 구멍에 넣는다.

▲ 특제 동그란 쇠고리 받침. 적당한 경사로 동그란 쇠고리 받침대가 달린 구멍이 아래로 내려가게 되어 있다. 3개를 한꺼번에 모을 수 있도록 개량한 정밀 드라이버를 사용한다.

❷ 조립대의 홈에 측면 소광대(側棧)를 끼워 넣는다. 동그란 쇠고리를 넣은 방향이 바깥쪽으로 가게 한다.

❸ 위 소광대(上棧)를 위에서 끼워 넣는다.

❹ 디귿 자(ㄷ) 모양의 나무틀(자가제작한 것임)을 측면 소광대에 비스듬히 걸어 바짝 위쪽으로 끌어올려 테두리를 단단히 고정시킨다.

▶ 나사못(3.8㎝)은 스테인레스보다 철이 좋다. 소금을 뿌려 녹슬게 해놓고 나무틀 안에서 고정이 잘 되게 해준다.

▼ 위 소광대(上棧) 뾰족한 부분이 조립대 두께(폭)에 걸리도록 한다.

❺ 양쪽 끝에 못을 박는다.

❻ 아래 소광대(下棧)도 끼워 넣고 동일하게 양쪽 끝에 못을 박는다.

❼ 완성된 소광대를 들고 있는 모습이다.

◀ 정확하고 빠르게 틀을 조립하기 위해 저자가 직접 제작한 조립용 키트(kit) 모습이다.

4. 소광대에 철선 치기

철선(wire)을 치는 것은 중요한 작업이다. 단단하고 탱탱하게 치면 원심력 채밀기에 걸었을 때 철사가 빠지는 일도 없어진다.

❶ 측면 소광대의 구멍에 철사를 ①~⑥의 순으로 완만하게 통과시켜 간다.

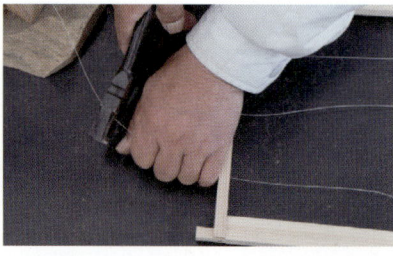

❷ 소광대 위아래를 거꾸로 하고, 철선의 끝부분을 손으로 잡고 한 주먹만큼의 여유를 남기고 펜치로 자른다.

▼ 동그란 판자에 화분(花盆)을 거꾸로 뒤집어 올려 철사 드럼을 대신하게 한 수제 장치이다. 안에 베어링을 넣어두기 때문에 철사를 잡아당기면 화분이 돌고 필요한 만큼만 철사를 사용할 수 있다.

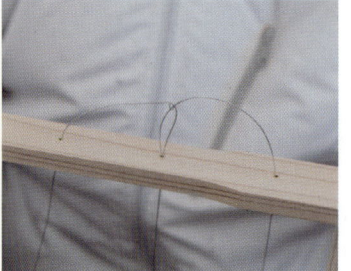

▼ 휘감아서 와이어 끝을 중앙 구멍으로 넣는다.

❸ ①의 철사의 끝부분을 그대로 ④의 방향으로 전달, 철사끼리 엄지로 누르면서 둥글게 한 바퀴 회전시켜 휘감고, 끝은 가운데로 하여 ④의 구멍에 넣는다.

❹ 소초가 꽉 끼이는 특별주문한 틀 형태, 단 바이스(vise, 공작기계의 테이블 위에 공작물을 고정하기 위한 장치)에 앞쪽이 위 소광대(상잔)가 되도록 틀을 얹는다.

❺ ⑥의 철사의 끝부분을 펜치로 힘껏 잡아당긴다.

❻ 반대 측의 ④와 ⑤의 철사 사이에 장침(두꺼운 바늘)을 꽉 물리고, 펜치로 잡아당겨 ⑥의 철사를 더 잡아당긴다.

❼ 이제 장침을 빼고 ③의 주위를 엄지로 꼭 누르며 철사 끝부분을 꽉 ②의 방향으로 향하여 끈다(측면을 지나는 철사에 걸고).

▲ 느슨해지지 않도록 펜치로 당기는 한편 왼손으로 하현과 중현 철사를 누른다(오른쪽 사진). 하현을 누르던 중지를 떼는 동시에 이번에는 중현을 중지로 누른다(왼쪽 사진). 튕기면 팅하고 기타 현 같은 고음이 울릴 정도가 좋다.

❽ 가운데 ③의 구멍에서 철사를 되돌리고, 앞부분은 반대 측과 마찬가지로 중앙의 ③의 동그란 쇠고리로 통하면 펜치로 안쪽에서 힘껏 잡아당긴다. 여분의 철사를 끊어 내면 완성된다.

5. 소초를 붙여 소비 완성하기

소초 바탕은 받침틀 한가운데 오게 한다. 매선기(埋線器)[10]를 사용하고, 적당한 힘으로 누르면서 철사를 묻어 넣는다.

▼ 행주와 신문지를 깔아주는 것은 소초를 열로 녹였을 때 너무 많이 녹지 않고 바로 식도록 하기 위함이다.

❶ 매선기에 젖은 행주, 신문지를 놓고, 물뿌리개로 조금 물을 끼얹는다.

❷ 위 소광대 오른쪽 끝에 오른쪽 코마를 치고, 뒤집어서 왼쪽 코마도 친다.

❸ 위 소광대(상잔)의 홈에 소초의 밀랍 바탕을 박아 좌우 빈틈이 없이 균등해지도록 잘 균형을 잡는다.

❹ 풋(foot) 스위치[11]로 매선기의 전원을 켜고, 소초 바탕을 뚫지 않도록 조심하면서 철사를 소초의 밀랍 바탕에 녹여 묻는다.

▲ 풋(foot) 스위치[11]

⬢ 삼각틀(코마)을 잡고 작업

삼각틀인 코마는 소비 간의 공간을 균등하게 할 뿐만 아니라 손가락에 소비를 걸고 벌브러쉬를 쓸 때도 사용하기 편하므로 손잡이에 따라 치는 장소가 달라진다. 오른손잡이는 오른손으로 벌브러쉬를 사용하기 때문에 오른쪽에 코마가 있는 것이 들기 쉽고 왼손은 반대로 왼쪽으로 코마가 있는 것이 편리하다

▲ 완성된 소초. 보통 바느질에서 바늘(運針)처럼 밀랍이 철사를 덮고 있다.

▲ 완성된 벌집 소초는 소초 바탕이 뒤집히거나 떨어지지 않도록 빨리 냉장고에 넣고 보관한다.

▶ 손가락에 코마를 걸치고 벌브러쉬로 벌을 제거한다.

▲ 저자는 효율을 높이기 위해, 3가닥의 줄을 한꺼번에 묻어 넣는 특별한 매선기를 사용하는데, 많은 개수를 만들지 않는 경우는 간이용 매선기나 인두로도 충분할 것이다.

---

[10] 매선기 종류(출처: https://www.fujiwara-yoho.co.jp/tool/tool3.html)
[11] 발의 동작으로 전기나 전기신호를 ON/OFF 하는 스위치

제5절 벌통을 놓는 장소

우선은 집 마당에 벌통을 두고 양봉을 시작하는 사람이 많겠지만, 벌통 수가 많을 경우에는 사전에 양봉장을 선정할 필요가 있다. 주변 환경의 영향을 받기 쉬운 꿀벌을 생각하여 차분히, 그리고 신중하게 고려하여 선택한다.

1. 바람의 방향과 양지바른 곳을 선정

벌통을 두는 방각은 햇볕이 잘 드는 남향이나 동쪽 평지가 최선이다. 화원양봉장이 있는 기타칸토(역자 주: 일본 도쿄의 동북쪽에 위치한 지역)는 겨울에 찬 바람이 부는데 그 북풍이 벌통 온도를 낮춘다. 꿀벌들도 맞바람을 거슬러 벌통으로 들어오는 것은 힘들기 때문에, 북풍을 받는 장소는 될 수 있는 대로 피한다. 습기가 많은 지역도 피하는 것이 좋다. 꿀벌의 외적인 유해충인 개구리나 지네의 피해가 나타나기 쉽고 질병도 발생하기 쉬워진다. 축사 인근과 퇴비를 쌓고 있는 밭 근처는 꿀에 냄새가 섞이는 일이 있으므로 3~4km 거리를 두는 것이 좋다. 꿀벌은 조용한 환경을 선호한다. 차의 왕래가 잦고 진동이 있는 듯한 장소도 양봉장으로 적합하지 않다.

또한, 이웃과의 분쟁을 미리 방지하는 곳이 좋은데 미리 피하고 싶은 장소로 아이가 많은 학교나 유치원, 어린이집, 주택 밀집지, 자동차 판매점 근처 등이다. 벌에 쏘이거나 혹은 벌의 똥으로 인해 빨래와 자동차가 더러워졌다는 등의 민원을 받을 수도 있다. 그리고 역시 가장 중요한 조건은 벌이 꿀을 가져올 수 있도록 반경 약 2km(지름 4km) 권내에 밀원식물이 충분히 있는지 여부다. 저자는 자택의 밀원식물, 옆에 벌통을 두고 있지만, 회화나무나 쉬나무 등의 낙엽수의 밀원은 여름에는 나무 그늘이 되고, 겨울에는 햇빛이 잘 들어주기 때문에, 꿀벌의 쾌적한 환경 조성면에서도 좋은 이점이 있다.

2. 물 마시는 곳 설치

자연스럽게 물이 흐르는 곳이 없다면, 10~20m 떨어진 곳에 음료수기를 설치한다. 저자는 집 현관 앞이나 봉장에 물그릇이나 플라스틱 용기를 두어 꿀벌들의 물 마시는 곳으로 삼고 있다. 벌은 차가운 물을 마시면 약해지므로 초가을부터 히터를 틀어 양지바른 곳의 물과 비슷한 수온을 유지하도록 해준다.

☑ 설치 장소 점검표

☐ 햇빛이 잘 드는 남쪽이나 동쪽의 평지가 좋다.
☐ 북풍이나 바람이 지나는 길은 좋지 않다.
☐ 습한 지역이 아닌 건조한 곳이 좋다.
☐ 축사나 퇴비 등이 3~4km 내에 없다.
☐ 자동차의 왕래 등으로 인한 진동이 없다.
☐ 학교나 어린이집, 주택 밀집지, 자동차 판매점(꿀벌의 배설물이 차를 더럽힘) 등이 근처에 있지 않다.
☐ 반경 2km 내에 충분한 밀원식물이 있다.
☐ 농약을 뿌리는 논밭이나 삼림이 가까이 있지 않다.

▲ 물 마시는 장소에는 꿀벌이 발판으로 삼도록 수초나 나뭇가지 등을 넣어 준다.

▲ 물을 마실 때에는 복부가 팽창되었다가 줄어드는 모습을 관찰할 수 있다.

▲ 반경 2km 이내에 밀원이 있는 곳이 좋다.

3. 토지를 빌리는 경우

양봉장으로 하는 장소가 자신의 소유지라면 바로 벌통을 둘 수 있지만, 마땅한 장소가 없다면, 토지를 빌릴 필요가 있다. 후보지는 서두르지 말고 2~3년 두고 천천히 찾기를 추천한다. 여러 조건이 잘 맞는다고 생각되면, 먼저 땅 주인을 찾아 장소이용에 대해 허락을 얻는다.

최근에는 휴경지 잡초에 애를 태우는 고령자도 많아서 잡초도 제거해 드린다고 제안하면 협상을 유리하게 이끌어 갈 수 있을지도 모른다. 계절마다 인사할 때 벌꿀을 선물하는 것으로 지주와 원만한 관계를 쌓고 있는 양봉가도 많다고 한다. 다만, 토지 대차는 각각의 경우가 모두 다르므로 잘 의논해서 사례금을 정하고, 계약서를 주고받는 등 최소한의 서류를 남겨 두는 편이 좋다.

◀ 나무를 베고 양봉장을 만들고 있다.

◀ 포크레인으로 개간을 하여 양봉장을 만들기도 한다.

🐝 꿀벌과 농약 피해

꿀벌도 곤충이기 때문에 살충제에 노출되면 해충과 마찬가지로 생명의 위험에 처하게 된다. 양봉장 주변의 논이나 밭에서의 농약 살포에 대해서는 평소에 정보 수집을 게을리 하지 않아야 한다.

농약을 사용하는 논밭이나 삼림 근처에 벌통을 두는 것은 처음부터 피해야 한다. 만약 양봉장 설치 후에 농약 살포(반경 2km 권내)의 정보를 얻은 경우는 벌통을 대피시키는 것이 피해를 최소한으로 막는 방법이다.

▲ 양지바르고 통풍이 잘되는 곳, 밀원식물이 많은 곳 등을 고려하여 양봉장을 정한다. 밀원식물을 심거나 하우스를 짓는 등 꿀벌을 기르는 준비를 해야 한다.

제6절 종봉의 구입과 사육

꿀벌을 구입할 경우는 사전에 정보 수집이나 문의를 하는 것이 중요하다. 신뢰할 수 있는 양봉가와 거래하여 우량 계통의 종봉을 입수해야 한다. 사육할 때는 지자체에 사육신고서를 제출해야 한다.

1. 꿀벌은 종류보다 혈통을 중심으로 구입

종봉은 정보 수집에 공을 들이고 양봉을 잘하려면 우수한 양봉가에게서 종봉을 구입한다. 저자는 유럽계의 이탈리안 종을 중심으로 사육하고 있지만, 이탈리안이나 카니올란 품종보다도 더 중시해야 할 것은 혈통이다. 뛰어난 양봉가는 기질이 얌전하고, 분봉이 잘 나지 않으며, 채밀량이 많고, 병에 강하며 월동력이 우수한 우량 계통의 벌들을 찾아 기르고 있다.

우선은 정보 수집을 잘해서, 최대한 신뢰할 수 있는 양봉가로부터 입수하도록 한다. 입수처는 근처에서 사육에 대해 알려주는 양봉가가 있으면 제일 좋다. 실제로 양봉장을 보여주고 판단하는 것이 중요하지만 그러지 못할 경우에는 '언제 태어난 여왕벌인지' '벌통 틀의 내역' 진드기나 병의 검사는 하고 있는지 등의 질문을 해보고 성실하게 대응해 줄지를 확인해야 한다.

> ### ☑ 종봉 구입을 위한 점검 사항
> ☐ 신뢰할 수 있는 양봉가나 업자로부터 구입한다.
> ☐ 젊은(1년 정도) 여왕벌을 구입한다.
> ☐ 우량 계통의 벌을 구입한다.
> ☐ 어린 유아 벌(蜂兒)과 비축된 꿀(貯蜜)이 있다.
> ☐ 진드기나 병이 없는 지 검사한 후 구입한다.

1) 유럽계 카니올란종

체격이 좋고 거무스름한 체색이며 집밀력이 있고 추위에 강하지만 벌에 쏘이면 이탈리안 종보다 아프다.

2) 유럽계 이탈리안종

아름다운 노란 체색을 한 우량종으로 집밀력(集蜜力)이 높은 데다 분봉이 적고 얌전하다. 덧붙여서 저자는 종봉을 매매하여 보낼 때 여왕벌의 생년월일을 명기하여 알려주고 있다.

▲ 이탈리안종의 꿀벌

▲ 카니올란종의 꿀벌

▲ 이탈리안종의 꿀벌의 확대사진

2. 사육은 봄부터 시작하는 것이 최선

종봉의 구입 시기는 초봄이 좋다. 즉 꿀벌이 늘어나는 계절이 안전하고 좋다. 그 시기는 밀원도 풍부해서 여왕벌도 왕성하게 산란하고 봉군의 군세도 빠르게 좋아진다. 여름철에는 밀원식물이 적고 더위로 여왕벌의 산란력도 떨어진다. 여름부터 가을은 말벌 대책도 필요하고 가을은 월동 대책도 마련해야 한다.

이런 것들을 종합적으로 고려하면 초보자는 봄에서 초여름에 걸쳐 봉군을 구입하고 기르기 시작하는 것이 안전하다. 처음에는 표준적인 5장 정도의 소비를 가진 벌통 2개(2군)로부터 시작하면 좋을 것이다.

3. 사육 신고는 각 지자체에 제출

일본에서 꿀벌을 사육하는 사람은 양봉진흥법에 근거해 사육자의 주소지를 담당하는 지자체 담당자 앞으로 양봉농가 등록신청서를 제출해야 한다. 소정의 서식은 지자체에 따라 다를 수 있으므로 각 자치 단체의 양봉을 담당하는 창구에 확인한다. 우리나라의 양봉농가의 등록기준과 농업경영체 등록요건(아래의 공고와 231~232페이지 참조)을 확인하고 신고한다.

일본의 경우 저자는 사이타마현(埼玉県)에 매년 1월에 사육하는 봉군 수를 보고한다. 또 현 내에서 벌통을 이동시키는 경우는 당해 사육 계획에 따라 사육 장소와 거기서 사육을 계획하고 있는 최대봉군 수와 사육 기간, 그리고 계획을 변경하게 된다면 추후 변경계를 제출한다. 사이타마현에서는 이 신고를 토대로 가축위생보건소의 가축 방역 요원이 주로 봄에 사육지를 1번 방문하고 법정전염병인 부저병(foul brood, 세균에 의한 꿀벌의 유충병) 검사를 한다.

이 계획서의 제출 의무가 제외되는 것은 과수나 채소, 화훼농가가 수분 목적 때문에 꿀벌을 사용하거나 전염병 확산 걱정이 없는 연구시설 등에서 키우는 경우일 뿐이다. 그러나 이 경우라도 채밀한 꿀 등을 판매하거나 양도할 생각이라면 사육 신고서는 제출해야 한다.

꿀벌 혹은 밀랍의 채취 또는 월동을 위한 꿀벌을 이동하고 사육하는 것을 전사(転飼)라고 한다. 일본에서 전사를 계획하고 있는 경우에는 시군구에 봉군의 이동(전사) 허가신청서를 제출해야 한다. 그러나 우리나라(한국)는 이 제도가 없으므로 신고의 의무가 없다.

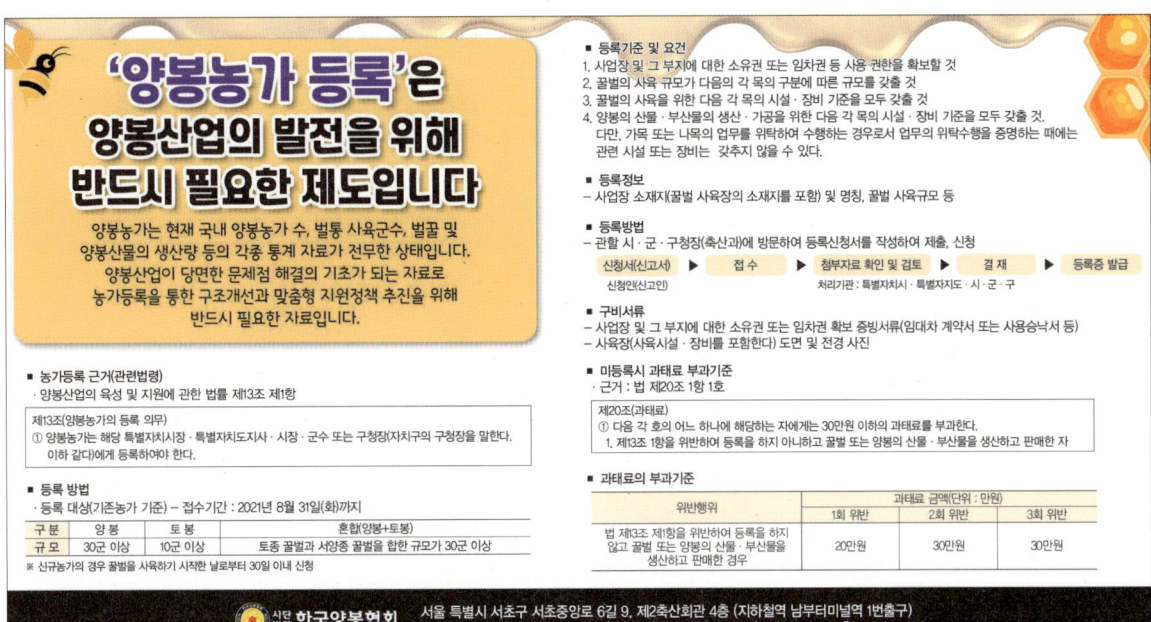

▲ 한국양봉협회의 〈양봉농가 등록〉 공고 내용 (출처 : https://www.korapis.or.kr)

제7절 벌에 쏘이는 문제

꿀벌은 빈번이 사람을 쏘지 않는다. 제대로 된 장비를 착용하고 벌의 기분을 상하게 하는 일을 하지 않으면 불시에 침을 쏘는 일이 적다. 만약 벌침에 쏘여도 적절한 대처법을 알고 있으면 안심이다.

1. 벌침을 쏘는 것은 일벌뿐

벌침은 암컷의 산란관이 변화된 것이다. 그래서 수컷에게는 침이 없다. 즉, 쏘는 것은 암컷의 일벌과 여왕벌뿐이다. 여왕벌은 라이벌 여왕벌과 싸울 때만 독침을 사용하기 때문에 사람 등 외적을 쏘는 것은 일벌뿐이다.

벌침은 사용하지 않을 때는 복부에 잠겨있다가 벌이 공격을 할 때 밖으로 나온다. 벌침 끝에는 톱날과 같은 삐죽삐죽 "돌기"가 많이 붙어 있으므로 일단 쏘이면 이것이 걸려 쉽게 빠지지 않는 구조로 되어 있다.

벌침에 쏘이면 기저(뿌리) 부분에 있는 벌침의 성분과 함께 벌의 몸통을 벗어나 독액이 주입된다. 꿀벌은 침을 잃으면 곧 죽기 때문에 쏘는 것은 바로 목숨과 맞바꾸는 행위이다.

2. 벌은 어떨 때 쏘는가?

벌은 이유 없이 사람을 쏘는 일은 없다. 평소 부드럽게 대하고 그들의 마음에 들지 않는 일을 하지 않는다면, 크게 겁먹을 필요는 없다.

특히 피해야 하는 것은 거칠게 대하는 것이다. 벌은 소리의 진동에 민감하므로 벌통의 뚜껑을 거칠게 열거나 벌통(벌집)을 요란하게 떨어뜨리거나 하면 공격받을 가능성이 커진다. 또한 벌통(벌집)의 소문 정면에서 사람이 가로막는 것도 싫어하기 때문에 작업은 벌통 옆이나 뒤에서 하는 것이 좋다. 벌은 후각도 예민하므로 전날 과음을 해서 술 냄새가 남아있거나 향수의 향이 강한 사람도 주의해야 한다.

이러한 사람의 언동이나 언행 외에도 벌의 기분을 상하게 하는 것은 채밀한 다음 날이나 기상이 나쁜 악천후가 있는 날이다. 벌이 귓가에서 날개 치는 소리를 내고 위협 행동을 하고 있을 때는 떠들거나 손으로 쫓아내지 말고 차분하고 조용히 그 자리를 떠나도록 한다.

> ### ☑ 벌에 쏘이기 쉬운 행동들
> - 큰소리를 낸다.
> - 큰 몸짓을 하거나 달린다.
> - 벌통(벌집) 문 앞에 서서 가로막는다.
> - 술 냄새가 남아있다.
> - 향수의 향이 강하다.
> - 채밀한 다음 날에는 쏘이기 쉽다.
> - 비나 강풍이 있는 날에는 사나우므로 쏘이기 쉽다.

▲ 꿀벌도 기분이 좋을 때는 잘 쏘지 않는다.

4. 벌에 쏘이면 특별히 아픈 부위

벌에 쏘여서 아픈 것은 역시 신경이 많이 모여 있는 얼굴이나 손가락 끝이다. 특히 눈 주위에 쏘이면 펀치를 맞은 복싱선수처럼 부어오르기도 한다. 벌은 어두운 곳을 파고드는 성질이 있으므로 코나 귓속을 쏘일 수도 있다. 벌이 사람을 쏘는 것은 봉군을 지키기 위한 목숨을 건 자기희생적 공격이다.

사소한 작업이라도 귀찮아하지 말고 면포를 쓰는 것으로 미리 예방하는 것이 좋다. 또 면포는 빈틈이 없도록 단단히 장착하는 것도 중요하다. 저자가 조사한 벌에 쏘였을 때 "아픈 부위"는 콧구멍, 귓속, 눈 주위 순이었다.

3. 벌에 쏘였을 때 벌침 뽑는 법과 대처법

쏘인 장소에는 침이 남아있으므로 가능한 한 빨리 침을 제거하고 환부를 차게 한다. 단, 침을 잡듯이 뽑으면 독이 체내에 주입되어 버리므로 그림을 참고하여 손가락으로 튀어 나오도록 빼는 것이 요령이다. 꿀벌을 키울 때는 항상 쏘일 위험이 있다. 벌 독에 대한 알레르기가 없는지 미리 혈액검사를 해두는 것이 중요하다.

쏘인 후 몸 여기저기에 발적(發赤)이 나타난다거나 두드러기가 생긴다든지, 답답하거나 혈압이 내려간다는 등의 증상이 있는 경우에는 벌 독에 의한 아나필락시스(anaphylaxis) 쇼크(과민증 충격)가 의심된다. 그런 경우에는 즉시 구급차를 부르거나 가까운 병원을 찾아가 적절한 조치를 받는 것이 좋다.

벌침 뽑는 법

손가락으로 집어서 뽑으면 침에 "돌기"가 있으므로 더욱 피부 속으로 독을 주입해 버린다. 손가락으로 핀을 튕기듯이 침을 환부에서 떨어뜨린다.

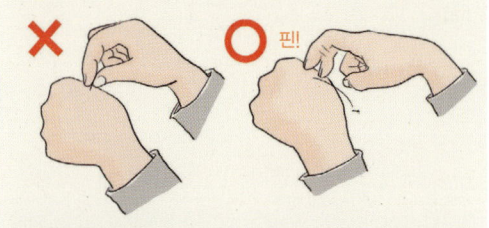

▲ 벌이 사람을 쏘는 것은 가족을 지키기 위해 목숨을 건 공격이다.

쏘이면 아픈 정도의 순서와 부위		
1위: 콧구멍	2위: 귓속	3위: 눈 주위

1) 대처법

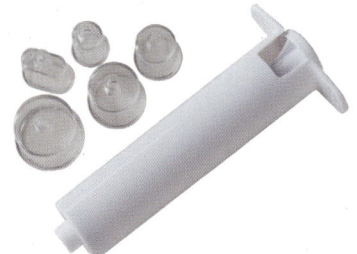

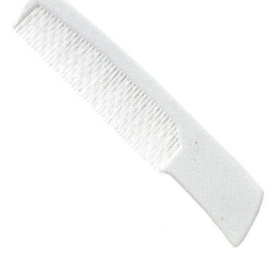

① 봉독제거기(Bee Poison Remover)
벌에 쏘였을 때 독을 재빨리 제거하기 위한 도구로 말벌에 쏘였을 때도 쓸 수 있다.

② 에피펜(EpiPen, 자가 주입식 주사기)
벌에 쏘여 아나필락시스(anaphylaxis) 쇼크(과민증 충격)가 일어났을 때 증상을 완화하는 자가 주사약이다. 이 에피펜(EpiPen)의 주성분은 에피네프린(Epinephrine)이다. 벌독 알레르기가 있는지 미리 검사를 받아두는 것이 좋다.

③ 빗(Comb)
꿀벌이 머리카락에 파고들어, 나갈 수 없게 되어 쏘는 일도 있으므로 이때는 빗으로 머리를 조용히 빗으면 벌이 탈출할 수 있다.

▲ 복장을 잘 차려입고 내검 중인 양봉가의 모습

제3장
봉군 관리기술

꿀벌의 관리는 매일매일 관찰에서부터 시작된다. 봄, 여름, 가을, 겨울의 계절마다 어떤 관리를 할 것인가? 벌들은 지금, 무엇을 해주길 원하는가? 꿀벌의 입장에서 생각하며 양봉 경험을 쌓고 기술을 연마해 나가야 한다.

제1절 계절별 봉군관리

본 장에서는 먼저 봄, 여름, 가을, 겨울의 계절마다 대표적인 작업을 요약하여 소개한다. 그 후에 양봉의 주요 작업을 항목별로 해설했다. 필요에 따라서 계절마다 작업을 계획하거나 각각의 작업에 대해 더 깊이 알고 싶을 때는 후반부의 각 작업을 참고하면 된다.

1. 꿀벌의 관리에는 정답이 없다.

실제로 꿀벌을 키울 때 '봄에는 이 작업을 이 순서대로 하면 된다' 라는 것처럼 단순한 것이 아니다.

항상 꿀벌이나 자연의 상태를 관찰하면서 그때그때 지금 무엇을 해야 하는가를 생각하고 다양한 작업을 퍼즐처럼 조합해 가면서 진행한다. 따라서 정답이 한가지로 한정되지 않는다. 어떤 작업을 언제 할지도 상황에 따라 스스로 판단해야 한다. 그 판단 하나하나가 경험을 쌓는 것으로 이어진다. 양봉가에 따라 선택하는 작업이나 양봉 기술도 제각각이다. 화원양봉장의 경우를 참고하면서 자신만이 가능한 기술이나 순서를 만들어 가야 한다. 자자의 화원양봉장에서는 직원에게 "벌이 다 가르쳐 준다"라고 말한다. 꿀벌을 찬찬히 관찰하고 있으면 모든 것을 꿀벌이 다 가르쳐 준다는 것이다. 벌은 사람처럼 말은 하지 못하지만, 경험을 쌓아가다 보면 지금 벌이 왜, 무엇을 원하는지 알게 될 것이다. 그야말로 꿀벌을 키우는 묘미이자 재미인 것이다.

2. 사계절의 봉군관리

① 봄철 관리

봄은 꽃이 만발하고 벌은 화밀(花蜜)이나 꽃가루를 모으려고 날아다니고 육아도 한창이다. 양봉가가 하는 일은 산란력이 있는 여왕벌 밑에서 기세가 있는 봉군을 기르는 것이다. 채밀 이외에도, 다양한 관리를 한다.

주요 작업
벌통을 정리하고 먹이를 관리하며 내검(內檢)이나 채밀, 왕대 점검, 수벌 관리, 여왕벌 만들기, 분봉 대책 등이다.

② 여름철 관리

여름은 폭염이나 태풍, 외부의 적으로부터 벌을 지키는 작업이 증가한다. 봄기운도 서서히 사라지기 때문에 봉군의 모습을 잘 관찰하고 이변이 있으면 바로 대응해야 한다.

주요 작업
내검(內檢), 왕대 점검, 수벌 관리, 여왕벌 만들기, 분봉 대책, 채밀, 더위 대책, 말벌 대책, 이동(전사), 벌통 정리, 질병 점검 등이 있다.

③ 가을철 관리와 방한 대책

가을꽃이 피면 벌은 육아를 재개한다. 봄과 다른 점은 가을 채밀은 잘 행하지 않고 벌의 월동용으로 꿀을 남겨 놓는다. 늦가을에는 먹이와 진드기 대책을 마련하고 봉군을 밀집시켜 추운 겨울에 대비한다.

주요 작업
내검(內檢), 말벌 대책, 진드기 대책, 채밀, 월동 준비, 방한 대책 등이 있다.

④ 겨울철 관리

늦가을에 벌통의 방한 대책을 마치면 겨울에는 기본적으로 벌통을 열지 않는다. 바빠서 손이 미치지 못하는 벌통의 조립 등을 한다. 입춘 후 처음 부는 강한 남풍에 움직이는 봉군에 맞춰 다시 한 해의 돌봄이 시작된다.

주요 작업
할 수만 있으면 내검은 하지 않는다. 벌통과 소비의 제작, 대용 꽃가루를 주는 등의 관리를 한다.

3. 사육기술의 개요와 작업

항목	개요	구체적인 작업
① 양봉 준비	먼저 양봉을 시작하기 전에 해야 할 일로 종봉이 든 벌통을 받는 방법, 설치 절차, 내검(內檢)을 할 때 필요한 훈연기 사용법 등에 대해서 대략 연습을 해 둔다.	꿀벌과 벌통이 오면 벌을 진정시킬 방법을 알아둔다.
② 매일의 관리	종봉이 도착하면 양봉을 시작하면서 돌봄의 기본이 되는 내검(內檢, 벌통 뚜껑을 열고 속의 모습을 확인하는 내부 검사)와 사양(먹이 제공) 방법이나 요령, 벌집 판이나 벌집의 보관 방법, 교환 시기의 기준, 이동 방법에 대해 살펴본다.	내검(內檢), 즉 벌통 안을 점검함/내검 절차/내검에서 점검할 점/먹이의 종류와 방법(설탕, 대용 화분, 꿀과 꽃가루 등)/소비와 벌통의 갱신, 보관상태/벌통 이동을 점검한다.
③ 봉군 관리	봉군의 군세가 강해지면 수벌이 지나치게 증가한다. 이때 분봉(벌집 나누기)을 할 수 있다. 모처럼 키운 봉군이 분봉 등으로 일거에 기세가 꺾이지 않도록 미리 대책을 마련하고 군세를 잘 관리해 나가는 것도 양봉가의 중요한 일이다.	벌통을 더하거나 줄임/계상과 격왕판(隔王板) 설치법/계상 올리기/수벌의 효율적 관리/분봉을 하지 않도록 하는 방법으로 5대 원칙을 적용/봉군 육성과 분할/봉군의 합봉 등을 점검한다.
④ 여왕벌 관리	봉군의 군세가 좋고 나쁨은 여왕벌에게 달려 있다. 채밀성적이 좋고 분봉을 잘 나지 않는 봉군도 결국은 그 봉군의 여왕벌이 질 좋은 혈통을 이어받았기 때문이다. 양봉가가 여왕벌을 스스로 육성하는 것도 좋은 계통의 여왕벌을 늘리기 위해서이다. 여왕벌의 인공적 양성은 경험이 필요한 고도의 기술로 이 책에서 소개해 갈 것이다.	여왕벌을 만드는 기술/여왕벌을 만드는 도구나 제품/여왕벌 만드는 순서로 이충(移虫), 양성봉군에 맡긴다, 신왕(新王) 도입/여왕벌이 없어지면 즉 여왕벌 부재 시 대응 방안/구왕 활용을 연구한다.
⑤ 채밀하기	채밀이란 소초를 채밀기에 넣어 꿀을 뜨는 것으로 꿀을 짜는 것이라고도 한다. 간단한 것 같지만 그 채밀 방법이나 처리법에 따라 그 양봉자의 꿀벌에 관한 생각의 차이도 나타난다.	채밀의 원리와 채밀 도구/채밀의 순서(소비에서 벌을 털어낸다, 소비를 채밀기에 넣고 꿀 짜서 용기에 넣는다)에 따라 작업한다.
⑥ 외적 대책	꿀벌의 천적으로 가장 큰 문제가 되는 것은 여름의 끝에서 가을에 걸쳐 덮치는 말벌이다. 그냥 두면 벌통이 통째로 사라질 수도 있으므로 양봉가의 꼼꼼한 순찰이 필요하다.	제8장에서 제시한 말벌 대책으로 그물을 치거나 포획기로 잡는다. 즉 사람이 그물(채집기)로 직접 잡는다.

제2절 봄철의 관리

양봉가의 일은 이른 봄부터 바빠지기 시작한다. 월동 후의 벌들을 위로하면서도 세력 늘리기(增勢)를 촉진하고 밀원식물도 최고 시즌에 가장 좋은 상태로 맞이할 수 있도록 한다. 벌을 기르기 시작하는 것도 봄이 가장 좋은 계절이다.

1. 봄철의 주요 작업은?

이른 봄은 월동 후 벌이 줄어든 만큼의 소초를 정리하고, 벌이 춥지 않도록 하면서(필요한면 난방장치 가동) 입춘 후 처음 부는 강한 남풍의 유밀기를 향해 세력 늘리기를 촉진해 간다. 봄철이 되면 밀원식물도 한창 피어나기 시작한다. 벌도 꿀이나 꽃가루 모으기, 그리고 육아로 매우 바빠진다. 이 시기는 산란공간이 부족하지 않는지 정기적으로 확인하고, 벌통을 나누거나 계상을 올려놓거나 하면서 세력 늘리기와 꿀 저장(貯蜜) 상황을 제어한다. 동시에 분봉도 사전에 회피하도록 손을 쓴다. 봉군의 핵심은 뭐니 뭐니 해도 여왕벌이기 때문에 봉군의 상황에 따라서 새로운 여왕벌을 도입할 수 있도록 여왕벌 만들기도 병행한다.

> ### ☑ 초봄의 작업 - 점검표
> ☐ 벌이 얼마나 있는가?
> ☐ 먹이는 부족하지 않은가?
> ☐ 대용 꽃가루를 넣었는가?
> ☐ 여왕벌은 있는가?
> ☐ 산란이 시작되고 있는가?
> ☐ 병이 나지는 않았나?

2. 초봄의 관리

1) 군세에 따라 소비를 조절

매화가 드문드문 피기 시작하고, 봄이 찾아오는 것을 느끼면 날씨가 좋은 날에는 벌이 밖으로 나오게 된다. 여왕벌이 빨리 산란을 시작해서 봄 유밀기까지 많은 일벌이 자랄 수 있도록 작업을 진행한다. 화원양봉장에서는 2월경부터 강한 군세일 때는 대용 꽃가루(화분)로 사육한다. 이는 주위에 꽃가루가 많이 있으면 벌이 '좋아, 육아에 힘쓰자!'라고 의욕이 솟아날 것 같아서이다.

이른 봄의 본격적인 내검(內檢)은 봄꽃 개화 후 바람이 없는 잔잔한 날을 선택해 실시한다. 월동 초기에는 평균적으로 소초 2장 정도로 벌이 적어지는 경우가 많으므로 안팎에 벌이 빽빽이 되도록 빈 소초를 들어낸다. 소초에 꿀과 꽃가루가 있을 때는 사양기(먹이 그릇) 밖에 놔둔다. 그러면 벌이 부지런히 사양기 안쪽 소초로 운반해 간다.

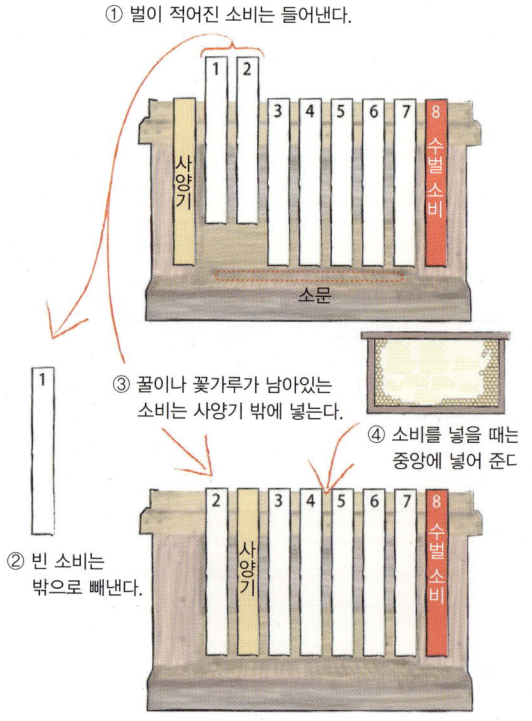

① 벌이 적어진 소비는 들어낸다.
② 빈 소비는 밖으로 빼낸다.
③ 꿀이나 꽃가루가 남아있는 소비는 사양기 밖에 넣는다.
④ 소비를 넣을 때는 중앙에 넣어 준다

▲ 소비를 가감하는 모식도

2) 벌의 식량은 당액이 아닌 꿀소비로

벌통을 뒤쪽에서 조금 들어보고 가볍다고 느낄 경우에는 먹이도 필요하다. 저자의 화원양봉장에서는 이 시기의 먹이는 설탕액이 아닌 보관해 둔 꿀이 든 소비를 넣어준다. 아직 기온이 낮은 시기이므로, 차가운 설탕액을 먹이로 주면, 벌의 배를 식혀 약해질 가능성이 크므로 주의한다.

꿀을 먹기 좋게 해주고 싶은 경우에는 밀개(꿀 덮개)를 하이브툴(hive tool) 도구로 조금 긁는 정도로 충분하다. 밀개를 떼버리면 통 안에 꿀이 줄줄 흘러, 벌이 빠져 죽기도 한다. 또 꿀이 든 소비는 벌통의 중앙부에 넣는다. 이렇게 하면, 벌이 양쪽에서 먹을 수 있다.

▲ 냉장 보관해 두었던 꿀소비. 이른 봄은 설탕액이 아닌 꿀소비를 먹이로 넣어 주면 좋다.

▼ 차례차례로 밀원식물이 개화하기 시작하는 봄은 꿀벌이 1년 중에서 가장 생기있게 활동하는 계절이다.

3. 봄철의 봉군관리

1) 봉군의 세력 증가를 성실하게 도와주기

기온이 올라가고 본격적인 봄이 오면, 채밀이나 봉군 육성을 해서 세력의 증가를 재촉하는 시기다. 산란이나 육아를 뒷받침하기 위해서라도 벌에게 있어서 유일한 단백질원인 꽃가루를 적극적으로 먹이면 좋을 것이다. 단, 이 시기에 설탕액을 주면 벌이 꿀방에 모아버릴 우려가 있다. 채밀을 하는 기간에는 설탕액 먹이를 삼간다.

내검(內檢) 때 산란공간이 적으면 먹이가 든 소비(巢脾, 벌이 알을 낳고 먹이와 꿀을 저장하며 생활하는 육각형 모양의 집)를 더해 준다. 계상을 올려놓는 적기는 밤이다. 벌통에 벌이 들어갈 수 없는 때 소비 1장 분량 정도에 들러붙게 될 때이다(오른쪽 사진).

당해의 채밀을 하지 않기로 한 약한 봉군 벌통은 육아용으로 돌린다. 혹은 약한 봉군끼리 뭉쳐서 세력 증가를 기대하는 방법도 있다.

2) 왕대를 기준으로 분봉열 대책

봄은 분봉이 일어나기 쉬운 계절이므로 그 징후에도 민감할 필요가 있다. 그중에서도 놓쳐서는 안 되는 것이 왕대다. 벌통(벌집) 안이 답답하여 분봉하려고 왕대를 만들고 있는지, 여왕벌의 산란력에 문제가 있어 새로운 여왕벌을 만들려 하고 있는 지 원인을 주의 깊게 지켜봐야 한다.

분봉열을 낮추는 대처법 중 하나는 소비를 더해 주는 것이다. 벌통에 빈자리가 있으면 소비(巢脾)를 더해 주어서 새로운 산란 장소를 만들어 준다. 더 분봉열이 높아질 것 같으면 벌통(벌집)의 소비를 넣어주면 벌은 눈앞의 벌통(벌집) 짓기 작업에 바빠서 분봉열을 억제할 수 있다. 이어 적절한 시기에 계상을 올려놓은 것도 분봉열 저하로 이어진다. 또 여러 개 만든 왕대를 제어하면 잘 늘어나는 봉군을 살리고 필요에 따라 인공적으로 분할시키는 것도 하나의 대처법이다.

▲ 소문(巢門) 밖에 많은 벌이 모여 있는 것이 보이면 소비를 더 넣어주거나 계상을 올리기 좋은 싯점이다.

▲ 봄부터 가을에 걸쳐서는 해야 하는 일은 여왕벌 만들기 작업이다.

3) 우수한 계통의 여왕벌 만들기

봄의 절정기인 5월은 여왕벌 육성에 가장 적합한 계절이다. 화원양봉장에서는 9월까지 장기간에 걸쳐 이충(移蟲)틀이나 유충을 이충기로 여왕벌의 인공적인 양성을 하고 있다. 채밀의 성적이 좋고 산란력이 있는 분봉하기 어렵고, 내병성도 있고, 좋은 봉군일 때 여왕벌에게서 유충을 취해 새로운 여왕벌을 만들고 뛰어난 계통의 벌을 늘린다.

또, 여왕벌이 어떠한 원인으로 사라진 봉군이나 교미 비행에서 여왕벌이 돌아오지 않는 봉군, 분봉한 경우, 여왕벌의 교체가 필요한 경우 등, 새로운 여왕벌은 여러 가지 경우에 필요하다. 그런데 봉군에 갓 태어난 신왕(新王)을 도입할 수 있도록 시간을 역산하고 잘 준비하여 여왕벌 육성을 추진한다.

4) 봄 진드기 대책과 질병 예방

수벌은 생식이 유일한 생존 목적이라고도 할 수도 있지만, 그 수가 많아지면 분봉열을 높이는 원인이 되고 먹이도 많이 소비한다. 수벌을 늘리지 않게 하려고 4~7월경에는 부화 직전의 수벌의 방을 22~23일 주기로 깎아내는 작업을 반복하기도 한다.

화원양봉장에서는 거의 모든 벌통 왼쪽 끝에 수벌 산란용 수벌 소초를 넣고 있다. 이 틀에 수컷의 산란을 집중시킴으로써 관리 작업의 효율화를 도모하고 있다. 수벌은 바로아응애(Varroa destructor)의 기생률이 높으므로 진드기를 벌집 방에서 나오기 전에 일거에 제거하는 효과도 있다. 채밀 기간에 진드기 방제 약제는 사용하지 않기 때문에 바로아응애(Varroa destructor)의 기생으로 인한 바로아병은 수벌을 깎는 것으로 방제한다.

유충(애벌레)이 미라처럼 하얗게 굳는 백묵병(chalk brood)은 저온 상태에서 습도가 올라가면 발병한다. 화원양봉장에서는 온도 관리를 위해 위 띳장 위에 단열 시트와 삼베를 두르고 있다. 또 평소 병의 예방 대책으로서 내검(內檢) 때는 소비에 전해수(29페이지 참조)를 분무기로 뿌리고 있다.

▲ 수벌소비로 수벌을 별도로 관리하면 진드기 방제대책으로도 효과적이다.

▲ 봄철의 대표적인 밀원식물인 유채꽃에서 채밀을 하고 있는 모습이다.

4. 유밀(채밀)기 관리

1) 밀원식물의 유밀 상황 확인

보통 4월 중순부터 7월까지 이어지는 채밀기는 벌에게도 양봉가에 있어서도 가장 성수기다. 밀원식물이라고 불리는 수목이나 화초 등은 잘 나가는 해, 빗나가는 해라는 말이 있듯이 놀라울 정도로 꿀을 많이 뜰 수 있는 해가 있는 반면 거의 꿀이 안 들어오는 해도 있다. 밀원식물 근처에 벌통을 둘 뿐만 아니라 그해의 유밀 상황이 순조로운지는 항상 신경을 써야 한다.

유밀이 없다는 것을 양봉가가 눈치채지 못하면 꿀 저장이 줄어들어 벌이 굶어 죽을 우려도 있다. 따라서 필요에 따라 먹이를 공급해 줄 필요도 있다. 또 최근에는 온난화의 영향으로 꽃 피는 시기가 예년보다 훨씬 앞당겨지는 일도 많다. 밀원식물의 개화 시기도 꽃 달력만 쳐다보지 말고 자연을 잘 관찰하도록 해야 한다.

2) 서둘지 말고 적기를 기다려 채밀하기

채밀기에 설탕액을 먹이면 꿀에 설탕이 섞일 가능성이 있으므로 필요에 따라서 꿀소비를 더해 준다. 채밀용 벌통에는 격왕판을 넣어 계상을 하고 이 계상의 소비(巢脾)에 꿀이 고여 적정한 당도가 된 시기에 채밀을 한다.

▲ 채밀기에는 정기적으로 내검(內檢)을 하고 꿀이 든 소비의 꿀 저장상태나 밀개가 덮인 상태를 점검하여 채밀한다. 밀개가 덮인 상태를 점검하여 채밀한다.

저자가 운영하는 화원양봉장의 고집스러운 정책은 육아에 자주 사용된 거무스름한 소비는 육성용 소비로 하고 하단에 사용하고 있다. 또 양봉장에서 꿀을 뜨지 않는다. 꿀이 든 소비를 회수하면 그 공간에 다른 교환용 소비를 넣어준다. 여분의 소비는 그 수가 충분히 있는지 없는지를 항상 확인해 둔다. 밀개(꿀 덮개)를 잘라서 꿀을 뜨는 작업은 뜻밖에 손이 많이 가는 작업이다. 밀개가 없는 꿀을 뜨는 양봉가도 있지만, 밀개가 덮인 상태가 당도의 기준이 되기도 하므로 채밀하기가 좋은 시기까지 가만히 기다리고 있다가 확실히 꿀을 뜨는 시기라는 판단이 서면 그때 꿀을 뜨는 것이 중요하다.

☑ 본격적인 봄의 작업-점검표

- ☐ 꽃가루나 먹이가 부족하지 않은가?
- ☐ 산란공간이 꿀 저장공간을 압박하지 않는가?
- ☐ 벌통 밖에 벌이 넘치지 않았나?
- ☐ 왕대가 생겨 있지 않은가?
- ☐ 여왕벌의 산란은 순조로운가?
- ☐ 여왕벌이 있는가?
- ☐ 여왕벌이 교미비행에서 무사히 돌아왔는가?
- ☐ 수벌 집(방)을 깎았는가?
- ☐ 병의 증상은 없는가?

제3절 여름철의 관리

여름은 벌들을 지키는 계절이라고 할 수 있다. 무더운 혹서기, 먹이 부족, 병이나 말벌, 태풍 등으로부터 벌들을 지킬 수 있는 곳은 양봉가 자신밖에 없다. 더위가 우리 몸도 힘들게 하는 시기이지만 날마다 해야 할 일들은 차근차근하게 해내야 한다.

1. 여름의 주요 작업은?

여름은 여왕벌 만들기와 수벌 관리 등 봄부터 해온 작업을 계속하여 진행해 간다. 기온이 높아지기 때문에, 같은 작업도 힘들게 느껴지는 것이 여름철이다. 사람도 일사병 대책이 필요한 시기이지만 벌들도 더위 먹지 않도록 방서(防暑) 대책을 충분히 시행하고 먹이가 단절되지 않도록 조심한다.

한여름에는 폭염을 피해서 높은 지대(고산지)로 이동하여 기르는(轉飼) 양봉가도 있다. 즉 본 양봉장에서 채밀을 끝내고 봉군 육성으로 돌리는 벌통도 늘린다. 여름에는 병이 생기기 쉬우므로 벌의 건강관리에 주의한다. 그리고 8월 중순을 지나면 강적인 말벌의 습격이 본격화한다. 양봉가에게는 마음 놓을 틈이 없다.

2. 차광망으로 햇빛을 줄이기

최근 한여름 기온은 40℃ 가까이 올라가서 벌의 여름나기도 갈수록 어려워지고 있다. 화원양봉장의 종업원은 여름 동안, 옥외 작업 시에 전원 팬이 붙어 있는 작업복(공조복)을 착용하고 있다. 이는 작업하는 사람도 일사병이나 열사병을 충분히 조심해야 하기 때문이다. 사람처럼 공조복으로 더위를 견딜 수 없는 벌들에게는 가능한 한더위 대책을 마련해야 한다. 화원양봉장에서 여름철은 모든 양봉장에 차광망을 덮어 벌통에 쏟아지는 강렬한 햇살을 누그러뜨리고 있다. 차광망을 덮을 정도로 벌통 수가 많지 않으면 설치 장소를 처음부터 녹음수의 나무 그늘로 하는 등의 절차도 필요하다.

▲ 차광망을 이용하여 여름의 강한 햇살 방지에 활용하고 있다.

▲ 폭염이 계속되는 여름은 꿀벌에게도 인내하며 지내야 할 때이므로 방서대책을 잘 세우고 여름을 극복해 나가야 한다.

3. 말벌은 부지런히 포획하여 처리

힘들게 여름 후반에 접어들 무렵 양봉가의 새로운 골칫거리가 되는 것이 말벌의 습격이다. 양봉장에서는 8월 중순부터 11월 초까지 반복적인 공격을 가해 오고 빈틈이 있으면 순식간에 꿀벌을 잡아 포식한다. 특히 경계해야 할 것은 이 말벌의 단독 공격이 성공하면 점점 집단화하고 나중에는 벌집 채로 점거하고 봉군을 전멸시키는 때도 있으니 주의해야 한다. 이 말벌의 독침은 위력이 있어 사람도 잘못 쏘이면 죽음에 이르는 일이 있다. 저자의 양봉장에서는 양봉장에 농업용 아치형 지주를 세우고, 그 위에 말벌이 지나가기 어려운 크기의 망 구멍의 방호망을 덮어 침입을 막고 있다. 말벌 대책에는 딱히 결정적인 방법이 없다. 결국은 늦지 않게 차분하게 포획하는 수밖에 없다. 각종 포획기도 설치하고, 또한 작업자가 교대로 양봉장을 돌며 포획망으로 잡으려는 꾸준한 노력이 필요하다.

▲ 양봉장을 매일 둘러보고 말벌을 발견하는 대로 포획망으로 한 마리씩 잡아서 제거해야 한다.

▲ 일반적으로 6~8월에 개화하는 쉬나무(비비트리)는 여름철의 중요한 밀원식물이자 화분원식물이다.

4. 밀원감소로 인한 먹이 부족에 대처하기

평야지의 밀원식물의 절정은 역시 봄에서 초여름이다. 7월이 지나가면 화원양봉장 주위의 꽃도 대부분 적어진다. 모을 수 있는 꿀이나 꽃가루가 적어지면 벌의 육아도 저절로 줄어든다. 8월에 들어서면 수벌은 거의 만들어지지 않게 되고, 여왕벌은 더위 때문에 산란을 일시 정지한다.

여름철은 봄에 최전선에서 채밀에 날아다닌 일벌과 신왕(新王)이 산란한 젊은 일벌과 신구교체의 시기에 해당되어 봉군(벌 떼)의 수가 일시적으로 적어진다. 장마철에도 그렇지만 이 시기에 조심해야 할 것이 먹이 부족이다. 주위의 밀원이나 꽃가루가 고갈되었다고 느껴지면 벌통 뒤쪽을 들어보고, 정도가 가벼우면 먹이를 준다. 혹은 내검(內檢)을 하고 벌들이 꿀소비 위쪽에 매달려서 먹이를 먹고 있을 때는 먹이가 부족하다는 표시이다. 그러면 설탕액과 대용 꽃가루를 먹인다. 여름을 무사히 극복하기 위해서라도, 여름 꿀은 다 뜨지 말고 벌 때문에 일부 꿀소비를 잡아두는 기분으로 있는 것이 좋을 것이다. 화원양봉장의 양봉장에서는 7월 말부터 회화나무와 다릅나무의 꽃이 피기 시작한다. 그러나 충분한 양의 밀원식물이 없을 때는 상황을 보고 꿀이 든 소초를 더해 주거나 먹이를 공급해 준다.

▲ 콩과 식물인 회화나무 꽃의 모습

5. 태풍이 오기 전의 작업

보통 8월부터 초가을에 걸쳐 우리나라를 강타하는 태풍은 근년에 더욱 대형화되고 잦아지고 있다. 지금까지 유래가 없을 정도로 큰 피해를 가져오는 일도 증가하고 있다. 태풍 대책은 뭐니 뭐니 해도 인명이 제일이고 주변 환경의 안전을 충분히 확인해서 실시해야 하지만, 소중히 키운 벌에게 치명적인 피해가 가지 않도록 무리가 없는 범위에서 사전 대책을 세우고 싶은 것이다.

화원양봉장에서는 태풍 접근 예보가 나오면 말벌 대책용 아치형 지주대에 걸어둔 방충망을 일제히 떼어내고 안전하게 한다. 방충망을 걸어 둔 채로 대형 태풍이 접근하면 강풍의 영향을 제대로 받기 쉽고, 지주가 휘거나 부러질 가능성이 커지기 때문이다.

평소 안전하고 좋은 장소에 벌통을 두는 것이 중요하지만, 태풍 전에는 벌통이 쓰러지지 않도록 무거운 것을 얹거나, 줄이나 밧줄로 묶는 등의 대책도 필요하다. 저지대나 하천 부지에 양봉장이 있으면 신속하게 이동시킨다.

6. 벌을 소비에 꽉 채우기

여름은 벌의 수가 일시적으로 줄어드는 시기이므로, 내검(內檢)을 할 때는 먹이의 과부족을 확인하는 동시에 벌의 수에 대해 소비가 너무 많지 않은지 점검한다. 벌이 드문드문 붙어 있으면 소비를 줄인다.

여왕벌에게 많은 산란을 시킬 욕심으로 소비를 더 추가하면 그것은 역효과이다. 예를 들어 혼자서 생활하고 있는 방이 10개, 20개나 있는 집에 살면 불필요한 공간이 많아지게 되는 것과 같다. 동시에 소비가 많고 벌이 여기저기 흩어져 봉군의 육성에는 좋지 않다. 이상적인 것은 소비의 안팎에 벌이 빽빽하게 들어찬 듯하게 기르는 방법이다.

이상적으로 키우는 방법에 가까워지면 여왕벌의 산란도 기세를 되찾을 것이다. 사양기 안에 쓸데없는 벌집을 만들 정도가 될 때 비로소 소비를 추가해 주어도 늦지 않다.

 바로아병(Varroa disease)의 만연에 주의

채밀이 끝난 벌통에는 바로아병 예방을 위해 진드기 구제제를 넣어준다. 7월을 지나서 수벌의 산란이 끝나면 이번에는 바로아응애(Varroa destructor)가 일벌에 기생하게 되므로 바로아병이 심해지기 쉽다. 양봉협회에서 취급하는 구제제는 "아피스탄"과 "아피바르(Apivar)"이다. 벌통 안에 매달아 두는 형태의 이 약제로 꿀벌이 시트에 접촉함으로써 효과를 발휘한다. 여름에 감염되기 쉬운 병에는 봄에 계속해서 백묵병(chalk brood)이 있다. 습한 장마철에 발생하기 쉽지만, 한여름에 발생하는 것도 있다.

▲ 태풍이 상륙하기 전에 말벌 방제용 방충망은 모두 내려놓는다. 커튼 상태로 옆으로 붙여두면 바로 떼어낼 수 있는 구조로 되어 있다.

▲ 소비에 벌이 꽉 붙어 있는 상태가 되도록 소비를 관리한다.

7. 일부 소비는 산란용으로 남기고 채밀하기

보통 8월 이후의 가을 꿀은 7월경까지의 봄 꿀이나 여름 꿀과 달리 당도가 올라가는 정도가 느리므로 채밀 시기에 주의해야 한다. 꿀 저장(貯蜜)을 하는 소방(벌집 방)이 90% 이상 밀개가 되어도 당도가 겨우 80도가 될 때도 있다. 여름은 벌의 군세도, 밀원식물도 감소하는 시기이므로 애초에 벌이 자신들의 에너지원으로서 모으고 있어야 할 꿀이 부족해질 수도 있다. 벌이 있어야 양봉을 할 수 있으므로 단상 벌통은 물론 계상 벌통도 맨 끝의 소비는 손대지 않는다. 여름은 더 양 끝에 1장씩 총 2장 은 벌의 비상 양식으로 남겨 놓는다.

또한, 여름에는 소충(소비를 먹이로 하는 애벌레의 통칭)이 많아지므로 주의한다. 어디서 오는지도 잘 모르기 때문에 대책이 곤란하다. 곰이나 말벌보다 더 무서운 꿀벌의 천적이다. 이 소충의 피해가 나기 쉬우므로 벌통에서 뺀 소비는 냉장고에 넣어 두거나 소충 방제 대책(약제 처리 등)을 세우고 밀봉해서 보관하도록 한다.

8. 벌통(벌집)의 냉각에 꼭 필요한 물

한여름에 벌이 물 마시는 곳을 자주 찾는 것은 봄처럼 육아가 순조로운 신호가 아니라 물을 뿌려 날개로 바람을 부쳐 기화열로 벌통(벌집) 안의 온도를 낮추기 위해서다. 이런 선풍기와 같은 행동은 꽃꿀(화밀)의 수분 증발을 촉진하고 농축시킬 때와 같은 방법이다. 물을 마시는 곳에 벌의 발판이 있는지, 수온이 너무 높아지지 않았는지 등을 수시로 확인해 볼 필요가 있다.

▲ 벌통(벌집) 안의 온도를 낮추기 위해 물을 마시러 온 여름의 일벌

▲ 내검 때에 여분으로 판단한 수벌은 핀셋으로 적당히 집어 제거한다.

9. 수벌도 순한 계통으로

여왕벌의 인위적인 양성은 5월부터 여름까지 실시한다. 그러나 여왕벌을 우량 봉군 계통에서 가져왔다고 해도 교미 상대인 수벌의 유전적 우수성이 나쁘면 유봉(새끼벌)은 그 성질을 물려받을 것이기 때문에 수벌도 좋은 계통을 잘 선택할 필요가 있다. 수벌은 호랑이 줄무늬가 있는 이탈리아 종이 대부분 순하므로 예비 검사 때 검은색이 강한 수벌을 발견한 경우는 핀셋으로 선별하여 제거한다.

🐝 야산의 꽃꿀 채밀을 위한 이동양봉

저자는 7월부터 8월까지 이동양봉을 실시하고 있다. 이는 고도 차이로 인해 꽃의 개화시기도 차이가 나기 때문에 이동을 하면 장기간에 걸쳐서 채밀할 수 있다. 시원한 지역으로 이동을 하여 양봉을 하면 폭염을 피하는 수단이 되기도 하고 아까시, 밤, 산딸기를 비롯해 야산의 꽃꿀이 들어온다. 종종 화분을 검사해 보면 야산의 꽃꿀이나 꽃가루의 주성분은 황벽나무와 단풍나무였다. 그밖에 산검양옻나무나 감탕나무 꽃가루도 볼 수 있었다.

▲ 밤꿀은 철분 등의 영양이 풍부하다. 색깔도 쓴맛도 독특하고 특징이 강하지만 좋아하는 팬들도 많다.

10. 약한 봉군에서 꿀을 빼앗아가는 "도봉"

도봉(盜蜂)은 즉 도둑 벌은 왕이 없거나 문지기가 약한 봉군이 강한 봉군에 습격당해 저장 꿀을 도난당하는 것이다. 일반적으로 밀원식물이 줄어드는 여름에 일어나기 쉽다고 하지만 가해하는 봉군은 저장 꿀이 충분해도 도봉은 일어난다. 벌의 세계에서는 약한 봉군은 어떻게든 피해를 당하는 것이다.

도둑질을 한 벌은 발이 꿀로 끈적끈적해져 피해를 당한 벌통의 벌문(벌집) 문을 더럽히기 때문에 보는 즉시 알 수 있다. 벌에게 도벽을 붙이지 않기 위해서라도 벌통 밖에서는 절대로 꿀이나 설탕액을 핥지 않도록 해야 한다.

바로 할 수 있는 대처법은 피해 봉군을 가해 봉군에서 반경 2km 이상 떨어진 장소로 격리시키는 것이다. 그러나 도봉을 당할 만한 약한 봉군은 그것으로 기세를 되찾을 수 있을지는 알 수 없지만, 시험 삼아 다른 강한 봉군에서 밀봉 봉아(capped brood) 소비를 2장 정도 넣어 보면 곧 태어날 젊은 벌이 여왕벌에게 로열젤리를 줌으로써 봉군의 원기를 회복시키기도 한다.

> ☑ **여름 작업 - 점검표**
>
> ☐ 방서(더위) 대책은 실행했는가?
> ☐ 말벌 대책은 시행하고 있는가?
> ☐ 말벌 피해를 점검하는 둘러보기는 매일 하고 있는가?
> ☐ 여왕벌의 산란은 순조로운가?
> ☐ 먹이 부족을 일으키지 않았나?
> ☐ 채밀을 끝내고 봉군 육성을 위한 벌통의 정리는 잘 진행되고 있는가?
> ☐ 소초(벌집 틀) 정리를 진행하고 있는가?
> ☐ 진드기 대책을 시행하고 있는가?
> ☐ 꿀소비 관리는 제대로 하고 있는가?
> ☐ 물 마시는 곳의 상태를 확인하고 있는가?
> ☐ 여왕벌 만들기와 수벌 관리는 순조로운가?
> ☐ 도봉이 일어나지 않았는가?

▲ 소문 밖에 있는 문지기는 봉군을 지키는 중요한 역할을 담당하고 있다.

4. 가을철의 관리

여름 더위가 누그러지고 가을꽃이 피기 시작할 무렵, 멈춰있던 여왕벌의 산란이 재개된다. 가을은 겨울을 향한 준비의 계절이기도 하다. 꿀소비는 벌을 위해서라도 남기고 너무 짜내지 않도록 주의한다. 가을 채밀을 마치면, 월동 준비에 착수한다.

1. 가을의 주요 작업은?

초가을은 여름부터 계속되는 작업이 많은데 여왕벌 만들기나 채밀이 9월의 추분 무렵까지 계속된다. 가을은 곧 다가올 겨울을 항상 염두에 두고, 채밀은 벌을 위해 어느 정도의 꿀을 남겨야 할지 생각하면서 꿀을 뜨도록 해야 한다.

가을은 여름과 마찬가지로 말벌이나 태풍 대책도 소홀히 할 수 없는 시기이므로 저자의 양봉장에서는 직원들끼리 연락을 하고 일손이 필요한 양봉장에는 바로 달려갈 수 있도록 하고 있다. 채밀을 끝내고 늦가을이 다가오면 드디어 월동을 준비해야 하는 시기이다. 벌이 추운 겨울을 조금이라도 따뜻하게 보낼 수 있도록 쓰지 않은 소비(벌집틀)을 빼내어 정리하고 벌을 꽉 밀집시켜 따뜻하게 월동할 수 있도록 배려한다. 또 기온이 더 떨어지기 전에 충분한 먹이를 제공하는 것과 월동 전에 진드기를 구제하는 일이 중요한 일이다.

> ☑ **초가을 작업에 대한 점검표**
> ☐ 먹이와 꽃가루는 충분한가?
> ☐ 소비가 너무 많거나 적지 않은가?
> ☐ 벌이 물을 마시는 곳에 히터를 설치했나?
> ☐ 여왕벌 만들기를 언제까지 끝낼지 확인한다.
> ☐ 말벌의 피해를 막기 위해 순찰을 하고 있는가?
> ☐ 가을 꿀(秋蜜)을 채밀할 때 소비에 꿀을 벌을 위해 남기고 있는가?
> ☐ 병은 발생하지 않았나?

▼ 여름에 일단 주춤했던 활동은 가을이 되면 다시 활발해진다. 가을철에는 육아, 꿀 모으기(集蜜) 등 꿀벌들이 다시 바쁘게 일하는 계절이다.

▲ 미국미역취에 방화하는 꿀벌의 모습

2. 초가을 관리

1) '추락(秋落)'에 유의하여 방한 대책 세우기

초가을은 여름에 이어 먹이나 꽃가루가 충분한지 소비가 너무 많거나 너무 적지 않는지를 주의해서 살펴보아야 한다. 가을이 되면 또 여러 가지 꽃들이 피기 시작하는데 이 시기에 벌통이 꿀로 가득 차면 '가을에 벌이 적어진다.' 라는 추락 현상이 생긴다. 가을 꿀이 너무 많이 들어오면 월동을 할 가을 벌이 줄어든다는 뜻이다. 그러므로 적당하게 채밀을 하고 소비의 개수를 증감하여 꿀로만 가득 차 있지 않도록 관리한다. 저자의 양봉장에서는 여왕벌 만들기나 채밀을 추분 무렵까지 한다.

가을 꿀은 욕심을 부리지 말고 계상(繼箱)의 소비에서 3~4장은 벌의 월동이나 내년 봄의 육아를 위해 남긴다는 마음가짐으로 일정 부분 남겨둔다 이때 모두 다 채밀을 하는 경우는 당도가 일정 목표치까지 올라가면 상황에 따라 꿀을 뜨도록 한다.

점점 기온이 낮아지기 때문에 물먹는 곳에는 히터를 켜는 등 벌이 찬물로 인해 배를 차게하지 않도록 배려한다. 요즘은 벌통 내부에서 바로 물을 공급하기도 한다. 이미 육성용으로 돌린 봉군은 적절한 먹이로 여왕벌의 산란을 촉진하고 가을 중에 가족을 늘릴 수 있도록 지원해 나간다. 환절기에 태풍의 내습(來襲)도 많아지는 시기이므로, 적절히 대응해 간다. 또 말벌은 늦가을까지 내습이 이어지기 때문에 계속해서 방심하지 말고 수시로 둘러보며 대응해야 한다.

▲ 미국미역취(Solidago altissima)는 국화과 다년초로 북미 원산의 귀화식물이다. 개화기가 9~10월로 노란 꽃이 피는 가을의 중요한 화분(꽃가루)원 식물이다.

> **가을철에 좋은 꽃가루 공급원인 가시박(한해살이 덩굴식물)**
>
> 저자의 양봉장에 여름부터 가을까지의 밀원은 주로 회화나무이다. 특히 회화나무는 아까시나무와 비슷하나 가시가 없고 개화 기간이 길어서 7~9월에 걸쳐 차례로 꽃이 핀다. 그 뒤 8~10월에는 강가에 피는 가시박에서 황백색 수꽃과 담녹색 암꽃이 핀다. 그리고 9~12월까지는 도깨비바늘(Bidens bipinnata)로 노란색 꽃이 가을에 차례로 피어 귀중한 화분원이자 밀원식물이 된다. 가시박도 도깨비바늘도 그 강한 번식력 때문에 생태교란종으로 제거 대상의 귀화식물이지만 양봉가나 꿀벌에게는 월동 준비기에 좋은 화분과 밀원식물이다.

3. 늦가을 관리

1) 월동 준비기에는 먹이 공급(飼養)이 중요

가을 꿀 채밀을 마치면 순차적으로 월동 준비에 들어간다. 벌통을 들려고 하면 "무겁다"라고 느낄 정도로, 듬뿍 당액과 대용 꽃가루를 먹인다. 중요한 것은 기온이 낮아지기 전에 먹이 공급을 마쳐야 한다는 것이다. 먹이는 북풍이 불기 전에 끝내는 것이 좋다. 그런데 11월 이후에 당액을 먹이는 경우 농도를 연하게 하는 것이 기본이다. 점도가 높아서 벌이 당액을 마시기 어려워지지 않도록 1:1.3(물:설탕) 비율의 당액을 만드는 것이 좋다. 그리고 통상적으로 겨울철(동절기)에는 내검이나 먹이는 주지 않는다. 월동 중에 먹이를 만들어 당액을 공급하면 겨울철에 벌이 벌통 안에서 소비로 먹이 운반(저밀)작업을 해야 하므로 꿀벌의 체력을 소모시키는 일이 된다.

대용 꽃가루는 1년 내내 넣어 두는 것이 좋다는 양봉가도 있지만, 저자의 양봉장에서는 10월 정도까지만 먹이를 주고 그 이후에는 공급하지 않는다. 먹이를 먹으면 꿀벌이 배설을 하고 싶어지기 때문에 혹한기에 밖으로 화장실을 찾아 나가게 되면 좋지 않기 때문이다. 그러나 벌이 강한 경우(강군)에는 2월 중순쯤에 대용 꽃가루를 넣어준다.

2) 벌을 밀집시켜 일정 온도를 유지하기

가을 채밀 후에는 소비(벌집틀)를 정리한다. 벌이 붙어 있지 않은 소비는 점차 빼내고 2단 벌통은 1단으로 모아 간다. 벌이 빽빽하게 소비판(벌집 판) 위에 밀집하도록 하는 것이 좋다.

아침 출근길 같은 느낌(이미지)이다. 그러나 아무리 정리해도 1단의 벌통에 잘 정리되지 않을 수도 있을 것이다. 예를 들어 아래 벌통에 8매 있고 위에 3매의 소비가 있다면 격왕판을 제외하고 아래 6매, 위에 5매로 양쪽 끝에 꽉 붙여서 열을 내도록 하여 일정 온도가 유지되도록 한다. 또는 상하(上下)에서 총 13매의 경우에는 아래 벌통에 7매(끝에는 사양기로 막음), 위 벌통에 6매을 배치한다. 위에서는 사양기가 보이므로 먹이 공급도 쉽다(아래 그림 참조).

반대로 벌이 적어 소비도 적은 경우에도 벌통당 최소 7매의 소비가 필요하다. 월동기(동절기)에 2매 정도의 벌이 줄었다고 해도 5매 정도가 남아있으면 초봄에 좋은 벌로 만들어 갈 수 있다.

(1) 단상(1단 벌통)으로 정리하는 경우

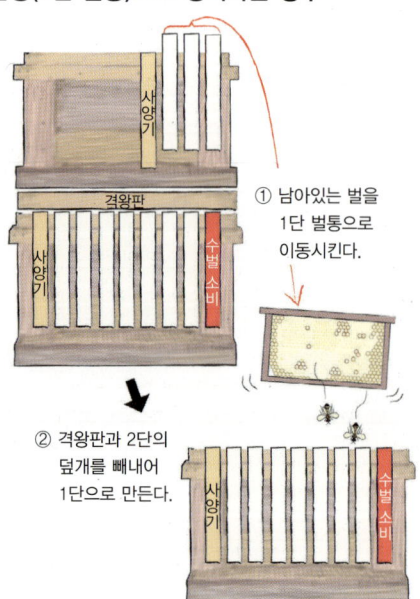

(2) 계상(2단 벌통)으로 정리하는 경우

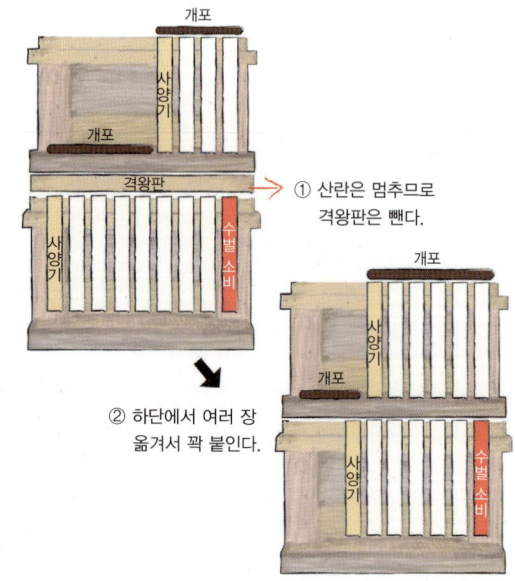

3) 진드기 방제를 봄으로 미루지 않기

월동 전의 가장 중요한 사항이라고도 할 수 있는 것이 진드기 방제대책이다. 가을 채밀이 끝나고 한숨 돌렸을 무렵에 진드기가 나오는 경우가 많으므로 채밀을 마친 벌통에서 진드기 대책을 시행하고 월동 전에 진드기를 완전히 제거해 두도록 한다. 봄에 제일 먼저 부화하는 어린 벌에게 진드기가 몰려 기형으로 태어나 버리면 그다음 새끼벌도 잘 자라지 못하고 계속 악영향을 미치게 된다.

꿀벌용 동물 약품은 그 종류가 적어서 일본 양봉협회에서 취급하는 바로아응애(*Varroa destructor*)의 구제약은 아피바르(Apivar)와 아피스탄(Apistan)의 2종류이다. 둘 다 1장으로 된 시트(sheet)로 된 방제제로 벌통 속의 벌이 시트에 접촉함으로써 유효 성분이 확산하여 진드기의 신경을 교란한다. 위의 2종 약제는 각 지방자치단체(시군구)의 양봉협회에 가입하면 쉽게 구입할 수 있다. 다만 진드기는 살충 성분에 대한 저항성을 점차 몸에 익혀 버리는 생물이므로 내성(耐性) 진드기의 출현에 의한 향후의 대책은 양봉업계의 시급한 과제이기도 하다.

✓ 늦가을 작업 점검표

- ☐ 월동용 먹이는 충분히 공급하였는가?
- ☐ 소비를 적절히 정리하고 벌을 빽빽하게 밀집시켰는가?
- ☐ 진드기가 기생하고 있지는 않은가?
- ☐ 병이 발생하고 있지 않은지?
- ☐ 진드기 구제약을 넣었는가?

▲ 진드기 방제제 아피바르(Apivar). 판매 약제의 모양은 하얀 판 모양이다.

▲ 진드기 방제제를 벌통 안에 넣는다. 약제에 벌의 몸이 닿는 것으로 효과를 발휘한다.

▲ 당액을 먹는 벌의 모습. 기온이 더 떨어지기 전에 충분히 먹이를 공급해 주면 좋다.

제5절 방한대책

1. 기온이 더 낮아지기 전에 방한대책 끝내기

가을이 끝나가면 꿀벌이 안심하고 월동할 수 있도록 소문(벌통의 출입문)을 좁히는 등의 방한대책을 강구한다. 저자의 양봉장에서는 단열(斷熱) 시트와 방초(防草) 시트를 합쳐서 꿰맨 무명덮개를 씌운다. 이것은 벌통 크기에 맞춰 테두리를 꿰맨 자가 제작품이다. 게다가 벌통에는 보온용 통을 푹 씌운다. 방한 대책은 다양하지만, 저자의 양봉장에서의 하는 순서를 소개한다.

❶ 개포 위에 보온용 무명천을 놓는다. 저자의 양봉장에서는 "꿀벌님의 이불"이라고 부르고 있다.

▲ 보온용 무명천을 일부 열어둔 모습이다.

▲ 보온용 무명천을 완전히 덮은 사진이다.

❷ 보온효과가 좋은 단열 시트를 올려놓는다. 시트만 두면 벌이 물어뜯어서 꿀벌이 시트 섬유에 다리와 목이 걸려서 문제가 되므로 뒷면에 방초 시트를 같이 꿰맨다. 위쪽 작은 사진은 보온덮개를 조금 열어보고 있는 사진이다.

❸ 제작업자에게 특별 주문한 단열재의 하얀 상자(case)를 벌통 위에서부터 푹 덮어씌운다.

❹ 방한용 흰상자를 아래까지 단단히 씌운다.

❺ 비나 눈을 피하도록 함석판을 얹는다.

❻ 바람에 날아가지 않게 블록을 올려놓는다.

🐝 소문을 줄이고 조정하기

아무리 방한대책을 빈틈없이 기해도 소문에서 찬 바람이 쌩쌩 불어 들어오면 벌통 안의 온도는 단번에 내려가게 된다. 그러므로 월동 중에는 소문을 줄여 주어야 한다. 저자의 양봉장에서는 검은 고무를 채워 벌집 문을 작게 조정한다. 맑은 날씨에 꿀벌의 비행 등을 위해서라도 소문의 끝부분 일부는 반드시 열어 둔다.

▲ 겨울에도 소문으로 출입하는 꿀벌들

▲ 겨울철에 조금 열린 소문 주위의 꿀벌들

❼ 벌은 조금 학습하면, 곧 새로운 출입구에 익숙해진다.

제6절 겨울철의 관리

겨울에는 기본적으로 내검을 하지 않는다. 이것이 관리의 가장 큰 핵심 포인트(point)이다. 농가의 농한기처럼 양봉가도 겨울에는 평소에 바빠서 하지 못했던 소비 만들기 등 양봉 도구의 제작이나 수리를 한다. 다음 해 2월 중순쯤부터는 한발 빠르게 봄이 찾아왔음을 느낀 강한 꿀벌들이 일을 시작할 것이다.

▲ 눈이 내려 소복이 쌓인 저자의 양봉장 모습. 눈이 내리면(降雪) 소문이 눈으로 막히지 않았는지 확인한다.

1. 겨울의 주요 작업이란?

보통 12월과 1월은 양봉가가 1년에 가장 시간적 여유가 생기는 시기이다. 벌통 뚜껑을 열면 벌통이 식어버리기 때문에 기본적으로 내검은 하지 않는다. 겨울 동안에는 벌통을 열지 않도록 한다. 벌들이 무엇을 하냐면 안에서 봉구(蜂球)를 만들고 몸을 맞대어 필사적으로 온도를 유지하고 있다. 조용히 집단생활을 계속하면서 산란, 육아, 채밀을 잠시 중단하고 있을 뿐이므로 동면이 아닌 '월동'이나 '겨울나기'라고 부른다.

벌통의 안을 보지 않아도 벌통 바닥의 후방에 나막신이 붙어 있으므로, 그 앞을 3개 손가락으로 집어 들고 무게를 확인하면 먹이가 극단적으로 줄어들고 있는 경우는 알 수 있다.

🍀 양봉가의 겨울철 일들

저자의 양봉장에서는 벌의 월동 중은 벌통이나 소비를 제작하고 양봉 도구의 수리한다. 채밀기에 많이 소요되는 소비나 공소비가 "부족해!" 등 조급해하는 일이 없도록, 겨울철 동안에 잘 준비해 둔다. 마침 농가가 농한기에 된장이나 장아찌 등의 보존식을 만들거나 생활 용구를 손으로 직접 만드는 것과 비슷할지도 모른다.

▲ 소초를 철사에 붙여 소비를 만든다.

2. 봄이 다가오면 소비를 정리

저자의 양봉장에서는 2월이 되면, 바람이 없는 포근한 날씨에 빈 소비를 빼고, 더욱 더 벌을 밀집시켜 가는 작업을 진행하고 있다. 꿀 저장(貯蜜)이 적어지고 있는 경우는, 꿀소비를 넣는다. 그 경우는 사양기를 바깥에 넣어 벌은 안쪽으로 가도록 유도하고 따뜻한 지역을 식히지 않도록 주의한다.

강한 봉군이라면 2월 중순부터 대용 꽃가루도 올려놓는다. 벌이 헛된 집을 만들기 시작하면 소비(巢脾)를 한 장 더 넣어준다. 기온이 상승해 따뜻해지면 2단의 계상벌통은 상단에서 산란이 시작되므로 벌집틀을 정리하고, 단상 벌통에 9매를 꽉 묶는다. 사양기는 빼내어도 상관없지만, 벌통이 가벼울 때는 꿀소비를 더 넣는다. 벚꽃꿀을 따려면, 벌을 밀집시켜 빠른 산란을 촉진하고 개화기에 늦지 않도록 외역벌(일벌)을 육성해 두도록 한다.

☑ 겨울철 작업 체크 포인트

☐ 양봉장에 뭔가 변화는 없는가?
☐ 먹이 부족을 일으키고 있는 벌통은 없는가?
☐ 산란을 시작한 강한 봉군이 있는가?
☐ 강한 봉군에 대용 꽃가루를 넣었는가?
☐ 초봄의 채밀을 향한 준비가 되어 있는가?
☐ 소광대를 조립하고 소초를 붙여 새로운 소비를 준비했는가?

제7절 양봉 달력(꿀벌관리력)

1. 꿀벌과 양봉가의 1년 계획표

항목	봄			여름		
	3월	4월	5월	6월	7월	8월
꿀벌의 모습	꿀벌의 수가 늘어남	활발하게 꿀을 모으러 감	분봉 계절 꿀 저장(저밀)이 충실해지는 시기 여왕벌이 교미 비행을 감			말벌 방제시기 소충 발생기 여왕벌 산란이 더위로 멈춤
양봉가의 작업	군세에 따라 소비를 가감함 상황에 따라 먹이 주기	벌이 늘면 소비를 추가하거나 계상을 올림	정기적으로 내검을 함 여왕벌 만들기 분봉을 주의하고 방지책을 씀 왕대 점검 수벌을 정기적으로 깎아 제거 봄철 채밀	소비 수에 비해 벌이 적을 때는 소비를 회수하여 줄임 초여름 채밀	부저병 및 백묵병 점검 채밀후 사양하기	말벌 방제 바로아응애 대책

▲ 초봄의 유채밭에 있는 벌통들

▲ 더위방제용 차광망

*계절별 꿀벌의 모습과 양봉가의 주요 작업을 관리 달력으로 소개한다. 실제로는 지역과 시기마다 다르지만 1년 내내 어떤 작업이 진행해야 하는지 흐름을 알아 둔다. 이 꿀벌관리력은 일본 사이타마현 후카야시(위도가 우리나라 대구와 대전 정도임)에 있는 저자의 양봉장의 1년을 기준으로 하고 있다.

	가을			겨울		
9월	10월	11월	12월	1월	2월
말벌 피해 발생 →					벌의 수가 줄어듦
소충(巢虫) 발생 시기 →					
			월동기		
여왕벌이 산란을 재개함		여왕벌의 산란이 줄고 벌의 수도 줄어듦	여왕벌이 산란을 멈추고 추위를 대비한 봉구를 만듦	서서히 여왕벌이 산란을 개시
정기적으로 내검을 함 →			겨울 방한 대책	내검을 최소화함	강군 벌통에 대용 꽃가루를 공급
여왕벌 만들기					
말벌 방제하기 →				소비 등 양봉 자재 자체 제작	
	월동 준비(소비 정리나 사양)				
가을 채밀(월동용으로 보관하는 것이 최선)					
더위 대책					

Autumn

▲ 말벌 방제 그물

Winter

▲ 눈이 쌓인 봉장의 벌통들

▲ 양봉장에 벌통이 설치되어 있는 모습

제4장
벌통의 관리와 점검

실제 양봉을 하고자 하면 먼저 꿀벌을 믿을만한 곳으로부터 종봉을 분양받는다. 처음에는 2~3통 정도로 시작하는 것이 좋다. 벌통을 적절한 장소에 설치하고 훈연기를 사용하여 내검을 한다. 벌통의 관리를 신중하고 효율적으로 하기 위해 기록이나 표식을 해둔다. 장시간 열어두거나 벌을 화나게 하지 않는 것이 중요하다. 여왕벌을 확인하고 먹이나 산란상태를 확인한다.

제1절 꿀벌이 도착하면

벌통은 한번 설치하면 움직이기가 어려우므로 사전 준비가 중요하다. 벌통 설치 후 벌들이 안정되면 소문(벌통 문)을 신속하게 열어준다. 그리고 우선은 건강한 여왕벌이 있는지 점검해 둔다.

1. 설치준비 후 벌통 인수하기

종봉(씨앗 벌)을 신청하면 가장 가까운 우체국이나 택배회사 배송센터에 연락해 놓고 아침에 제일 먼저 받으러 가도록 한다. 이것은 벌의 이동 스트레스를 조금이라도 경감시키기 위해서이다. 벌통을 올려놓을 받침대, 통 위에 얹는 함석판이나 블록 등은 미리 준비해 둔다. 설치 장소는 풀베기 등 미리미리 준비해 둔다.

1) 받침대나 함석 지붕으로 벌통의 열악화와 외적 예방

비가 올 때 진흙 물이 튀기거나 하여 벌통의 열악화나 외부에서 침공하는 적을 막기 위해서도 벌통은 땅에 바로 두지 말고 반드시 받침대 위에 두도록 한다. 농업용 플라스틱 상자나 여러 재활용 상자를 사용하는 사람도 많지만, 벌통의 위치 높낮이는 작업의 용이성에 영향을 주기 때문에, 자신의 키에 맞춘 받침대를 준비할 것을 추천한다. 저자의 양봉장에서는 높이 약 20cm의 원예용 트레이(tray)를 받침대로 쓰고 있다.

▲ 꿀벌 도착 후에는 신속하게 소문(벌집 문)을 연다.

2) 벌의 상태 확인하기

벌통의 설치가 완료되면 벌이 잠잠해질 때까지 10~15분 정도 기다리고 벌통 문을 연다. 특히 구입한 벌의 소비가 7~8장 정도로 많은 경우는 소문을 오래 닫아 두고 있으면 벌통 안이 더워서 증살(蒸殺)의 위험성이 높아지므로 주의한다.

바로 내검을 하고 싶지만 설치 후 30분 이상 지난 후에 벌이 조금 차분해졌을 때 실시한다. 우선은 건강한 여왕벌이 있는지 확인한다. 또 유봉(새끼벌)이나 꿀의 저장(저밀)이 충분한 지 등을 한번 점검한다. 출하 시에는 그다지 벌통을 무겁게 하지 않는 양봉가도 있어 저밀이 충분하지 않은 벌통이 가볍다면 당액과 꽃가루를 먹이를 준다. 이것은 벌을 키우기 시작한 해에는 채밀을 앞두고 봉군을 충실하게 키우는 것이 더 좋기 때문이다.

> **여왕벌을 찾지 못한 경우**
>
> 새로 구입한 벌통을 내검을 한 후 여왕벌을 찾지 못하고 산란하고 있는 모습도 없다면 구입처에 바로 연락한다. 신왕(新王)을 도입하는 경우는 작은 벌통에 들여놓아야 하므로 도착 후에 작은 상자를 그대로 소비 위에 며칠간 두고 같이 지내게 해서 냄새를 맡게 한 후에 작은 상자(왕롱)를 열고 벌이 있는 소비에 넣어주면 문제가 없다.

2. 벌통 설치하기

① 블록
함석판이 날아가지 않도록 블록으로 눌러준다.

② 함석판
함석판을 벌통 위에 두는 것은 비를 피하고 벌통의 열악화도 막을 수 있기 때문이다.

③ 소문
꿀벌이 드나드는 소문은 벌통 앞에 위치한다. 소문의 방향은 남쪽이 가장 좋다. 혹은 아침 햇살이나 석양빛이 들어오는 동쪽이나 서쪽으로 설치하기도 한다. 북향은 피한다. 벌집은 개폐식이므로 설치하자마자 바로 소문을 여는 것이 좋다.

④ 벌통 뚜껑
벌통의 뚜껑은 벌통의 윗부분에 올려놓는 덮개로 통풍구가 옆에 설치되어 있다.

⑤ 벌통
운반용 벌통으로 벌이 도착했을 때는 사육용 벌통으로 옮겨 넣는다. 옆의 벌통과 전후좌우의 간격은 70~80cm 정도가 표준이다.

⑥ 받침대
저자의 양봉장에서는 땅바닥에 직접 두지 않고, 원예용 트레이를 사용한다. 사진처럼 맥주 상자를 사용하는 사람도 많다.

⑦ 풀베기
미리 주변 풀베기를 마쳐놓는다. 벌통 주변 풀은 정기적으로 깎거나 잡초방제용 방초(防草) 시트를 깔아도 된다.

벌통을 약간 기울이고 소문을 아래로 비스듬히 설치

벌통은 소문의 반대편에 판자를 넣어 바닥을 올리고, 소문 쪽이 약간 아래로 내려가도록 경사를 붙여 설치한다. 이렇게 함으로써 거친 날씨에 만일 빗물이 들어갈 때도 물이 자연히 배출되는 것이다. 벌통 안에 물이 고이면 바닥이 상하기 쉬워지고 병의 발병도 이어지므로 조심한다.

제2절 벌을 순하게 만들기

내검(內檢)이나 채밀 등 중요한 작업을 원활하게 진행하기 위해 꿀벌을 연기로 진압하는 도구가 훈연기다. 안전하게 사용하는 절차나 소화법을 익히도록 한다. 저자의 양봉장에서는 훈연기 대신 목초액을 사용하기도 한다.

1. 연기는 최소한으로 훈연, 벌통을 여는 신호로

훈연기는 내검 등에서 벌통을 여닫을 때 벌을 얌전하게 하려고 사용한다. 꿀벌은 연기를 싫어하기 때문에 연기를 감지하면 꿀을 모아두는 벌집 방에 머리를 들이박는 습성이 있다. 그러면 벌이 조용하고 평온하게 된다. 또 벌통에 뚜껑을 닫을 때 벌을 깔려 죽지 않도록 옆으로 이동시키는 데도 연기가 도움이 된다. 훈연기 연기는 주인이 개포를 여는 것을 알리는 신호이기도 하다. 이때는 너무 많고 세게 훈연하지 않도록 하고 최소한의 필요량을 손으로 누르면 쉿 하고 공기 소리가 나도록 한 번씩 내뿜어 낸다.

숯불구이의 부산물로 나오는 목초액도 훈연기와 똑같은 용도로 사용할 수 있다. 예를 들어 합봉을 할 때 벌통 안에 있는 벌이나 새로 넣는 벌 모두 쉿 하고 한 번 연기를 내뿜어 낼 뿐인데 아주 편리하고 효과가 있다. 단, 목초액은 냄새가 남기 때문에 채밀기에는 사용하지 않도록 한다. 기온이 높은 시기에 합봉을 시키기 위해서는 목초액보다 스프레이 병에 당액을 담아서 뿌리는 것이 더 좋다. 기온이 내려가서 추워지면 목초액을 사용한다. 목초액은 신뢰할 수 있는 품질의 것을 사용하는 것을 권장한다. 저자의 양봉장에서는 숯불구이 장인으로부터 직접 구입한 목초액을 사용하고 있다.

◀ 벨트에 매도록 고리(hook)를 달면 허리에 찰 수 있으므로 이리저리 훈연기 둘 곳을 찾을 필요가 없어 효율적이다.

◀ 불을 붙이지(點火) 않아도 되는 목초액은 간편하게 사용할 수 있어 편리하다. 훈연기와 마찬가지로 허리에 차면 좋다.

▲ 목초액(木酢液)은 원액을 적당히 희석해서 스프레이 병에 담아 사용한다.

◀ 뚜껑을 열기 전에 소문에서 연기를 한 번 내뿜으면 "문을 열어요"라는 신호가 된다.

◀ 바람통(풀무)을 움직여서 공기를 주입하면 반대편 연기배출구에서 힘차게 연기가 나오는데 그러면 안에 있는 훈연 재료(쑥이나 건초 등)의 불완전 연소로 연기가 잘 생성되고 있다는 표시이다.

2. 훈연기 사용법(점화부터 진화까지)

❶ 오래된 삼베 조각이나 신문지를 돌돌 만다. 이는 훈연기 안에 공간(空洞)을 만들기 위함이다.

❷ 버너나 라이터로 불을 붙인다.

❸ 훈연기 뚜껑을 열고 불이 붙은 불쏘시개를 훈연기 안에 넣는다.

❹ 바람통을 눌러서 공기를 주입하면 연기가 맞은편 출구로 나온다.

❺ 훈연 재료가 잘 맞춰져서 연기가 나오는 것을 확인하고 사용한다.

❻ 사용 후에는 연기 출구에 생풀을 가득 넣으면 공기의 통로를 막아서 불이 꺼진다.

❻ 두꺼운 종이(봉지)를 끼워서 소화를 시켜도 된다. 물을 뿌려서 불을 끄면 내용물이 젖어 계속 사용할 수가 없다.
※ 이때 건조한 마른풀을 채우면 불이 붙어 타는 경우가 있으므로 주의한다.

▲ 내검이나 채밀 시에는 연기를 필요한 만큼 뿜어내어 벌을 주변으로 이동시키면서 작업을 진행한다.

훈연 재료로 나무 부스러기를 사용해도 OK

훈연재료로 나무 부스러기를 사용하기도 하는데 이 경우에는 훈연기에 채워 넣고 나서 불을 붙인다.

제3절 매일의 관리 - 내검하기

벌통 안을 점검하는 내검은 사계절마다 봐야 할 포인트가 다르고 적합한 기상 조건이나 시간대도 다르다. 꿀벌에서 생기는 문제는 내검을 통해 확인하는 일이 많으므로 양봉가의 일 중에서 가장 중요한 작업이다.

1. 신중하고 효율적으로 변화의 징후 발견하기

내검(內檢)이란 벌통 뚜껑을 열고 안의 벌의 모습을 다양한 관점에서 확인하는 작업을 말한다. 꿀 저장(저밀)과 산란이 순조로운지 아닌지를 확인하는 한편 여왕벌의 부재나 분봉의 징후가 될 왕대의 출현, 병해충 발생과 같은 대처가 필요한 변화를 재빨리 간파하거나 소비를 추가할 시기를 보는 등의 목적도 있다. 내검은 우천이나 바람이 강한 날은 피하고 날씨가 좋은, 조용한 날을 선택해서 실시한다. 보통 4월부터 8월 중순 정도까지 봉군이 증가하는 기간에는 주 1회 내검을 권장하고 그 이외의 시기는 필요에 따라서 한 달에 1회 정도가 좋다. 모두 벌에게 불필요한 부담을 주는 일이 없도록 하고 필요한 최소한의 횟수와 시간으로 끝내는 것이 중요하다. 또 월동기의 꼭 필요한 경우가 아니면 내검을 하지 않는 것이 좋다.

저자의 양봉장에서는 이른 아침에 자동차로 양봉장을 대충 둘러보고 내검도 아침에 실시한다. 이는 분봉을 하는 시간이 대략 오전 10시 이후이어서 그 전에 내검을 마치기 위해서이다.

2. 장시간 벌통 뚜껑을 열어두지 않기

내검을 할 때는 복장이나 장비를 단정히 하고 벌집 문에서 훈연기로 연기를 가볍게 넣어 벌에게 신호한 후 뚜껑을 연다. 소비는 떨어뜨리지 않도록 단단히 손가락으로 잡고 조용히 끌어올린다. 내검이나 확인을 마치면 깜박하고 계속 뚜껑을 열어두어 벌이 상하지 않도록 조심스럽게 소비를 원위치로 되돌리고 뚜껑을 덮는다. 아무리 찾아봐도 여왕벌을 찾을 수 없다는 등의 이유로 장시간 뚜껑을 열어 두고 있으면 벌집 안에 온도 변화가 일어나 벌에게 스트레스를 주게 된다. 내검은 효율적으로 단시간에 끝내는 것이 중요하다. 예를 들어 며칠 전에 산란한 흔적이 있으면 여왕벌이 발견되지 않더라도 굳이 꼭 찾아볼 필요는 없다.

🐝 벌통 밖에서 보기만 해도 확인 가능한 상태들

내검을 하지 않아도 벌통 밖에서 보기만 해도 알 수 있는 것도 많이 있다. 소문에서 일벌이 건강하게 드나들고 있으면 대개 문제가 없다. 특히 소문 앞에 거꾸로 올라가서 많은 벌이 떼를 지어 있을 때는 벌이 매우 상태가 좋다는 표시(sign)이다. 출입이 나쁠 때는 그날 날씨나 기온, 시간대 등도 고려하여 이유를 찾는다. 또 외역벌이 발에 묻혀오는 꽃가루를 보면 주위에 어떤 밀원이 있는지 추측할 수 있다. 소문이 젖어 있으면, 육아를 하고 있어 꽃가루 이유식을 위한 물을 부지런히 옮기고 있을지도 모른다. 분봉을 나려고 할 때는 출입이 적을 정도로 붐비고 밖에서는 멍하니 일을 하지 않는 벌이 있으므로 바로 알 수 있다. 사람들도 현관이나 정원, 베란다 등을 보면 대략 거주자를 상태를 알 수 있듯이 꿀벌도 벌통 바깥의 모습으로 추론할 수 있는 것이 여러 가지가 있다.

벌통에 기록해야 할 일

저자의 양봉장에서는 벌통에 분필로 쓰는 것이 몇 가지 있다. 이것은 벌통에 대한 정보로서 도움이 되는 것 외에 종업원끼리 작업 경과를 공유하는 데에도 편리하다. 벌통에 메모하는 내용은 내검이나 합봉을 실시한 날짜나 여왕벌의 생년월일, 수벌 관리를 한 날 등이다. 여왕벌의 부재나 신여왕벌의 도입 등 메모기록은 함석판을 뒤집거나 블록을 세우거나 하는 것으로 바로 알 수 있게 하고 있다. 작업의 경과는 양봉장마다 붙어 있는 매일의 보고서에도 적어두도록 한다.

▲ 블록을 세워서 사인을 준다.

▲ 내검은 포인트를 정확하게 잡고 단시간에 끝내도록 한다.

▲ 여왕벌을 넣은 날을 적은 벌통. "왕 있음"은 유개봉아(有蓋蜂兒)가 있다는 뜻이다.

▲ 여왕벌이나 일벌, 수벌의 모습, 벌통의 상태 등 알아 볼 것은 여러 가지이다.

3. 내검의 절차

내검은 꿀벌에게 스트레스를 주지 않고 또 눌러서 압사시키지도 않으며 벌에 쏘이지 않도록 주의하면서 가능한 한 짧은 시간에 빠르게 실시하는 것이 중요하다.

❷ 뚜껑 밑에 걸려있는 개포를 벗긴다.

❸ 소비의 상잔(上棧)에 훈연기로 살짝 연기를 뿜는다.

❶ 먼저 소문에서 훈연기로 연기를 1~2번 쉿 소리가 나게 주입하여 넣고 주인이 왔음을 알린 후, "문을 열어요"라고 말을 걸듯이 조용히 뚜껑을 연다.

❹ 하이브툴(Hive tool)로 상잔이나 틈에 들러붙은 프로폴리스나 쓸모없는 벌집을 걷어낸다. 벌이 만든 이런 물질이 소비와 벌통 사이에 붙어있을 때는 하이브툴을 사용해 벗겨낸다.

❺ 소비를 모두 검사하고 되돌려 놓고 개포(삼베)를 덮는다. 이때 위아래 부분이 뒤바뀌지 않도록 한다.

❻ 필요에 의해 단열 시트를 덮고 있는 경우는 개포 위에 얹는다.

❼ 벌이 끼어 죽지 않도록 필요하면 연기를 뿌려 비켜나게 하고 조용히 뚜껑을 닫는다.

❽ 함석과 블록 등을 얹고 종료한다.

4. 내검 시 살펴보아야 할 체크 포인트

내검을 효율적으로 단시간에 끝내기 위해 살펴볼 내용을 사전에 체크하고 확실히 점검한다.

1) 여왕벌들이 있는가?

여왕벌을 찾아본다. 여왕벌의 모습이 보이지 않아도 며칠 전에 산란한 흔적이 있으면, 여왕벌이 있다는 표시이다. 만약에 여왕벌이 없을 때는 일벌들이 불안한 듯 날개를 흩날리게 된다.

2) 산란을 정상적으로 하고 있는가?

벌집 방에 태어난 알이 있는지, 벌집 방이 산란용으로 깨끗하게 청소되어 있는 지를 확인한다. 둘 다 확인할 수 없는 경우는 여왕벌이 없든지 산란을 정지하고 있을 가능성이 크다.

3) 꿀벌의 유충이 있는가?

건강한 애벌레인 봉아(蜂兒), 즉 새끼 벌이 있는지 확인하고 산란육아권의 확대가 순조로운지 점검한다. 꿀벌은 산란 후 3일이면 애벌레가 되고 5~6일이면 번데기가 된다.

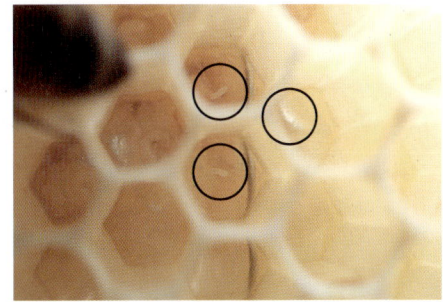

▲ 산란한 알의 모습

▲ 건강한 애벌레의 모습

4) 꿀 저장(저밀)은 정상적으로 되고 있는가?

꿀벌은 소비의 가운데 부분에서 육아를 하므로 꿀은 대체로 그 소비의 바깥쪽에 저장하는 경우가 많다. 꿀이 산란 공간을 압박하고 있지는 않은지, 혹은 꿀이 적지 않은지도 확인한다.

5) 유개봉아(有蓋蜂兒)가 있는가?

유개봉아 안에는 번데기가 들어있는데 많으면 봉군의 군세가 강하다는 증거이다. 일벌은 약 11일이면 우화(羽化)한다. 벌집 뚜껑이 상대적으로 크게 부풀어 올라 있는 것은 수벌집이므로 필요한 경우를 제외하고는 수시로 제거한다.

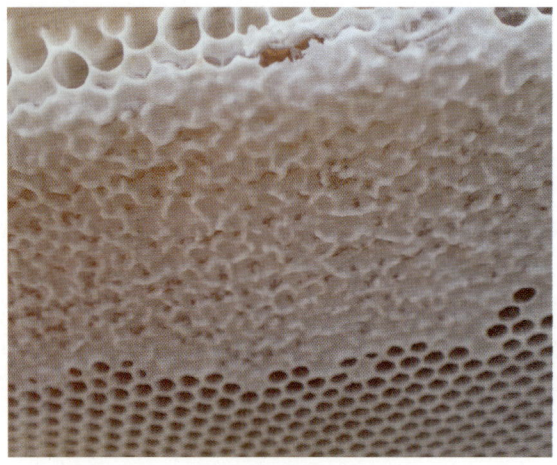
▲ 꿀 저장(저밀)에서 밀개(꿀 덮개)가 덮인 모습

▲ 유개봉아(뚜껑이 있는 유충방)의 모습

6) 꽃가루는 있는가?

단백질 등 영양이 풍부한 꽃가루는 육아에서 빠뜨릴 수 없는 이유식이다. 화분이 많이 있으면 새끼 키우기가 왕성하다는 표시이다. 꽃가루의 저축량(꽃가루 방)이 눈에 띄게 적으면 대용화분(80페이지 참조) 공급하여 먹인다.

▲ 동그라미(원)는 화분이 화분방에 들어 있는 모습

7) 왕대는 있는가?

내검에서 가장 조심해야 할 것은 왕대의 출현을 놓치지 않는 것이다. 분봉이나 여왕벌의 교체를 목적으로 신왕(新王)을 준비 중이어서 빠른 대처(98~105페이지 참조)가 필요하다.

▲ 왕대의 모습

8) 수벌이 있는가?

수벌은 몸과 눈이 커서 금방 알 수 있다. 수벌은 분봉 시기에 많이 출현하므로 수벌소비로 별도로 관리하는 것(94페이지 참조)을 추천한다. 내검 시 핀셋으로 제거하기도 한다.

▲ 수벌의 모습(뒤에 보이는 일벌보다 크기가 큼)

9) 진드기나 병은 없는가?

날개가 수축된 벌이나 변색한 애벌레, 죽어있는 벌이나 애벌레가 없는지, 벌집 방의 뚜껑이 움푹 패어 있지 않은지 등을 살펴보고, 진드기나 병의 감염을 점검한다.

▲ 백묵병으로 죽은 애벌레의 모습

▲ 백묵병으로 인해 밖으로 나와 죽어있는 벌

☑ 내검 시 점검 사항

- ☐ 여왕벌은 있는가?
- ☐ 순조롭게 산란하고 있는가?
- ☐ 애벌레(蜂兒)나 새끼 벌은 건강하고 많이 있는가?
- ☐ 밀납으로 뚜껑이 덮인 벌집 방(유개봉아)이 많이 있는가?
- ☐ 산란 공간과 꿀 저장 공간이 충분히 있는가?
- ☐ 사용하지 않는 소비가 아닌가?
- ☐ 꿀이 풍부하게 저장되어 있는가?
- ☐ 꽃가루는 충분히 있는가?
- ☐ 왕대가 출현하고 있지는 않은가?
- ☐ 수벌의 수가 너무 많지 않은가?
- ☐ 진드기나 질병의 감염은 없는가?

제4절 사양(飼養)의 종류와 방법

밀원식물이 적은 시기나 긴 겨울을 나기 위해서는 먹이가 아주 중요하다. 당액이나 꿀소비를 주는 것 외에 대용 꽃가루 먹이도 산란과 육아를 북돋우기 위해서 빠뜨릴 수 없다.

1. 적절한 먹이로 벌들을 건강하게 키우기

사양(給餌)은 꿀이나 꽃가루를 모으는 꽃이 적을 때, 혹은 월동 중에 먹이가 떨어져서 벌이 굶어 죽는 일이 없도록 미리미리 행하는 먹이 공급을 말한다. 산란이나 육아, 봉군의 분할이나 합봉, 여왕벌 만들기의 시기 등, 봉군을 살릴 때도 먹이는 빠뜨릴 수 없는 요소이다.

먹이는 주로 설탕을 뜨거운 물에 녹인 당액, 저장해 둔 꿀소비나 꽃가루 소비, 대용 꽃가루 등이다. 단백질이 풍부한 꽃가루는 왕유(王乳), 즉 로열젤리의 분비나 새끼 벌(蜂兒) 먹이에 필수 불가결한 요소이므로 산란 육아를 북돋우고 싶을 때는 적극적으로 공급하도록 한다. 당액의 공급은 기본적으로 채밀을 끝낸 벌통이나 봉군이 성장하지 못하고 있는 채밀용에서 육성용으로 전환한 벌통에 대해서 실시한다. 채밀 전에는 벌이 당액을 소비에 모을 가능성이 있으므로 주지 않는 것이 좋다.

▲ 이른 봄에 먹이가 부족한 경우에는 당액이 아닌 이미 보관해 둔 꿀소비를 넣어주는 것이 좋다.

2. 월동 전의 사양은?

먹이 공급이 가장 필요한 것은 월동 전이다. 기온이 뚝뚝 떨어지기 전까지는 벌통이 꿀 저장(貯蜜)으로 단단하게 무거워지는 것을 기준으로 사양하고, 먹이 부족이 일어나지 않도록 꿀저장(貯蜜)을 충분히 하도록 한 다음, 혹독한 겨울 추위를 이겨내도록 하는 것이다. 한편, 아직 기온이 낮은 초봄에 차가운 당액을 주면 벌이 병에 걸리거나 약해져 죽기 쉽다. 저자의 양봉장에서는 초봄에 먹이 부족을 느꼈을 경우, 당액이 아닌 보관해 둔 꿀소비를 넣고 있다.

당액은 벌집 방에 넣기 위해 벌이 전화당(轉化糖)으로 변환되기 때문에 많은 에너지가 필요하다. 예를 들어 바로 공급하는 설탕물인 당액은 "생쌀", 꿀소비에 들어있는 것은 바로 먹을 수 있는 "더운밥" 같은 것이라고나 할까? 그렇게 생각하면 서로 구분해서 사용하는 요령도 이해하기 쉬울 것이다.

먹이를 너무 많이 주면 산란장소를 압박하고 부족하면 산란이 멈춘다. 적당량의 사양을 알맞게 하는 것은 많은 경험을 쌓고도 꽤 어려운 법이다.

▲ 벌이 꽃가루를 많이 모아둔 소비가 있으면 보관했다가 산란 육아 시기에 넣어주면 된다.

▶ 대용화분은 직접 만들어도 되지만 양봉원에서 파는 것을 구입해서 사용하면 편리하다.

3. 당액(糖液)의 제조

저자의 양봉장은 각 봉장마다 100군이 넘는 벌통이 있으므로 당액은 용량 600L의 탱크로리를 사용하여 1단위로 만들고 있다. 소량이라면 직접 플라스틱 한 말 통으로 만들어도 된다.

❶ 탱크에 45℃ 정도의 더운물을 준비하고 설탕은 덩어리를 빻아놓는다.

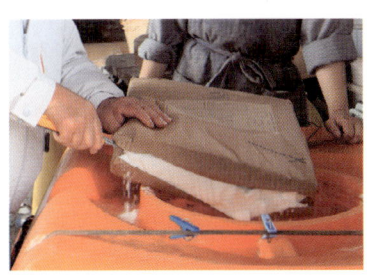

❷ 탱크위에서 설탕포대를 개봉한다.

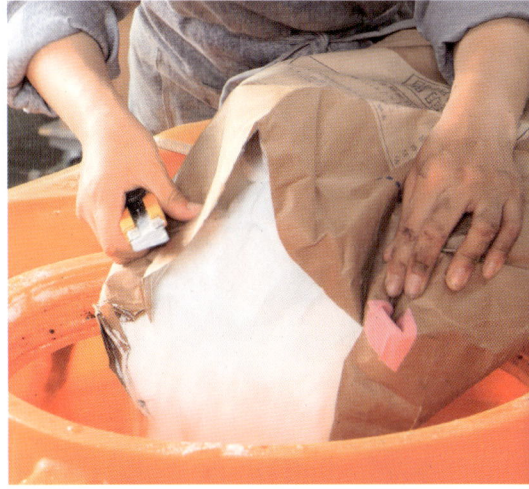

❸ 설탕을 투입한다. 물과 설탕의 비율은 짙게 만들어야 할 때 1:1.5(여름부터 가을까지), 연하게 만들 때는 1:1.3 정도(봄부터 초여름, 늦가을)로 제조한다.

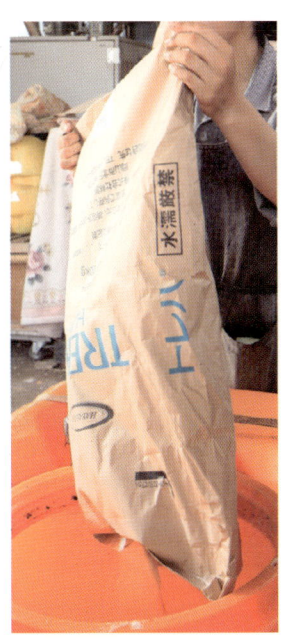

❹ 곤충 먹이에 좋다는 트레할로스(trehalose, 이당(二糖)류)를 적당량 더해도 좋다.

❺ 소금을 약간 첨가한다.

❻ 잘 교반하여 녹이면 완성된다.

4. 당액의 사양법

당액은 수작업의 경우에는 한 말 통이나 물뿌리개로부터 조심스럽게 사양기에 부어간다. 저자의 양봉장에서는 효율을 높이기 위해 동력분무기(動噴)도 같이 병용(倂用)하고 있다.

1) 말통으로 붓는 경우

▲ 당액을 주위에 흘리지 않도록 조심스럽게 사양기에 붓는다.

▲ 사양기에 일렬로 늘어서서 당액을 먹고 있는 꿀벌들의 모습

2) 대량으로 사양할 경우

❶ 먹이(당액)를 트럭에 싣는다.

❷ 저자의 양봉장에서는 동력분무기를 사용해 사양하므로 먹이 공급 작업의 효율화를 도모하고 있다.

5. 꿀소비와 화분소비의 공급

기온이 낮은 2~3월에 사양하는 경우는 차가운 당액은 피하고 그대로 먹을 수 있는 상태인 꿀소비로 주는 것이 최선이다. 화분소비도 봉군이 증가하는 시기에 넣으면 벌에게 좋다.

▲ 이른 봄 먹이용으로 보관해 둔 주로 가을 꿀(秋蜜)소비

❋ 천연 꽃가루가 제일

인위적인 대용 꽃가루는 편리하기는 하지만 벌에게는 역시 다양한 꽃에서 모아오는 천연 꽃가루가 제일이며 이보다 나은 것은 없다. 꽃가루 종류가 하나(단일)일 경우, 벌의 생산성이나 면역 저하로 이어진다는 연구보고도 있다. 저자의 양봉장에서도 꽃가루가 많이 저장된 꿀소비는 채밀기에서 돌리지 않고 벌의 육아에 사용할 수 있도록 하단의 벌통에 내려주고 있다.

▲ 화분을 모아서 돌아오고 있는 외역벌

6. 대용화분 공급

화분 떡(대용 꽃가루)은 벌통 윗부분의 상잔(上棧) 위에 놓아준다. 소비의 윗부분(상잔)에 접하는 부분의 개포를 벗기고 얹어 준다. 보통 1년 내내 공급하지 않고 연내에는 10월 정도까지 제공한다. 강한 봉군일 때는 이듬해 2월 중순에 다시 넣어주면 된다.

◀ 대용 꽃가루는 한 봉지 그대로면 너무 클 수 있기 때문에 반으로 잘라주는 것도 좋다.

❋ 대용화분 만들기

대용 화분은 시판제품을 구입하는 것이 편리하기는 하지만 직접 제작도 가능하다. 저자의 양봉장에서도 예전에는 손수 만들어 사용하였다. 재료는 화분, 분유, 트레할로스(trehalose, 곰팡이나 효모 등에서 널리 발견되고 곤충의 체액 속에서 중요한 에너지원 또는 저장 탄수화물이 됨), 당액, 설탕, 소금, 지게미(酒粕), 된장 등 발효 음식을 첨가하여 만든다. 하나부터 만들면 수고스러우므로 시판제품에 일부를 첨가하여 응용을 하는 것도 좋다.

▲ 상잔(소비의 윗부분)에 붙은 대용 꽃가루를 먹고 있는 꿀벌의 모습

▶ 재료를 잘 섞고 용기에 담는다.

제5절 소비와 벌통의 갱신과 보관

벌집틀(소비)이나 벌통은 오래되면 수시로 교환해 나간다. 갱신 시기는 재질이나 사용 상황에 따라 일률적으로 말할 수 없지만, 소비 교환의 기준이나 소비 관리 방법, 벌통을 교체할 때의 사전 준비 작업 등을 소개한다.

1. 소비를 교환하는 적기(適期)

저자의 양봉장에서는 1000군 정도 되므로 연간 대략 3000~4000장의 소비를 새롭게 교환하고 있다. 소유한 벌통에 따라 한 벌통에 대해 대략 3~4장을 다시 만들어 갱신한다고 보면 된다.

갱신 시기를 연수(年數)로만 일률적으로 말할 수 없지만, 일반적인 기준, 예를 들어 육각형의 셀이 작아졌을 때, 벌이 수벌 소비 이외의 벌집 소비가 수벌 방으로 개조하고 있을 때, 프로폴리스의 얼룩이 벌통에 달라붙어 검게 변했을 때 등일 때 새롭게 갱신한다.

▲ 꿀벌은 육아 시 살균 목적으로 벌집 방에 프로폴리스를 칠하는데 시간이 지나면 그 나뭇진(프로폴리스)이 서서히 검게 축적된다. 왼쪽이 교환 시기를 맞은 낡은 소비이고 오른쪽은 새 소비이다.

1) 벌통은 낡았다는 느낌이 들면 교환

벌통은 바닥에 도톨도톨 프로폴리스가 따라오는 등 오래되었다고 느낀 시점에서 교체한다. 구입 후에 방부제를 발라 사용 연수를 올리는 사람도 있지만, 그 안에서 사는 벌이 고통을 느끼는 느낌이 들어 저자의 양봉장에서는 사용하지 않고 있다. 벌통과 벌을 비교하면 단연 벌의 건강이 더 중요하기 때문이다. 벌통을 맨땅에 그냥 두지 않고 받침대 위에 두거나 함석 판자 지붕을 덮고 비를 맞지 않도록 하는 등 목재의 퇴화를 막는 방법을 연구하고 있다.

교환하는 새로운 벌통은 뜨거운 물로 깨끗이 씻고 버너로 속을 살짝 태워 화염소독 후 사용한다. 나무상자는 건조한 상태에서 태우면 검게 타버리고 말지만 젖어 있는 동안에는 타지 않는다.

▶ 땅바닥에서 빗물이나 흙이 튀는 것을 막기 위해 벌통은 받침대에 올려놓으면 좋다. 벌통에 함석지붕을 씌움으로써 비에 의한 열악화(劣化)를 방지한다.

2. 소비 관리와 소충 대책

채밀한 후의 꿀소비나 벌통 안에서 꺼낸 다른 소비 등 꿀벌이 사용한 벌집 판을 벌통에 되돌리지 않는 경우는 어떻게 하면 좋을까? 그 상태에서 꿀벌이 없는 소비를 야외나 다른데 놓아두면 소충의 피해를 보게 되므로 미리 방지하도록 보관할 필요가 있다.

저자의 양봉장에서는 사용 도중의 소비나 꿀소비는 대형 냉장고에 모아서 보관하고 있다. 사용 후 벌통이나 계상은 물로 씻어 건조시켜 둔다.

냉장고가 없는 경우, 안전한 보관법으로 셀탄(Certan/셀탄 B401, 인체나 벌에는 무해함)이라는 소충 방제용 미생물 Bt약제(바실러스 튜링겐시스(*Bacillus thuringiensis*))가 있다. 이 셀탄 B401을 20배액(물 19:약제 1의 비율)을 벌통이나 소초에 분무하고 통풍이 잘되는 곳에서 말린 후 대형 비닐봉지를 깔아 놓은 벌통에 그 소비를 넣고 비닐의 입구를 테이프로 밀봉해서 시원하고 어두운 곳에서 보관한다. 이 약제는 천적미생물을 이용한 생물농약으로 유충의 체내에서 살충성을 보이므로 어린 애벌레 때에 효과적이고 노령이 되면 약제효과가 덜어지고 성충에는 효과가 없다(역자 주).

▲ 회수한 꿀소비이나 사용하지 않는 소비 등은 5~6℃로 설정되어 있는 대형 냉장고에서 보관한다.

▲ 소충(螟蟲)의 애벌레   ▲ 보관을 잘못해서 소충의 피해를 입은 소초의 모습

▲ 밀랍이나 프로폴리스는 벌통을 청소하는 도구로 청소하고 뜨거운 물로 깨끗이 씻는다.   ▶ 세척 후에는 충분히 건조시켜 보관한다.

제6절 벌통 이동

채밀을 위해 꽃을 찾아가거나 개인적인 사정으로 벌통을 이동시키는 일이 많다. 이때는 주로 트럭으로 이동하지만 예민한 벌들은 조심해야 할 사항이 많다.

1. 이동의 목적과 대이동

벌통(벌집) 이동을 목적별로 나누면 크게 4가지로 나눌 수 있다. 첫 번째는 봄에 유밀기를 맞춰 봉군을 강하게 키우기 위해 이동한다. 두 번째는 본거지 이외의 토지에서 채밀을 하기 위해 이동시킨다. 세 번째는 폭염을 이겨내기 위해 이동시킨다. 네 번째는 난지(暖地)에서 월동하기 위해서 이동을 시킨다. 이동은 시간과 비용 등으로 양봉가도 매우 신경을 쓴다. 벌의 입장이 되어 보면, 장시간 벌통에 갇혀 덜컹덜컹 이송되는 셈이니 엄청난 스트레스일 것이다. 벌통의 싣기나 하차 작업은 가능한 한 효율적으로 단시간에 끝날 수 있도록 때로는 새벽 전부터 전조등을 켜고 묵묵히 작업해야 한다. 벌들을 무사히 이송하기 위해 필요한 것이 환기이다. 특히 4~10월의 기온이 높은 시기에 장거리 이동을 할 때 조심해야 한다. 이때는 강한 봉군일수록 위험하므로 이동 전날에 예비 검사를 하고 벌이 밀집해 있는 벌통은 계상)을 올려 피난 공간을 마련해 주거나 개포인 삼베를 반쯤 접어 넘겨 절반은 통기가 잘 되도록 해 두는 등의 준비를 해 둔다. 목적지에 도착하는 대로 최대한 빨리 벌통의 소문을 열어주어야 한다(70페이지 "벌의 상태 확인하기" 참조).

2. 증살 방지와 아사 대책

장거리 이동으로 특히 걱정되는 것은 이동 중에 강군(强群)은 자신들로 인해 발생한 열로 죽는 증살(蒸殺)과 아사(餓死)이다. 수송 시간이 길수록 벌은 저장 꿀을 많이 소비하므로 먹이 부족이 되지 않도록 주의해야 한다. 증살을 피하기 위해 흔히 쓰이는 방법은 벌통의 뚜껑 양옆으로 환기용 작은 망으로 된 창문이 달린 벌통을 이용하는 것이다. 이동 중에도 바람의 통로가 확보되므로 벌통 안의 온도 상승을 막을 수 있다.

다만, 환기가 잘되지 않고 벌통 내의 온도가 떨어지면서 습도가 올라가면 새끼 벌(봉아, 蜂兒)이 죽거나 석고병 발병 원인이 된다. 특정 양봉장의 장거리 이동에서는 벌통 소문은 물로 적신 스폰지로 막고 벌통 뚜껑은 뒷면이 그물을 친 특제 뚜껑으로 대체한다고 한다.

▲ 뚜껑에 환기구가 있어 공기가 통하게 되어있다.

▲ 벌통 속의 소비가 차의 진행 방향과 평행하도록 적재한다. 그리고 벌통의 소문이 앞쪽 위쪽 벌통은 소문이 뒤쪽으로 오도록 번갈아 쌓는다. 벌통 위의 뚜껑에 환기창이 있어서 환기가 가능하다.

◀ 뚜껑의 측면에 철망으로 된 환기구가 있다.

3. 부지 내 짧은 거리(단거리) 이동

벌통(벌집)을 자신의 토지 내 등으로 조금만 움직이고 싶은 경우는 시간은 걸리지만, 한 번에 30cm 정도씩 목적 장소까지 움직이고 간다. 빈도는 오전에 1번, 오후에 1번, 하루에 2번 정도 움직여도 괜찮다. 이때 벌통은 제자리에 아무것도 두지 않아야 한다는 것에 주의해야 한다. 이때 원래 벌통이 있던 제자리에 다른 상자를 두거나 하면 벌은 그곳으로 돌아가 버린다. 시간이 없다면 벌의 행동지역인 반경 2km 권내를 넘은 장소로 한번 움직이고 그 후 일거에 목적지로 움직이는 방법도 있기는 하다.

4. 양봉장 간 중거리 이동

양봉장 사이를 이동하는 거리가 5km 정도인 중거리 이동은 일상적으로 자주 하는 이동 형태이다. 저자의 양봉장은 각각 4~5km 떨어져 있는데 이는 벌의 행동지역이 반경 2km 권내이기 때문이고 양봉장 간에 벌의 행동지역이 겹치지 않도록 조정하고 있기 때문이다. 이동을 하는 것은 벌이 저녁 때 벌통으로 돌아온 후 또는 이른 아침 벌이 날아오기 전 시간대. 그밖에 중거리 정도의 이동으로서는 신왕(新王)의 교미비행을 촉진하기 위해 이른 아침 수컷이 있는 산으로 벌통(벌집)을 올리는 일도 있다.

제7절 이동 시 벌통의 소문을 닫는 요령

저자는 이동 시 벌통에 스펀지를 채운다. 스펀지에 물을 머금어 두면 벌의 수분 보충도 되고 적당한 통기도 확보할 수 있다.

❶ 적당히 물에 적신 스펀지를 소문 끝에서부터 채운다.

❷ 벌이 있을 때는 목초액을 부드럽게 뿌리면 벌이 비켜준다.

❸ 벌이 없어지면 반대편 끝까지 채우면서 소문을 막는다.

이동양봉에 대하여

벚꽃 순서, 벚꽃 전선 등이라고 하듯이 국토가 남북으로 되어 있는 우리나라나 일본은 꽃의 개화 시기가 남과 북에서 상당한 시차가 있다. 그런 국토의 특색을 이용한 이동양봉은 옛날부터 시작되었다. 남단에서 북단까지 양봉가들이 선구자이고 꽃을 좇아 여행을 떠나는 여행자가 뒤를 이었다. 이동양봉을 많이 한 프로들은 오랜 경험으로 벌들을 죽이지(증살) 않기 위한 다양한 기술과 노하우를 가지고 있다. 과거에는 유밀기에 유입하는 이동양봉가와 고정양봉가 사이에 채밀을 둘러싼 마찰과 분쟁도 많았다. 이런저런 이유로 이동을 할 때는 지사에게 이전허가신청서를 내도록 의무화하기도 했다. 현재는 채밀과 수분(受粉)용 봉군 생산도 병행하는 이동양봉가가 증가하고 있다.

▲ 밀원식물의 개화기에 맞춰 벌통을 이동시키는 이동양봉은 근년에 줄어들고 있다. 사진은 유채꽃을 찾는 꿀벌의 모습이다.

제5장

봉군의 관리

봉군의 관리는 소비의 증감, 계상 올리기와 격왕판 사용, 수벌의 관리와 분봉, 왕대와 분봉열의 관리와 봉군의 육성을 포함한다.

제1장 소비를 늘리고 줄이기

벌통 속의 소비는 꿀벌의 상황에 따라 넣었다가 꺼낼 필요가 있다. 특히 봄은 소비(巢脾)나 소초(巢礎)를 더하거나 꿀소비를 공소비(빈 소비)와 교체하여 증세(增勢)를 도와 나가는 시기이다.

1. 소비를 어느 위치에 넣어줄 것인가?

벌통 안의 소비는 어느 소비도 육아나 꿀 저장 등에 사용되며 꿀벌이 빽빽이 붙어있는 상태가 이상적이다. 봄에는 꿀벌의 수가 늘어나서 꿀 저장이나 산란 장소가 적어지면 공간이 부족해지기 전에 빈 소비를 넣어주어야 한다.

벌통 안은 기본적으로 중앙 쪽 소비가 산란이나 육아용이고 그 바깥쪽이 꿀 저장용 소비가 되어있는 경우가 많다. 저자의 양봉장에서는 제일 바깥쪽이 사양기(분할판 역할도 함)로 되어있다. 새로운 소비를 넣을 경우에는 사양기와 꿀소비를 바깥쪽으로 떼어내어 꿀소비 안쪽(산란육아권 바깥쪽)에 공간을 만들고 거기에 소비를 넣도록 해야 한다. 이때 꿀소비의 바깥쪽, 즉 사양기와 꿀소비 사이에 소비를 넣어버리면 벌들은 부지런히 그 새로운 소비로 꿀을 옮기기 시작한다.

벌은 맨 바깥쪽이 꿀이 아니면 침착하지 않기 때문에 벌이 불필요한 이동에 노력을 기울이게 된다. 장소에 예민하게 집착하는 벌의 이러한 습성을 이해한 다음 소비를 정확한 장소에 넣어주도록 해야 한다. 그러면 여왕벌은 넣은 소비에 바로 산란을 하기 시작한다. 또, 벌들이 쓸데없이 벌집을 만들 기세가 있을 때는 소초를 추가로 넣어주면 좋을 것이다. 벌들은 일주일 정도면 벌집을 쌓아 올리고 소비를 완성시킨다.

2. 어떤 때에 소비를 들어 내는가?

꿀벌의 수가 줄어들어 사용하지 않은 소비가 있을 때는 소비를 꺼내서 벌통 안의 꿀벌의 밀도를 높여 준다. 소비를 들어낼 때 방법은 60페이지를 참조하면 된다.

▲ 벌통(벌집) 중앙의 산란육아권과 꿀을 저장하는 소비 사이에 새로운 소비를 넣어 준다.

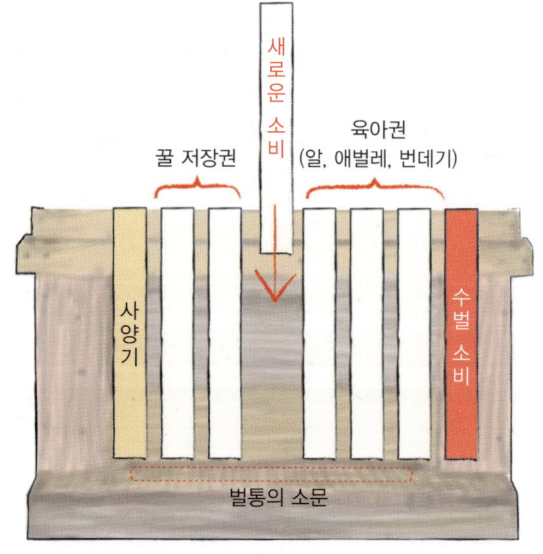

▲ 새로운 소비를 넣는 모식도

제2장 계상과 격왕판 사용법

단상 벌통이 가득 차면 계상을 올려 더욱 증세를 촉진한다. 저자의 양봉장에서는 벌에 대한 배려와 채밀에 대한 집착으로 계상에는 새끼 벌(봉아)을 올리지 않고, 격왕판을 넣고 계상의 2단에는 꿀의 저장을 위한 전용공간을 두고 있다.

1. 계상을 할 때 왜 격왕판을 사용하는가?

봄 4~5월의 증세기에 단상의 벌통(벌집)이 가득 차면 드디어 계상을 올린다. 계상을 올리는 기준은 저녁 후 벌통 밖에 벌들이 소비 1매 만큼 이상 넘치게 나와 있을 때이다. 이렇게 되면 봉군의 분봉열도 달아올라서 새로운 공간을 만들어 주고 벌의 발전 의욕을 만족시켜 주어야 한다. 계상을 올릴 때는 그 사이에 격왕판을 넣어준다. 격왕판은 계상을 올릴 때 아랫부분은 산란육아권, 위에는 채밀권으로 명확하게 나누기 위해 사용하는 양봉 도구로 꿀을 생각하고 질 높은 진짜 꿀을 채밀하려고 생각한다면 반드시 격왕판을 사용해야 한다.

2. 계상에는 꿀소비만

격왕판의 격자는 일벌은 지나갈 수 있지만, 여왕벌은 지나갈 수 없는 간격이 되어 있기 때문에 아래 벌통과 계상의 꿀소비 사이에 격왕판을 넣으면 여왕벌은 위로 올라가 산란할 수 없다. 즉 계상의 소비에는 꿀만 쌓이게 되므로 모두 꿀소비가 되는 것이다.

격왕판을 넣지 않을 경우, 벌통의 위쪽이 꿀 저장 공간에도 아래쪽과 같이 새끼 벌이 있을 가능성이 커진다. 그러면 이런 소비를 채밀용 채밀기에 걸면 유봉(새끼 벌, 蜂兒)도 함께 빙글빙글 돌다가 목숨을 잃거나 벌꿀에 봉아 체액이 섞여 들어가기도 할 것이다. 또, 육아를 마친 벌집 방은 내부에 칠해진 프로폴리스의 영향 등 거뭇거뭇한 경우가 많고, 거기에 꿀을 저장하고 있을 경우도, 벌꿀의 색조나 순도에 영향을 줄 수도 있다.

저자의 양봉장에서 벌꿀을 뜨는 것은 육아에 사용되지 않은 소비에 쌓인 계상의 꿀소비뿐이므로 그렇게 하면 이런 것이 섞임 없는 맛있는 꿀을 뜨는 것이 가능해진다.

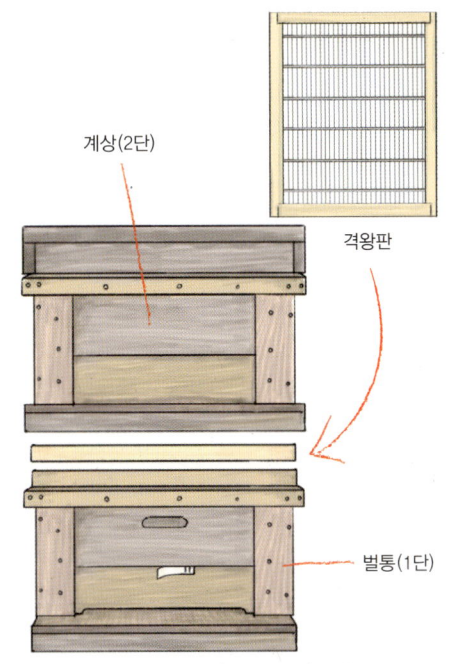

▲ 벌통의 1단과 2단 사이에 끼우는 격왕판이 일반적이다.

▲ 세로형 격왕판은 계상을 올리지 않아도 여왕벌의 산란 영역을 제한할 수 있다.

제3절 계상 올리기

채밀 목적으로 봉군을 키우는 경우는 격왕판을 사용하여 계상을 올리는 것이 기본이다.

1. 계상에 넣는 소비의 수는?

채밀을 생각해서 계상을 겹칠 때는 아래 새끼 벌(봉아)을 위로 올리지는 않는다. 단상의 벌통은 벌들이 안심하고 육아, 새끼 기르기를 하기 위한 공간이다. 격왕판을 끼움으로써 2단(위층)은 꿀을 저장하기 위한 공간으로 한정할 수 있다. 벌의 혜택으로 삶을 영위하는 양봉가로서는 꿀 수확의 계산보다 우선은 벌과 함께 살 마음이 있어야 한다. 계상에는 갑자기 모든 소비를 넣지 말고 벌의 군세에 따라 소비를 서서히 늘려가는 것이 좋다.

❶ 벌통 밖에 벌이 넘쳐났을 무렵이 소초를 더 넣어주거나 계상을 얹는 적기이다.

❷ 단상의 뚜껑을 벗긴다.

❸ 내검(內檢)하고 벌의 상태를 살펴본다.

❹ 격왕판을 얹는다.

❺ 계상을 얹는다.

❻ 단상의 벌을 계상으로 유인하기 위해 끝부분에 꿀이 든 소비를 1매 넣는다.

▲ 계상에서 꿀만 쌓인 소비, 즉 꿀로 깨끗하게 채워진 소비를 만들기 위해서는 격왕판이 필수라고 할 수 있다.

❼ 채밀한 공소비를 넣는다.

❽ 꿀소비를 2~3매 넣어 사양기로 분할판처럼 막는다.

❾ 쓸데없이 벌집을 만들지 않도록 삼베를 덮어둔다. 소비가 들어 있지 않은 격왕판 위에도 개포(삼베)를 덮어두면 좋다.

❿ 보온단열 시트를 덮는다.

⓫ 뚜껑을 덮으면 계상이 완성된다.

⓬ 꿀벌의 군세가 늘어가면 계상에 소비를 늘려가도록 한다.

제4절 수벌의 효율적 관리

저자의 양봉장에서는 수컷 전용 수벌 소초를 모든 벌통에 넣어 수벌을 관리하고 있다. 수벌을 효율적으로 관리하는 것은 나아가 분봉 예방이나 진드기 구제로도 연결되므로 양봉의 성공을 좌우하는 중요한 작업이다.

1. 수벌은 전용 소비를 사용하여 그 수를 제한한다.

여왕벌이 낳는 일정 부분의 무정란에서 탄생하는 수벌은 나날을 느긋하게 보내며 봉군의 새끼 키우기나 꿀 모으기 등, 모든 일에 전혀 종사하지 않는다. 유일한 임무는 다른 봉군의 여왕벌과 교미를 하는 것이다. 봄부터 여름에 걸쳐 수벌은 교미비행 중인 여왕벌을 찾아 하늘로 날아올라 목적을 달성함과 동시에 목숨을 끊는다. 사명을 다하지 못한 수벌은 그대로 둥지에 눌러앉지만, 곧 일벌에게 불필요하다고 판단되어 밖으로 내던져버리는 불쌍한 운명이 기다리고 있다.

수벌은 짝짓기에 필요한 존재로 적당한 수의 수벌은 일벌에게 일할 의욕을 제공해 준다. 하지만 벌통에 그렇게 많이 있을 필요는 없다. 수가 늘어나면 먹이를 많이 소비하고 게다가 분봉열도 높아지므로 4~7월에 걸쳐 우화(羽化) 직전의 수벌 방을 정기적으로 깎아 없애는 작업을 반복할 필요가 있다.

모든 소비에 산재(점재)하는 수벌 방을 찾아내 깎아내려면 엄청난 수고이기 때문에 저자의 양봉장에서는 수컷 전용 수벌 소비를 만들어서 수벌을 관리하고 있다. 수벌은 알에서 애벌레, 성충이 되는 우화까지의 일수가 약 24일 정도로 보통 일벌의 약 21일보다 조금 길다. 따라서 긴 만큼 일벌보다 훨씬 바로아응애(Varroa destructor)의 기생률이 높다. 그러므로 수벌 소비에 수벌을 모아 기르다가 우화 전에 한 번에 깎으면 진드기 제거에도 효과적이다.

▲ 눈이 크고, 일벌보다 2배 정도 체구가 크면 수벌이다. 수벌에게는 침이 없다.

2. 수벌의 활동과 관리 작업

항목	봄			여름			가을			겨울		
	3월	4월	5월	6월	7월	8월	9월	10월	11월	12월	1월	2월
수벌의 상태		수벌의 수가 늘어남				여왕벌이 산란을 멈춤	수벌이 밖으로 밀려남					
수벌 관리		내검(内檢) 시에 수벌 소초를 점검함										
		수벌의 우화 22~23일 전에 4~5회 제거										

3. 수벌소비의 활용방법

수벌 전용 소비를 사용하면 수벌 관리의 작업 효율은 현격히 올라간다. 벌통에 넣을 때는 위치를 따라 정해 두면 좋다.

▲ 수벌이 용화(번데기화)하여 뚜껑이 벗겨진 수벌소비이다.

▲ 수벌소비는 가장자리에 넣어두면 작업하기가 쉽다.
왼쪽 끝에 빨간 표시가 찍혀있는 것이 수벌소비이다.

수벌소비를 넣지 않으면?

수벌소비를 넣지 않으면 봉군의 세력이 강해지면 일벌들은 소비를 개조하여 수벌(벌집)방을 여기저기에 만들기 시작하므로 내검(內檢) 시 벌통 속의 모든 소비를 검사해야 한다. 수벌 소비를 넣는 개수만큼 채밀할 수 있는 소비가 줄어들기 때문에 손실이라고 하는 사람도 있지만, 수벌 소비 1매만 보고 수벌 관리를 할 수 있다. 그래서 작업시간을 큰 폭으로 단축할 수 있으며 진드기도 제거할 수 있으므로 수벌 전용 소비를 넣는 것이 결과적으로는 이익이 크다.

▲ 보통 벌집 방에 만들어진 수벌방이다. 주위의 밀랍 뚜껑이 뜯긴 일벌 방보다 크게 부풀어 올라 있어 금방 알아볼 수 있다.

저자의 양봉장에서는 벌통(벌집)의 왼쪽 끝이 수벌소비의 정위치이다. 수벌소비는 수벌 전용 인공소비로서 다양한 소재의 것이 있다. 벌집 방의 구멍이 약간 큼직하게 만들어졌기 때문에 수벌의 산란을 이 소비로 유도할 수 있는 것이다. 소비의 윗부분(상잔)에 빨간 표시를 하여 알기 쉽게 했으며 수벌 체크도 이 전용 소비 1장을 보면 되므로 내검의 효율도 올라간다.

4. 수벌소비의 관리법

수벌소비는 수벌의 생육 기간에 맞춰 우화 직전에 벌집 방을 깎아 수벌의 애벌레나 번데기를 처리한다. 깎아 없애는 것이 늦어지면 수벌과 함께 진드기도 출방해 버리므로 주의해야 한다.

❶ 수벌을 확인한다. 사진의 우측과 좌측하단에 소방이 큰 수벌집이 보인다.

❷ 가장자리에서부터 수벌포크를 넣는다.

🐝 작업일지나 벌통에 날짜를 기록

수벌을 깎은 날은 작업 일지에 메모해 두고 다음번에는 언제 깎아내면 좋은지 파악해 둔다. 벌통에도 분필로 날짜를 적어두면 좋다. 수벌의 생육 기간은 대략 24일이니까 깎아내는 것은 산란일로부터 22~23일째가 적기이다. 해당일에 비가 내려서 내검(內檢)을 할 수 없으면 일기예보를 주시하고 있다가 비가 계속 올 것 같으면 예정을 앞당겨서 깎도록 한다.

❸ 단숨에 수벌포크로 수벌방을 깎는다.

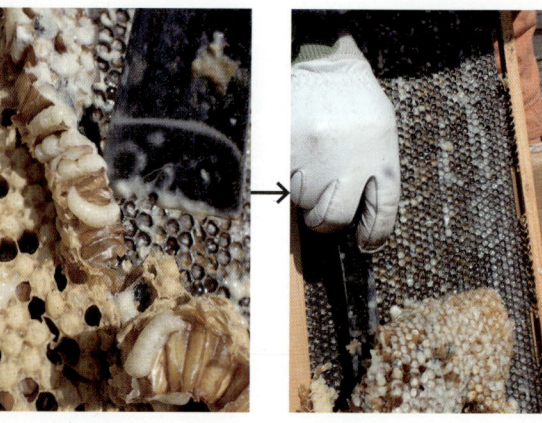

❹ 거의 다 자른 수벌집

▲ 수벌을 깎아내는 날을 기록해 두는 것이 좋다.

❺ 수벌집을 깎아내기가 끝나면 물로 깨끗이 씻은 후 건조시킨다.

5. 수벌 관리 작업

내검(內檢) 시 남아있는 여분의 수벌은 핀셋으로 집어내어 제거한다. 수벌의 애벌레는 요리 재료로 활용해도 좋다.

1) 불필요한 수벌 유충은 일벌들이 밖으로 들어낸다.

밖에 꽃이 없어지고 먹이를 소비할 만한 수벌 유충은 일벌이 불필요하다고 판단되면 밖으로 들어낸다.

▲ 동그라미 안에는 밖으로 끌려 나온 수벌 유충의 모습

2) 불필요한 수벌은 핀셋으로 제거

내검(內檢) 중에 불필요한 수벌이 있으면 핀셋으로 집어낸다. 수벌은 최소한으로 종봉으로 쓸 것만 남기면 된다. 검은색을 띠는 수벌은 성미가 거친 경향이 있기 때문에 제거하는 것이 좋다.

▲ 핀셋으로 집어든 수벌모습

3) 수벌 소비에 진드기를 유도해 제거

양봉에서 꿀벌의 천적인 바로아응애(Varroa mite)는 생육 기간이 긴 수벌의 애벌레가 가장 체액을 빨아들이기 쉬우니 수벌 방에 자주 산란하는 경향이 있다. 진드기의 모체는 벌집 방에 뚜껑이 덮이기 며칠 전에 침입했다가 뚜껑이 덮인 후에 산란한다. 진드기 유충은 수벌 애벌레와 함께 내부에서 자라서 성숙하므로, 진드기의 부화 직전에 수벌의 소초를 깎아내는 것으로 때를 맞추어 제거할 수 있다. 이렇게 하면 약제를 사용하지 않고도 높은 수벌의 제충(除蟲) 효과를 거둘 수 있다.

> #### 🐝 수벌 유충으로 조림요리 만들기
>
> 수벌 봉개를 깎아낼 때 나오는 수벌의 번데기와 애벌레를 이용한 요리가 수벌 유충 조림이다. 나가노(長野)에서는 땅벌의 애벌레는 고급 진미로서 인기가 높으며 이 조림을 밥에 넣어 만든 유충밥 등도 있다. 저자의 양봉장에서는 수벌의 애벌레를 조림으로 만들어 이용하고 있다. 술, 간장, 생강, 꿀 등으로 가감을 해보면서 간을 맞추고 프라이팬으로 볶으면 완성된다. 양이 많으면 냉동저장을 해 두었다가 먹는다.
>
>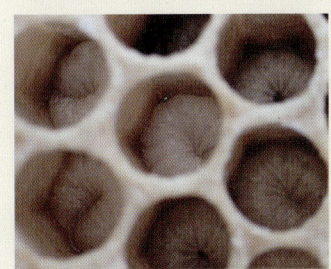
>
> ▲ 소방 속에 들어있는 유충 　　▲ 애벌레는 조림으로도 가공한다.

▲ 우화해서 벌집 방에서 나가려고 밀랍 뚜껑을 열고 있는 수벌

제5절 자연분봉의 관리와 억제

분봉은 꿀벌이 봉군을 늘리려는 현상이나 분봉을 시키면 채밀량은 크게 줄어든다. 분봉 전에 많은 징후가 보이므로 분봉하지 않도록 관리하는 것이 중요하다.

1. 분봉의 구조

분봉이란 봉군의 세력이 증가하면 여왕벌이 봉군의 절반 정도의 벌을 거느리고 벌통을 나가는 것을 말한다. 벌의 수가 늘어나 벌통이 불편하고 거북해졌을 때 벌들이 봉군을 계속 증식시키기 위해 행하는 행동이다.

분봉의 결행에 앞서 벌집 안에는 작은 땅콩 같은 왕대가 생기고 신왕(新王)의 알을 낳는다. 이 알이 부화하면 왕대 만들기는 더욱 진행되어 손가락 골무 같은 형태의 왕대가 완성된다. 왕대에 뚜껑이 덮이고 7일 정도 지나면 신왕(신여왕벌)이 출방해 나오기 때문에 많은 경우 분봉이 일어나는 것은 그 며칠 전이다.

분봉은 날씨가 좋을 때 오전 10시 이후 낮에 결행한다. 분봉을 앞둔 벌들은 어떤 노동에도 종사하지 않고 있으면서 지금이 적기인가 아닌가 하면서 동정을 살핀다. 여행을 대비해 밀위(蜜胃)에 듬뿍 꿀도 저장한다. 마침내 선발대가 날아오르면 엄청난 수의 일벌들이 뒤따라 헌 벌통(벌집)을 버리고 떠난다.

2. 왜 분봉을 관리할 필요가 있는가?

분봉은 꿀벌에게 있어서 본능에 따른 극히 자연스러운 생리현상이다. 그러나 채밀을 목적으로 벌을 기르고 있는 양봉가에 있어서는 큰 타격을 입는다. 분봉열이 높아지는 시기는 꽃의 유밀기와 겹치므로 그 시기에 모처럼 강했던 봉군이 벌통(벌집)을 갈려 2통으로 나눠져 버리면 채밀량은 격감하게 된다. 분봉 후의 채밀량은 갈라진 두 봉군을 더해도 원래의 강한 1통의 봉군에 미치지 못한다.

게다가 분봉할 때 일벌은 배에 가득 꿀을 모아두고 여행 준비도 만전에 기해 날아오르므로 분봉 후에는 저장한 꿀도 큰 폭으로 줄어든다. 충분한 채밀량을 기대한다면 분봉의 조짐을 빨리 포착하고 미리 손을 쓸 필요가 있다.

▲ 분봉한 봉군은 한번 근처의 나뭇가지 등에 밀집해 벌덩어리(봉구)를 만든다.

▲ 왕대가 만들어지기 시작하면 조만간 분봉이 일어날 가능성이 크다는 신호이다.

3. 왕대란?

왕대란 벌의 수가 늘어나서 벌집 안이 옹색해지거나 여왕벌의 산란이 밀리거나 여왕벌이 사라졌을 때 등에 신여왕벌을 육성하기 위해 만들어지는 특별한 벌집 방을 말한다. 크기가 아주 크므로 보면 금방 알 수 있다.

▲ 변성왕대의 모습

1) 변성왕대(変成王台)

여왕벌이 갑자기 사라졌을 때, 소비 위쪽이나 가운데쯤의 벌집 방을 급히 개조해 왕대를 만들기도 하는데 이를 변성왕대라고 부른다.

2) 자연왕대(自然王台)

자연왕대가 소비 밑에 출현하는 것이 분봉의 전조인데 여왕벌의 산란 상황이 여의치 않기 때문에 여왕벌을 교체시키려는 경우도 있다. 급조한 변성왕대와는 다르게, 벌이 계획적으로 만드는 왕대를 자연왕대라고 부른다.

▲ 자연왕대의 모습

3) 왕대가 여러 개 생겼을 때는?

꿀벌은 한 봉군에 여왕벌은 한 마리뿐이라는 신념을 굳건히 지키려 한다. 몇 개의 왕대가 생겼을 때, 처음 우화한 여왕벌은 다음에 우화한 여왕벌을 죽이러 간다. 동시에 우화되었을 경우는, 어느 쪽의 목숨이 끊길 때까지 계속 싸운다. 여왕벌은 벌침을 가지고 있지만, 이 벌침(蜂針)을 사용하는 것은 여왕벌과 결투 때이지 사람은 쏘지 않는다.

 여왕벌과 로열젤리

일벌도, 여왕벌도, 모두 유정란에서 태어나는 암벌로 알(卵)의 단계에서는 양자(兩者) 간에 전혀 차이가 없다. 장래 여왕벌이 될지, 일벌이 될지, 갈 길을 나누는 분기점(分岐點)은 부화하고 약 60시간 지난 후, 먹이의 종류에 따라 달라진다. 먹이가 로열젤리에서 꽃가루와 꿀로 전환하면 일벌이 되고 로열젤리만 계속 공급받아 먹으면 여왕벌이 된다.

▲ 왕대는 하나가 아니라 2개 이상 만들어지는 경우도 많다.

4. 분봉열(分蜂熱)이 높아지는 이유

왕대가 생긴 이유에 따라 대처법은 달라진다. 왕대를 찾는다면, 먼저 생긴 이유를 추측하여 대처해야 한다.

1) 벌통 안이 너무 좁아 답답함(분봉왕대)

벌의 수가 늘어나 이제 산란이나 꿀을 저장할 장소가 없어 벌통 안이 붐벼 압박받고 있다는 신호이다.

대처법으로는 소비나 소초를 넣어주거나 계상을 올려 준다. 왕대는 제거하고 소비를 넣어 새로운 산란이나 꿀 저장 장소를 마련해 주거나 소초를 넣어주면 일벌들이 소비를 만드는 일(조소, 造巢)을 하느라 분봉으로부터 마음을 돌리게 한다. 소비가 가득 차면 계상을 올려 벌의 발전 의욕을 만족시킨다.

2) 산란이 부진한 여왕벌을 바꾸기를 원함(환왕왕대)

생년월일을 확인하면 여왕벌이 젊지 않은 경우가 많다. 더 산란하길 원하기 때문에 세대교체를 하고 싶다는 것이다.

대처법으로는 인공적으로 분할하여 새로운 봉군을 만들어 준다. 이때 이미 만들어진 왕대는 모두 제거하지 말고 좋은 것을 하나 골라 벌통에 남긴다. 구 여왕벌이 붙어있는 소비(왕대가 달려 있지 않은지 잘 확인)와 사양기(먹이틀)를 여러 개의 소비를 가진 벌통에 옮겨 봉군을 인공분봉시킨다.

5. 분봉의 징후와 분봉열

분봉의 징후로 알기 쉬운 징조는 소비의 아래쪽에 자연왕대가 많이 만들어지는 것이다. 이때는 벌통 안이 답답해서 분봉하려고 하는 것인지(분봉왕대), 혹은 여왕벌의 산란이 막혀 있으므로 여왕벌을 바꾸려고 하는 것인지(환왕왕대), 어느 쪽의 동기로 된 왕대인가를 확실히 살펴볼 필요가 있다. 그 판단에 따라 대응도 달라지기 때문이다.

6. 분봉열을 낮추기 위한 소비 더 넣기, 계상 얹는 법

분봉열이 높아지는 모습은 끓기 직전의 냄비와 비슷하다. 그 징후를 발견하면 불을 낮게 하고 냄비가 끓어 넘침을 억제하는 이미지를 생각해 보라.

벌통에 아직 빈자리가 있으면 소비를 더해주고 새로운 산란 장소를 준비한다. 넣는 위치는 벌통 속의 새끼 벌(봉아)의 생육 단계(알→애벌레→번데기)를 보고, 오른쪽에서 왼쪽, 혹은 왼쪽에서 오른쪽, 어느 쪽으로 산란을 진행하고 있는지 확인한 후 다음에 산란할 것 같은 방향으로 소비를 넣어 준다. 이때 꿀소비는 밖이 아니라 안쪽에 넣도록 주의한다(90페이지 참조).

계상은 아래 벌통이 꽉 찬 경우 분봉열을 낮추는 대처법 중 하나인데 시기가 너무 빠르면 벌의 활력이 식어버리므로 주의해야 한다. 기준은 저녁에 벌통(벌집)의 소문을 보고 안으로 들어가지 못한 벌이 소비 1매 분량 정도 이상이 밖에 있다면 계상을 얹어도 좋은 시기이다. 분봉열이 높을 때는 소비가 아닌 소초를 더하는 것도 좋은 방법이다. 벌은 벌집을 쌓는 작업에 열중하기 때문에 분봉열을 진정시키는 효과가 있다.

▲ 소비를 추가하는 것은 분봉열을 낮추는 좋은 방법이다. 그러면 일벌은 소비를 만들기 위해 힘을 쏟기 때문이다.

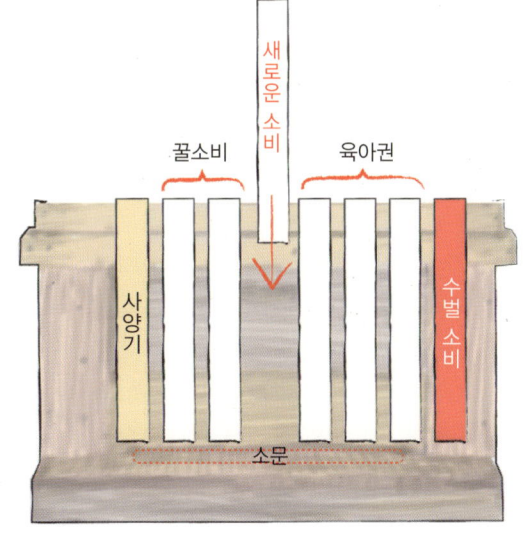

▲ 봉분열을 낮추기 위한 새 소비를 넣는 모식도

제5절 자연분봉의 관리와 억제

7. 분봉열을 낮추기 위한 인공분봉 방법

내검(內檢) 때 왕대를 발견했을 경우, 전부 제거해 버리는 것도 대처법 중 하나이지만 근본적인 분봉열 해소로 이어지지 않을 수도 있다. 제거해도 왕대는 반복적으로 만들어질 수 있다. 만들어진 왕대를 이용하여 증군(增群, 봉군(벌통)을 하나 더 만들기)에 잘 활용하는 것이 인공분봉이다. 여러 개의 왕대에서 가장 크고 좋아 보이는 것을 하나 골라 남긴다. 소비에 원래 있던 구왕을 같이 소비를 통째로 새 벌통에 옮기고 함께 먹이(꿀소비)와 새로운 소비도 1매씩 넣어준다. 오래된 여왕벌(구왕)은 새로운 벌통에서 기세를 되찾아 산란을 시작하고 일벌도 활기를 띠므로 새로운 봉군이 생긴다. 이것이 인공분봉이다. 좋은 왕대가 있으면 칼로 오려서 다른 소비에 붙여(접착)주거나 여왕벌이 없는 무왕군 벌통에 넣어주거나 하여 공동으로 사용할 수도 있다. 매년 5월경이면 왕대가 달린 소비와 유봉소비, 꿀소비 각각 1매씩을 새 벌통에 넣어주면 월동까지는 만군(滿群, 가득찬 봉군)이 될 수도 있다. 그 활용법은 몇 가지가 있다.

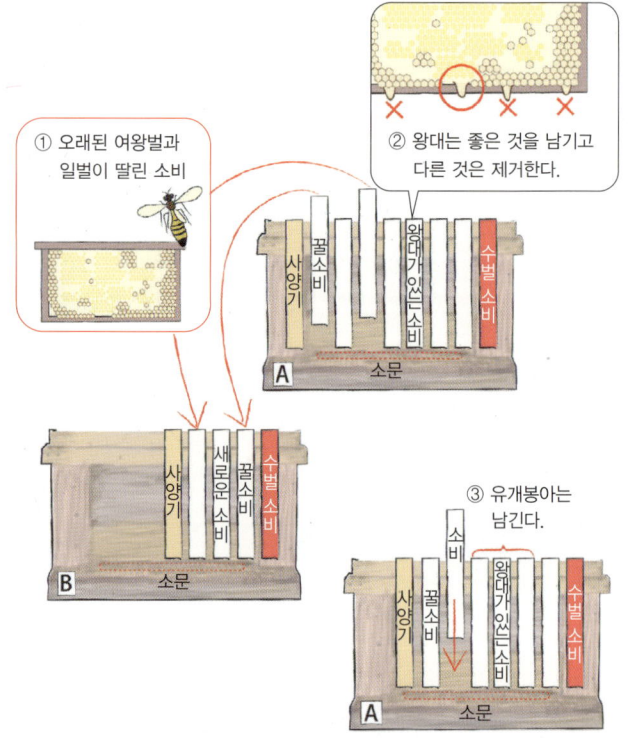

▲ 소비를 새로 1매 더해도 될만한 힘이 있는 봉군이라면 소비를 더 넣어주는 것이 좋다.

▲ 오래된 여왕벌이 딸린 소판(巢板, 벌집 판)을 일벌과 함께 새로운 벌통으로 이동하여 인공적으로 분할을 시키는 것도 분봉열을 낮추는 방법의 하나다.

8. 분봉이 잘나지 않게 하는 5가지 방법

쉽게 분봉이 나지 않도록 하기 위한 아래의 5가지 원칙을 생각하고 실천한다.

1) 산란이나 꿀을 저장하는 공간 확보

산란이나 꿀 저장의 공간이 없어지고, 벌통(벌집) 안의 압박감이 증가하면 분봉열은 바로 높아진다. 이때는 소비를 넣거나 계상을 마련하는 등으로 장소를 확보해 준다.

2) 여왕벌을 젊게 유지

여왕벌은 2~3년이 지나면 아무래도 산란력이 떨어진다. 여왕벌의 세대교체를 원하고 분봉이 일어나니 여왕벌은 정기적으로 갱신하도록 해야 한다.

3) 수벌을 잘 관리

저자의 양봉장에서는 수컷을 1년에 4~5번 깎아내기 때문에 수벌 소비는 정기적으로 수벌이 있는 빈 소초로 돌아가게 한다. 이것이 벌에게 조소(造巢, 벌집 만들기)의 일을 덜어주면서 정리하는 일을 시키는 것이고 분봉열도 줄일 수 있다.

4) 유전적으로 분봉을 잘 안 하는 종봉으로 대체

분봉은 벌의 혈통이 영향을 미치는 곳도 크기 때문에 저자의 양봉장에서는 1년간 왕대를 만들지 않은 봉군의 여왕벌에서 새끼를 취하여 분봉을 잘 하지 않는 벌들을 기르고 있다.

5) 왕대 관리를 게을리하지 않기

봉군의 세력이 증가할 때는 내검(內檢)할 때 왕대가 만들어져 있지 않은지를 잘 관찰하여 분봉의 초기 징후를 놓치지 않아야 한다. 경우에 따라서는 인공 분봉으로 분봉열을 해소시킨다.

이미 분봉해 버린 경우는?

분봉은 벌의 혈통도 큰 영향 요소 중 하나이므로 이미 "분봉을 해 버렸다면 어쩔 수 없다"라는 것이 솔직한 심정이다. "떠나는 자는 쫓지 않는다"라는 마음도 중요하다. 분봉하는 봉군은 원래 그 품종의 성향이 분봉을 나기 쉬운 봉군이기도 하다. 분봉해서 높은 곳에 봉구 덩어리를 만들었을 때는 봉군의 회수에 어려움이 있고 때에 따라서는 생명의 위험도 수반되니 애초에 분봉을 하지 않는 것이 좋을 것이다. 낮은 나무라면 밑에 벌통을 놓고 가지를 흔들어 벌을 떨어뜨린다. 여왕벌이 벌통에 들어가면 다른 벌들도 자연적으로 돌아온다.

▲ 낮은 위치에 분봉을 나간 벌이 있으면 조용히 벌통으로 유도한다.

제6절 봉군의 육성과 분봉

벌통을 늘리려면 봉군의 육성을 빼놓을 수 없다. 봉군 육성에 최적인 시기는 5~6월로 계상을 사용하는 방법을 추천한다. 그해의 채밀을 미루고 봉군을 제대로 육성하면 다음 해의 채밀량은 확실히 올라간다.

1. 계상의 육성과 활용! 여왕벌 만들기를 동시에

봉군을 늘리기에 적당한 시기는 벌의 활동이 가장 활발한 5~6월이다. 특히 5월은 유봉(새끼 벌)을 기르기에 좋다. 제비도 적기 때문에 여왕벌의 교미 비행으로부터 돌아오기도 좋고 군세를 늘리기(봉군 늘리기)에 최적의 시기이다. 봉군의 육성은 밀원이 풍부하고 꿀벌이 활발하게 활동하는 5월이기 때문에 할 수 있는 것이다. 그 때문에 계획적으로 작업을 시행해야 한다. 우선, 봉군의 세력이 있고 건강한 봉군을 양친(부모) 봉군으로 선택한다. 증군(봉군 늘리기)을 결정한 벌통(벌집)에서는 격왕판과 계상을 채밀 때문이 아니라 육성을 위해 사용한다. 격왕판을 사용함으로써 여왕벌의 산란을 멈추지 않고 효율적으로 봉군을 늘려갈 수 있다. 원래(母)의 봉군을 A로 했을 경우의 증군(봉군 늘리기)의 방법을, 오른쪽 페이지의 그림에 소개한다. 봉군을 늘리려면 신왕(新王)이 많이 필요하다. 여왕벌 만들기를 동시에 계획적으로 실시한다. 여왕벌을 만드는 데는 약 16일이 걸리므로 증세(봉군 늘리기)의 시기를 역산하고 순서를 진행한다. 여왕벌 만들기가 잘 안 될 때는 구입하는 것도 좋은 방법이다.

1) 사양기나 수벌소비는?

분할 직후에는 군세가 약한 소군(小群)이라 아직 수벌소비를 넣지 않아도 되지만, 저자의 양봉장에서는 기본적으로 모든 벌통에 수벌 소비를 넣고 분할판 역할도 있는 사양기도 넣고 있다. 당액은 그다지 많이 먹지 않아 소량 규모의 사양기로도 충분하다. 밀원이 부족한 시기에는 수시로 사양, 즉 먹이 주기를 해야 한다.

2) 원래의 벌통(벌집) 위치로 이동시키기

봉군을 분할했을 때는 새 벌통을 제자리에 놓아두고 원래 벌통(구벌통)을 이동시키는 것이 원칙이다. 이렇게 하면 새 벌통의 벌이 원래 벌통으로 돌아갈 확률이 줄어든다.

▲ 소문(벌통 문) 밖에 아래를 향한 꿀벌이 넘쳐나는 것은 군세가 있는 봉군의 특징이다.

> **격왕판이나 계상을 사용하지 않는 육성법**
>
> 격왕판을 넣지 않고 계상을 얹어서 여왕벌을 상하 왕래를 자유롭게 해서 산란시켜 증군(봉군 늘리기)하거나 계상을 하지 않고 벌통을 둘로 나누는 방법도 있다. 그렇게 할 경우 변성왕대를 더 만들지 못하게 기존 벌통 내의 여왕벌은 왕을 넣어두는 왕롱이에 넣어 벌통에 격리시켜 놓아야 한다. 그러면 모처럼의 증세기에 여왕벌의 산란을 멈추게 된다. 저자의 양봉장에서는 모처럼의 증세(세력 늘리기) 시기에 여왕벌의 산란을 멈추는 것이 아쉽다고 생각하기 때문에 계상을 사용한 육성방법으로 봉군을 육성하는 일이 많다.

2. 증군(봉군 늘리기)을 위한 분할 기술

양친 봉군을 A로 하여 C, D, E...로 증군(봉군 늘리기)해 간다.

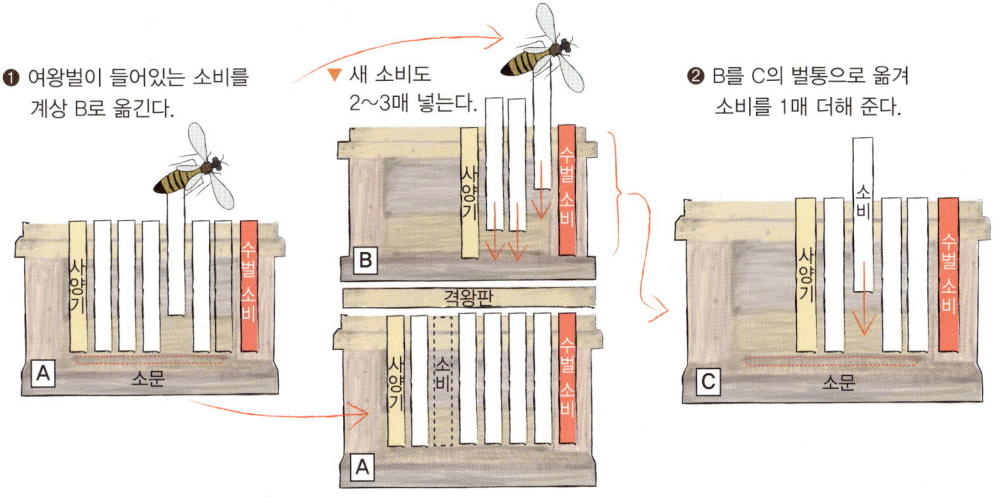

❶ 여왕벌이 들어있는 소비를 계상 B로 옮긴다.

▼ 새 소비도 2~3매 넣는다.

❷ B를 C의 벌통으로 옮겨 소비를 1매 더해 준다.

▲ 원래 벌통 A가 분봉열을 띠기 전부터 이 과정과 순서를 시작한다. 격왕판을 넣고 계상 B를 얹고 여왕벌이 든 소비를 1장 계상에 얹고 주위에 2~3장의 새로운 소비를 넣는다.

▲ 약 9~10일 후 계상 B를 다른 벌통 C로 바꾼다. 벌의 수가 많을 때는 소비를 1매 더한다. (9일보다 빠르면 A에 변성왕대가 생길 가능성이 있음).

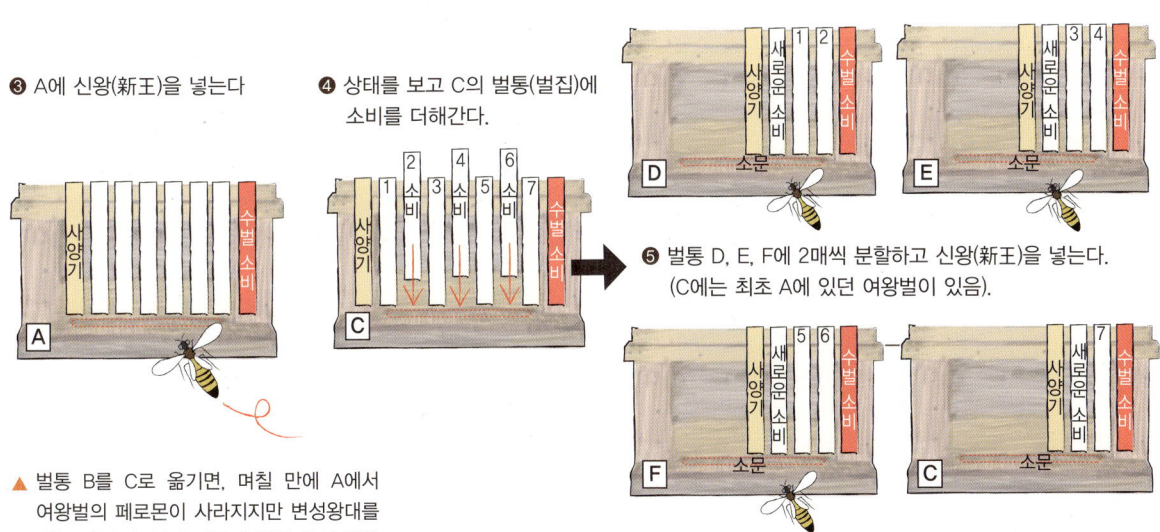

❸ A에 신왕(新王)을 넣는다

❹ 상태를 보고 C의 벌통(벌집)에 소비를 더해간다.

❺ 벌통 D, E, F에 2매씩 분할하고 신왕(新王)을 넣는다. (C에는 최초 A에 있던 여왕벌이 있음).

▲ 벌통 B를 C로 옮기면, 며칠 만에 A에서 여왕벌의 페로몬이 사라지지만 변성왕대를 더는 만들 수 없기 때문에 벌통 안의 벌은 다른 여왕벌을 받아도 되는 기분이 되어 간다. 이 시기에 A로 우화(羽化)한 신왕(新王)을 넣어준다. 새로운 A도, 추후 증군(봉군 늘리기)의 모(母) 벌통으로 사용할 수 있다.

▲ C는 벌이 늘어나는 것에 따라 소비를 추가해 준다(90페이지 참조). 그 뒤 C를 더 분할한다. 유봉을 덮개 한 소비의 수만큼 여러 소군(小群)으로 분할이 가능하다. 유개봉아(有蓋蜂兒) 소비가 7매가 있다면 2매씩 3개의 벌통으로 분할이 가능하고, 5월 중이라면 1매에서도 충분히 증세(세력 늘리기)가 가능한 시기이므로 1매에서 다시 하나의 벌통을 만들어 총 4개 벌통으로 분할을 할 수 있다. 이들 벌통에도 신왕(新王)을 도입한다. 좋은 여왕벌이라면, 여기서 월동 전까지 만군(滿群)으로 증세(세력 늘리기)를 시키킬 수 있다.

제7절 봉군의 합봉

합봉(合蜂)은 세력이 약해진 봉군끼리 하나로 묶음으로써 봉군의 세력을 강화하는 기술을 말한다. 여왕벌을 1마리로 하여 약한 봉군끼리 합하는 경우와 여왕벌이 없는 무왕군(無王群)을 유왕군(有王群)에 합하는 2가지 방법이 있다.

1. 약한 봉군끼리의 합봉은 주로 월동 준비기에

봉군이 무왕군이 되거나 월동이 현재 상태로는 어렵다고 판단했을 때는 합봉이라는 기술을 사용한다. 이렇게 하면 약한 봉군을 강하게 만들기 위해 두 봉군을 하나로 합칠 수 있다. 저자의 양봉장에서는 합봉은 주로 월동 준비기에 실시한다. 여왕벌 만들기를 행하고 있는 봄이라면, 약한 봉군끼리합봉을 하는 것보다 다음 해 증군(봉군 늘리기)을 내다보고 새로운 여왕벌을 도입하는 것이 상책이라고 생각하기 때문이다.

벌은 세력권 의식이 강하기 때문에 봉군 합봉은 한 가지 방법으로만 고집하지 말고 목초액, 설탕액, 전해수 중 어느 하나를 쌍방에 쉿 하고 뿌리면 쉽게 합봉을 시킬 수 있는 경우가 많다. 단, 기온이 내려가면 이들 액체를 뿌리면 벌이 온도가 낮아져 약해지므로 주의해야 한다.

저자의 양봉장에서는 늦가을에 피는 황제달리아의 개화 시기를 기준으로 하고 있다. 황제달리아의 꽃이 만개한 동안은 아직 뿌려도 괜찮고 꽃이 끝나기만 하면 더 이상 뿌리지 않아야 한다. 그 후에는 훈연기를 사용하여 합봉을 한다. 합봉를 한 후에는 며칠 안에 여왕벌이 살아있는지 확인을 한다. 합봉에 실패하면 여왕벌의 사체가 소문 밖으로 나와 있기 때문에 알 수 있다. 그럴 경우에는 한 번 더 합봉을 할 수도 있고 새로운 신왕이 있다면 다시 넣어주겠지만 항상 정답은 하나가 아니므로 상황에 따라 다르다.

▼ 소비 위쪽(상잔)에 있는 일벌들

▲ 중앙부분에 있는 여왕벌의 모습

2. 무왕군과 유왕군의 합봉

봄에 신왕이 교미 비행에서 돌아오지 않거나 신왕의 도입이 잘되지 않는 경우는 합봉(벌통 합치기)도 선택사항 중 하나이다.

작은 봉군(小群)에서 기르는 구왕(舊王)이 있으면 합봉을 실시한다. 이때 중요한 것은 반드시 무왕군 쪽을 구왕(舊王)이 있는 유왕군에 맞추어야 한다.

훈연기를 사용하는 사람도 있지만, 연기는 바람에 날아가 버리기 때문에 기온이 높은 시기라면 설탕액이나 목초액을 무왕군의 벌에 뿌리면 더 성공하기 쉬울 것이다.

3. 약군과 약군의 합봉

약군끼리의 합봉은 내검(內檢)을 하고 소비를 비교해 보면 산란력이 우수하고 온순한 기질의 일벌이 많은 봉군의 여왕벌을 남기게 한다. 이때 여왕벌의 생년월일도 확인하는데 나이가 많은 벌이 산란력이 우수한 예도 있으므로 확실하게 확인해야 한다.

합봉 방법은 구왕을 신왕에 갱신하는 경우와 같다. 변성왕대(變成王台)를 만들지 않도록 제거하는 쪽의 여왕벌을 10일 정도 전부터 왕을 가두는 철망 주머니에 격리해 놓았다가 2일 전에 풀어준다. 이렇게 무왕군이 여왕벌을 갈망하는 상태가 되었을 때 합봉을 한다.

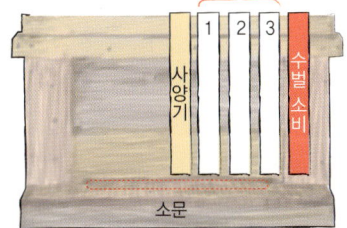

1. 무왕군: 합봉를 시키기 며칠 전에 벌이 적은 소비를 뽑아내고 벌을 밀집시켜 놓는다. → 유왕군의 벌통으로 옮긴다.

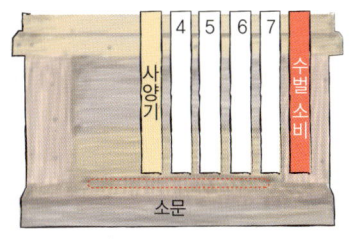

2. 유왕군

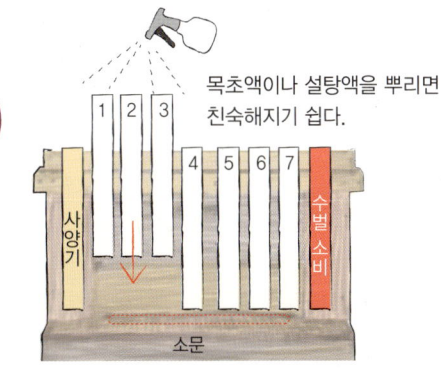

3. 합봉: 목초액이나 설탕액을 뿌리면 친숙해지기 쉽다.

☑ 봉군를 합봉한 며칠 후 점검표

☐ 합봉한 여왕벌은 무사한가?
☐ 소문 앞에 여왕벌의 사체가 떨어져 있지 않았는가?
☐ 벌끼리 사이좋게 지내고 있는가?

4. 합봉의 단계

1) 합봉 8~10일 전	→	2) 합봉 2~3일 전	→	3) 합봉 당일
제거하는 쪽의 여왕벌을 왕롱이나 철망에 격리		이미 격리한 여왕벌을 왕롱이나 철망에서 꺼내기		목초액 등을 쌍방(여왕벌과 일벌)에 뿌려 합봉하기

제6장
여왕벌 만들기와 관리

꿀벌에서 여왕벌은 봉군의 유지에 절대적인 위치를 차지한다. 봉군의 관리에서 인위적인 여왕벌의 양성과 관리는 상당한 기술을 요구한다. 여왕 부재 시의 대처와 구왕 활용에 이르기까지 여왕벌의 모든 것을 알아본다. 사진은 봉아 이충기를 소비에 장착하여 양성군에 놓아둔 모습이다.

제1절 여왕벌 만들기

여왕벌 만들기에는 숙련된 기술이 필요하므로 경험과 지식 모두 충분히 겸비한 양봉가가 아니면 성공시키기 어려울지도 모른다. 여왕벌 만들기는 전문(프로) 양봉가의 등용문이라고도 할 수 있다.

> ☑ **우량 여왕벌의 조건 점검표**
> ☐ 산란이 왕성하다.
> ☐ 채밀 성적이 좋다.
> ☐ 분봉하기 어렵다.
> ☐ 온화하고 온순한 기질이다.
> ☐ 내병성이 있다.
> ☐ 월동력이 강하다.

1. 어떤 여왕벌을 만들면 좋을까?

양봉의 경험을 쌓아오면 점차 산란력, 채밀량, 봉군의 기질, 내병성 등 어느 것을 보더라도 여왕벌의 특성에 크게 좌우된다는 것을 알게 된다. 그러한 우량한 특성은 꿀벌 품종에 의한 것도 있지만 그것보다 개별적인 "계통"으로 유전되어 간다.

좋은 계통의 여왕벌을 양성해 나가는 것은, 특히 전업 양봉가에게 있어서는, 안정된 양봉 경영의 근간으로 자리매김하는 작업이라고 할 것이다.

2. 여왕벌 만들기에 적당한 시기는?

좋은 여왕벌의 조건은 산란력, 채밀량, 기질의 온순성 내병성이 등이 있다. 예를 들어, 채밀량이 비슷하다고 한다면, 기질을 비교해 보고, 같은 값이면 더욱더 순한 쪽이 좋을 것이다. 그렇게 많은 뛰어난 특성을 겸비한 봉군을 종군으로 선택한다. 여왕벌 만들기에 가장 적합한 시기는 일반적으로 5월이라고 하지만 벌통의 수가 많은 저자의 양봉장에서는 5월부터 9월에 이르기까지 장기간에 걸쳐 여왕벌 만들기를 실시하고 있다. 양질의 여왕벌이 많이 대기하는 경우나 돌발적으로 여왕벌이 없어진 벌통에 여왕벌을 넣거나 우수성이 갖추어지지 않은 벌의 여왕벌을 교체시키거나 다양한 비상사태에도 잘 대응할 수 있기 때문이다.

저자의 양봉장에서는 채밀용 벌통에서는 여왕벌을 매년 갱신하여 새로운 혈통을 넣어주도록 하고 있다. 많은 양봉가가 1년을 기준으로 여왕벌을 갱신하는 것은 근친교배를 피하기 위해서이기도 하지만 여왕벌이 수정낭의 정자를 다 쓰고 나면 수정란을 낳을 수 없게 되어 일벌에게 죽임을 당하게 되므로 그 위험을 회피하는 의미도 있는 것 같다. 여왕벌이 계속 산란을 하는 기간은 약 3년이라고 알려져 왔지만, 최근에는 2년 정도로 한계를 맞이해 버리는 일도 많아지고 있다. 그러므로 최소한 2년에 한 번은 여왕벌을 갱신하는 것이 좋을 것이다.

▲ 유봉의 봉아는 곧 로열젤리를 분비해 주는 젊은 벌이 자라게 될 것이므로 여왕벌의 육성군에는 필수적이다.

3. 여왕벌 만들기부터 도입까지의 흐름도

① 양성 봉군의 준비	② 왕완(王椀)으로 이충시키기	③ 양성 봉군에 맡기기	④ 여왕벌의 탄생	⑤ 신왕(新王)을 도입
구왕을 왕롱이나 철망에 격리시키면서 동시에 먹이를 준다.	봉아 이충기를 사용하거나 이충침으로 직접 이충을 한다.	유봉봉아 소초가 3~4장 필요하다.	우화 전에 도입할 벌통의 우선순위를 미리 정해둔다.	새로 태어난 왕일수록 냄새가 없고 봉군에서 거부감이 없어 받아들여지기 쉽다.

4. 여왕벌을 길러줄 양성군 준비

여왕벌을 인공적으로 양성하려면 육성받을 양성군(養成群)을 미리 준비할 필요가 있다. 어떤 봉군이 어울릴까? 실은 분봉을 나갈까봐 평소에 골칫덩이 취급하고 있는 왕대를 쉽게 만드는 봉군이야말로 유봉(새끼 벌)을 키우는데 가장 적합하다. 이때만큼은 일벌들에게 활약하게 하는 기회를 주는 것이다. 또 양성군에는 3~4장의 유봉봉아가 있는 소초가 중요하다. 덮개가 있는 유개봉아는 곧 우화하지만, 로열젤리를 많이 분비하는 것은 젊은 벌이기 때문이다.

신왕(新王)을 육성시키기 위해서는 중요한 절차가 있다. 약 9~10일 정도 봉군에 있는 여왕벌을 격리하는 왕롱이나 철망에 격리하면 여왕벌의 산란이 멈춘다. 신왕을 넣기 이틀 전에는 격리하는 왕롱이나 철망에서 꺼내버리기 때문에 벌이 왕대를 갈망하게 된다. 그 시기에 육성용 이충을 가진 소비를 넣기 때문에 젊은 육아벌들도 의욕적으로 로열젤리를 분비하고 부지런히 육아에 힘써주는 것이다.

▲ 집게형 왕롱에 여왕벌을 담아 소비 위쪽에 분리해 둔다.

5. 신왕의 유충을 키워줄 양성군 준비

1) 신왕 육성 작업(9~10일 전)

구왕을 왕롱이나 철망에 격리하고 봉군에는 먹이를 충분히 준다.

여왕벌을 제거하면 변성왕대가 생겨나기 때문에 격리하되 안에 놓아둔다. 양성용 봉군에는 설탕액이나 대용 꽃가루를 듬뿍 준다.

2) 신왕 육성 작업(2일 전)

왕롱이나 철망에서 구왕을 꺼낸다.

먹이와 벌이 조금 붙어있는 소비를 꺼내고 구왕은 다른 벌통에(123페이지 참조) 옮긴다.

3) 신왕 육성 작업(당일)

벌통 중앙에 이충 소비를 넣는다.

변성왕대를 만들 만한 유충(애벌레)도 없이 왕대를 갈망하던 일벌들이 기꺼이 여왕벌을 키운다.

제2절 여왕벌을 만드는 도구와 기술

여왕벌의 판매가 양봉 경영의 중요한 위치를 차지하는 양봉가도 있기 때문에 여왕벌 만들기는 전문성이 높고 좋은 여왕벌을 판매하면 구입할 수도 있다. 몇 마리 정도의 여왕벌을 육성할 것이냐에 따라 사용하는 도구는 달라질 것이다.

1. 여왕벌을 만드는 도구

1) 왕대 이충틀

왕대 양성용 소광대라고도 한다. 플라스틱이나 목재로 만든 것이 있다. 오른쪽 페이지의 왕완을 붙여 그곳으로 유충을 옮긴다고 해서 그렇게 불린다.

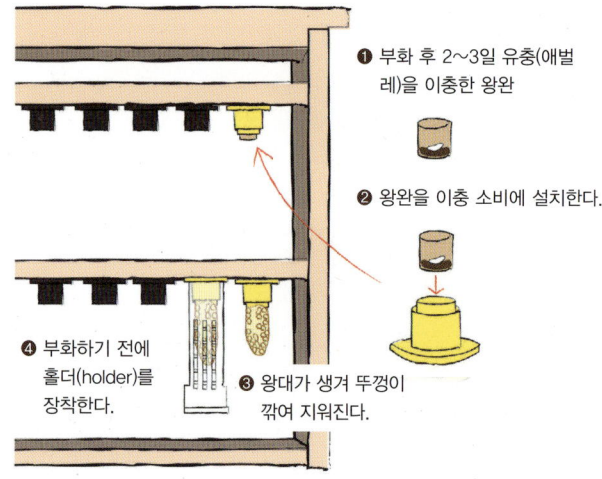

❶ 부화 후 2~3일 유충(애벌레)을 이충한 왕완

❷ 왕완을 이충 소비에 설치한다.

❸ 왕대가 생겨 뚜껑이 깎여 지워진다.

❹ 부화하기 전에 홀더(holder)를 장착한다.

2) 봉아(蜂兒) 이충기

네모난 플라스틱제 봉아 이충기로 여왕벌을 넣어 산란시키고 속에서 벌집방 소방(巢房)을 1개씩 집어 부착과 탈착이 가능하다. 애벌레를 건드리지 않고 벌집 방을 개별적으로 떼어낼 수 있으므로 이충침의 세세한 작업이 필요 없어 편리하다.

▲ 가운데 구멍에 여왕벌을 넣고 검은 뚜껑을 덮어 산란시킨다.

▲ 속에서 본 것.

▲ 벌통에 이충기를 장착하고 일벌에 맡긴다.

▲ 뚜껑을 붙이고 소비에 넣고 작업할 때는 뺀다.

▲ 산란하면 1개씩 빼고 왕대 이충틀에 설치한다.

3) 플라스틱제 왕완
여왕벌을 키우기 위한 인공 왕대의 토대가 된다.

▲ 유충과 로열젤리를 넣은 왕완의 모습

▲ 왕대 이충틀에 장착된 왕완

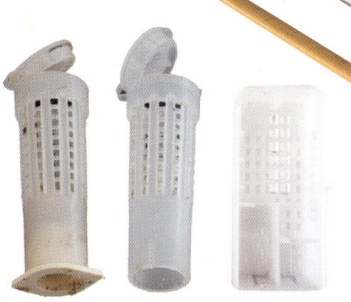

4) 홀더(holder)
우화하는 여왕벌을 밖으로 내보내지 않기 위한 홀더. 이충한 왕완의 왕대에 뚜껑이 걸리면 빨리 덮는다.

5) 이충침
유충을 인공 왕완으로 이동시킨다. 귀이개 같은 모양의 도구. 소재는 스테인레스, 부드러운 새의 날개 등 다양하다.

6) 왕롱
여왕벌을 격리해 두는 왕롱은 형상이나 소재도 다양하다.

▲ 집게식(clip type) 왕롱

▲ 길이가 긴 왕롱   ▲ 대나무제 왕롱   ▲ 왕롱 속의 여왕벌을 돌보는 일벌들

▲ 이충틀로 왕대를 만들고, 신왕을 키우는 일벌들. 왕대가 순조롭게 성장하고 있는지 확인한다.

2. 여왕벌을 만드는 기술

1) 시간을 역산하여 신중하고 솜씨 있게 처리

여왕벌의 인공적인 양성에는 상당한 지식과 경험이 필요하다. 계획적으로 그리고 꼼꼼하게 작업하여 성공률을 올리도록 한다. 우선은 양성할 봉군을 준비하고 우량 봉군에서 부화시킨 후 2~3일째의 애벌레를 인공 왕완에 옮긴다. 이충이 잘 정착되면 양성 봉군에서 왕대를 확장하고 4~5일 정도에 뚜껑이 걸리므로 먼저 방에서 나온 여왕벌이 다른 여왕벌을 공격하지 않도록 고리를 장착한다. 한편 신왕(新王)의 도입도 성공의 요령이 있다. 개수를 능숙하게 함으로써 경험치를 올리도록 한다. 여왕벌 만들기는 양성 봉군 준비, 유충(애벌레)의 부화 후 일수, 여왕벌의 우화 시기, 신왕(新王)을 도입하는 벌통 준비 등 각각의 단계마다 타이밍을 가늠하여야 잘 할 수 있다. 예정일을 확실히 정하고 세워서 계획적으로 진행해 나가야 한다.

제3절 여왕벌을 만들기 1단계-이충 과정

1. 부화 후 2~3일 정도 되는 유충(애벌레)을 사용

여왕벌의 인공적인 양성은 애벌레를 인공 왕완에 옮기는 작업 "이충(移蟲)"에서 시작된다. 벌집 방에서 직접 애벌레를 잡는 방법과 봉아 이충기를 사용하는 방법이 있다. 보통 부화 후 2~3일의 것이 이충용으로 적합하다. 갓 태어난 것은 흰색이므로 익숙해지면 부화 후 3일 이내의 애벌레는 체색(體色)으로 판별할 수 있게 된다. 자라서 꽃가루 떡을 먹은 애벌레는 여왕벌이 될 수 없다. 로열젤리만 계속 먹던 애벌레가 여왕벌이 되는 것이다.

1) 벌집 방에서 직접 유충을 채취하는 경우

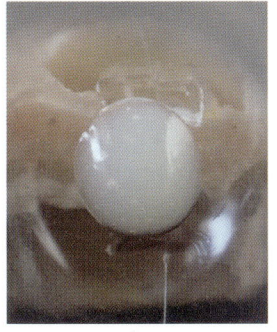
❶ 왕완에 로열젤리를 넣어 둔다.

❷ 벌집방에서 이충침으로 조심스럽게 애벌레를 건져낸다.

❸ 왕완에 유충(애벌레)을 옮긴다.

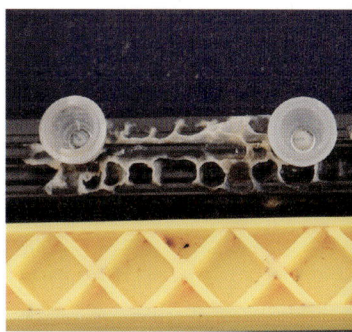
❹ 이충한 왕완을 이충틀에 설치한다.

2) 봉아 이충기를 사용하는 경우

❶ 봉아 이충기를 꽂은 소비에 여왕벌을 넣어 양성한다.

❷ 여왕벌이 산란한 봉아 이충기를 벌통에서 꺼낸다. 속 뚜껑을 취한다.

❸ 펜치로 부화 후 2~3일째에 애벌레가 들어있는 팽이모양의 왕완을 하나씩 취한다.

❹ 왕완을 부착하여 이충틀에 설치한다.

제4절 여왕벌 만들기 2단계-일벌에게 역할주기

1. 준비한 양성 봉군에 이충틀 넣기

이충틀에 맡기는 양성 봉군은 111페이지의 요령으로 준비해 둔다. 사전에 충분히 급식을 하는 것은 배부르게 먹은 일벌에게서 많은 로열젤리를 만들게 하기 위해서이다. 저자의 양봉장에서는 설탕액이나 대용화분 외에 벌통 중앙 부근의 위쪽에 간식으로 흑사탕을 늘어놓고 급식을 하고 있는데 그러면 건강한 여왕벌이 자라는 것으로 생각된다. 사전에 왕롱이나 철망에 격리한 구왕을 내놓으면 드디어 이충틀을 맡긴다. 일벌은 왕대를 부지런히 만들고 왕대 안에 있는 여왕벌이 될 유충에게 로열젤리를 주어 여왕벌로 키운다.

❶ 양성 봉군에는 설탕액과 대용 화분을 듬뿍 급식해 둔다.

❸ 이충이 된 이충틀을 양성 봉군의 벌통 중앙부에 넣는다. 이때는 5~7매의 소비를 가진 정도의 봉군의 군세가 좋다.

❷ 격리해 둔 구왕은 2~3일 전에 풀어준다.

2. 신왕(新王)의 성장

양성 봉군에 맡긴 유충은 4~5일 후에 마개를 하고, 6~7일 후에 번데기가 된다. 다시 약 10~12일이 지나면 우화(여왕벌)가 된다.

> ### 여왕벌 육성에 보온기를 사용하는 경우
>
> 왕대의 뚜껑이 덮인 시점에서 벌집에 맡기지 않고 32~33℃에 설정한 보온기에 넣는 방법도 생각해 볼 수 있다. 저자의 양봉장에서는 자가 제작한 장치를 사용하고 있는데 이것은 파충류 사육에 사용하는 자동온도조절장치(thermostat)를 넣어 온도관리를 하고 있다. 이 장치를 사용하면 왕대의 상태를 보기 위해 면포나 훈연기 등의 장비나 도구가 필요 없어지므로 작업이 편해진다.

❹ 이충틀을 일벌에 맡기고 며칠 후 왕대가 착착 확장되고 있다.

로열젤리 주입

여왕벌의 육성법으로 알려진 「2회 이충법」은 한 번 왕완에 옮긴 유충을 다음날 제거하고, 한 번 더 다른 유충을 이식함으로써 더 많은 로열젤리를 애벌레에게 주는 기술이다. 하지만 솔직히 노력(품)이 많이 들어간다.

저자의 양봉장에서는 좀 더 손쉬운 주삿바늘로 로열젤리를 주입하는 방법을 취하고 있다 내검할 때, 왕대 안의 로열젤리가 적을 때, 주사기로 조심스럽게, 애벌레의 주위에 젤리를 주입, 왕대 아랫부분에 넣으면 유충이 빠져버리므로 주의해야 한다.

또, 이충틀은 2사이클 정도 반복해서 양성 봉군에 맡기는데, 2번째는 젊은 벌들이 성장하면서 로열젤리의 분비량이 줄어들기 때문에 2번째 이충 때는 로열젤리를 주입하는 일이 많아진다. 로열젤리는 많아도 먹고 남기기 때문에 문제가 없다. 우화되었을 때, 로열젤리가 조금 남아있을 정도로 충분히 주면 좋을 것이다.

❺ 우화된 여왕벌끼리 서로 공격하지 않도록 홀더를 붙인다.

❻ 우화되기 전에 붙이되 뚜껑이 덮이면 씌워두면 된다.

▲ 손을 잡고 여왕벌을 키우는 일벌들

❼ 우화 직전의 왕대. 신왕(新王)은 스스로 왕대 상부를 안쪽에서 갉아먹고 밀납 뚜껑을 열고 나온다.

제5절 여왕벌 만들기 3단계-신왕의 도입

1. 우화 후에는 가능한 한 빨리 작업을 한다.

신왕(新王)을 도입할 필요가 있는 것은, 여왕벌이 부재한 벌통이나 여왕벌이 오래되어(고령) 산란력이 떨어진 봉군에서 실시한다. 신왕(新王)을 넣을 예정인 벌통은 미리 우선순위를 정해 둔다. 여왕벌이 없는 봉군은 빨리 도입하는 것이 기본이다. 구왕을 신왕과 교체시키는 경우는 우화의 시기를 가늠해 미리 왕롱이나 철망에 구왕을 격리하고 도입하기 2일쯤 전에 꺼내 둔다. 24시간 이상이 지나고 나면 왕의 페로몬이 사라진 시기에 신왕을 들여다 키운다. 우화 후에는 시간을 두지 않고 몇 시간 이내에 도입하면 일벌들이 받아들일 확률이 높아진다.

❶ 우화한 지 얼마 안 된 신왕(新王)이 들어간 홀더. 이제부터 각각의 벌통에 도입한다.

❷ 홀더에 들어있는 우화한 신왕(新王)

❸ 우화한지 얼마 안 된 신왕을 도입한다. 소문 앞에 놓아 주면 조금도 망설임 없이 안으로 들어간다.

2. 봉군에 신왕을 받아들이기 쉽게 만들기

소문 앞에 신왕(新王)을 놓으면 한눈도 팔지 않고 바로 벌통 안으로 들어간다. 갓 태어난 신왕(新王)은 아직 냄새가 없어서 봉군에 수용되기 쉬울 것이지만 그때 망을 보고 있는 문지기에게 설탕액을 쉿 하고 뿌려주면 더 받아들이기가 쉬워진다. 또 홀더의 왕대 안에서 신왕(新王)이 바스락 바스락 움직이고 있고 우화가 임박했음을 알면 홀더마다 벌집에 걸고 우화를 기다리는 것도 성공시키기 쉬운 좋은 방법이다.

신왕(新王)의 교미비행

신왕(新王)은 우화 후 잠시 벌통 안에서 빈둥거리고 있다가 일벌로부터 로열젤리를 받아먹고 성적인 성숙을 맞이하는 것이다. 우화 후 6~10일경을 기준으로 교미 비행을 나갔다가 공중에서 만난 수컷과 교미를 한다. 날아오르는 것은 날씨 좋은 날의 대략 10~15시경이다. 장시간 비를 만나면 실패할 수도 있다. 또 비행 도중에 뜻밖의 사고를 당하거나 외적에게 습격을 당해서 돌아오지 못하는 것도 있다. 제비는 짝짓기 비행 중에 여왕벌을 덮치기 때문에 제비의 새끼 키우기 기간에는 여왕벌이 살아서 돌아오기가 더 어려워진다. 보통은 하루 안에 짝짓기를 마치고 벌통(벌집)으로 간다. 무사히 귀소한 지 5~6일 후 여왕벌의 몸통이 길어지고 몸매가 씩씩하게 변화해 간다면 교미에 성공한 징표이다. 여왕벌은 귀소 후 약 1주일 만에 산란을 시작한다.

3. 구왕(舊王)을 신왕(新王)으로 갱신하는 경우

산란능력이 낮은 약점이 있는 봉군에서 구왕(舊王)을 신왕(新王)으로 갱신하려면 이충(移虫) 양성 봉군의 준비뿐만 아니라 사전 도입의 준비가 필요하다. 구왕은 10일 정도 전에 옛 왕롱이나 철망에 넣어 격리하고, 변성왕대를 만들지 않도록 해야 한다. 신왕(新王)을 도입하기 2일 전에 왕롱이나 철망의 구왕(舊王)을 꺼낼 무렵에는 알도 없어지고, 유충도 성장하고 있기 때문에 변성왕대를 만들고 싶어도 만들 수 없는 상태가 되고 신왕(新王)을 절실히 원하게 된다.

구왕(舊王)을 제거하고 페로몬이 사라진 약 24시간 이후에 막 우화한 신왕(新王)을 도입한다. 구입한 여왕벌을 입식할 때는 여왕벌이 들어있는 홀더를 벌통(벌집)의 상부(上棧)에 두고 친숙해지도록 해준다. 일벌 봉군가 신왕(新王)을 받아들이고 여왕벌에게 로열 젤리를 주는 단계가 되면 홀더에서 여왕벌을 꺼낸다. 한편 제거한 구왕(舊王)은 늙어서 산란능력이 떨어질 것 같으면 처분하거나 왕이 없는 봉군에 넣어 활용하는 방법도 있다.

▲ 왕롱이나 철망에 넣어 격리시킨 구왕(舊王)은 잠시 소비의 상부(上棧) 놓아둔다.

4. 무왕군(無王群)에 신왕(新王)을 넣는 경우

불의의 사고나 짝짓기 비행에서 돌아오지 않는 등의 이유로 여왕벌의 부재가 판명된 경우는 빨리 여왕벌을 넣어줄 필요가 있다. 저자의 양봉장에서는 왕이 없는 봉군를 발견하면, 종업원 간에 신호를 만들어 공유하고 있다 예를 들면 벌통(벌집) 위에 함석판을 뒤집어 흰색면을 위로하여 "무왕(無王)" 표시를 한다.

왕이 없는 봉군의 벌통을 발견하면, 3~7일 정도 안에 신왕(新王)을 도입하는 것이 좋다. 그 경우에도 신왕(新王)을 갑자기 벌통에 넣지 않고 신왕(新王)에게 단물과 전해수(29페이지 참조)를 걸어놓고, 친숙하기 쉽게 하고 나서 넣으면 입식이 보다 더 순조롭게 된다. 전해수는 탈취 효과가 있기 때문에 신왕(新王)의 냄새도 없애주는 기능이 있다.

※ 약산성 전해수는 특정 방제 자재로 지정되어 있다. 꿀벌에 무해하고 염소(Cl)는 즉시 기화하기 때문에 안전성도 높다.

▲ 저자의 양봉장에서는 함석판을 올려두면 여왕벌이 없다는 표시이다. 왕이 없는 봉군과 유개봉아(有蓋蜂兒)가 있는지 여부 등의 정보는 벌통에 메모도 해 둔다.

제6절 여왕벌이 없어지면

벌들의 멋진(체계적인) 작업 분담도 여왕벌의 존재가 있어야만 가능하다. 여왕벌이 없어지면 점차 봉군의 질서유지에는 혼란이 온다. 일벌의 행동이나 변성왕대의 출현으로 여왕벌 부재의 사인이 오면 빨리 대책을 세운다.

▲ 여왕벌이 있으면 일벌은 여왕벌의 페로몬 영향을 받는다. 여왕벌이 없어지면 페로몬이 사라지고 곧 일벌의 소란이 시작된다.

1. 여왕벌이 없어지면 어떻게 될까?

여왕벌이 죽고 짝짓기 비행에서 돌아오지 않는 등 여왕벌이 없는 상태가 계속되면 봉군은 어떻게 될까? 여왕벌 부재 시 먼저 만들어지는 것이 변성왕대이다. 아직 부화하지 않은 알과 부화 후 얼마 되지 않은 유충이 있는 경우 일반적인 소비를 왕대로 만들어 바꾸고 즉석에서 여왕벌을 키우려고 한다. 이것이 변성왕대이다. 변성왕대에서 무사히 새로운 여왕벌이 출생하였으면 신왕(新王) 하에서 봉군의 질서는 유지된다.

그러나 알과 젊은 애벌레가 아니라면, 변성왕대를 만들 수 없다. 일벌이 항상 여왕벌의 주위에 몰려있는 것은 여왕벌이 분비하는 여왕벌물질(queen substance)이라는 페로몬(pheromone)을 받기 위해서다. 여왕벌이 없어지면 일벌이 여왕벌이 분비하는 물질인 페로몬을 받을 수 없게 되어 지금까지 억제되어 있던 난소가 발달하게 된다. 곧 난소가 발달한 일벌이 스스로 산란할 수 있게 되며 이를 "일벌산란"이라고 한다. 일벌산란(동봉산란)으로 무정란에서 태어나는 벌은 모두 수벌뿐이다. 이렇게 되면 봉군은 붕괴의 길을 가게 된다. 동봉산란은 일벌들이 자신들의 유전자 상속을 수벌의 미래 짝짓기에 투입한 마지막 수단이라고 알려져 있다.

2. 여왕벌 부재 신호

여왕벌이 없어졌을 때 보이는 특징적인 신호가 몇 가지가 있으므로 유의해야 한다.

1) 변성왕대의 출현

여왕벌이 없어졌을 때 맨 처음에 눈에 띄게 알 수 있는 신호가 변성왕대의 출현이다. 여왕벌이 갑자기 자취를 감추어 버리면 일벌은 알이나 어린 유충을 찾고 그 벌통(벌집)을 급히 왕대를 만들어 신왕(新王)을 키우려고 한다. 변성왕대는 영어로 긴급세포(emergency cell)라고 해서 바로 응급처치로 만들어진 왕대라는 뜻이다. 소비(벌집틀)의 위쪽이나 중간 근처에 왕대가 만들어져 있다면, 그것은 변성왕대이고 이는 여왕벌이 없다는 부재의 신호이다. 그러나 여왕벌이 있어도 변성왕대가 만들어지는 경우가 있으므로 판별에는 경험이 필요하다.

▲ 변성왕대는 소비의 한가운데나 근처에 여러 개의 왕대가 있는 경우가 많다.

2) 일벌의 몸짓 변화

여왕벌이 없어지면 일벌이 특징적인 행동을 한다. 엉덩이를 위로 들어 올려 깃털을 훌훌, 호드득호드득하며 불안한 모습으로 떤다. 사실 이 동작은 의미가 있으며, 복부의 향수 샘에서 외부를 향해 냄새를 뿌리고, 사라진 여왕벌을 위해 벌집의 위치를 알리는 것이다. 이 특징적인 행동을 기억하면 인간도 여왕벌 부재의 메시지를 일벌에서 받을 수 있다. 익숙해지면 '엄마(여왕벌)가 없다' 는 벌의 말이 행동에서 알게 된다.

3) 신호를 간과하면

이러한 신호를 모르거나 무시하게 되어 왕이 없는 상태가 20일에서 30일 정도 지속되면 결국 일벌산란이 발생하기 쉽다. 일벌산란은 비정상적인 이상 산란이기 때문에 하나의 벌통(벌집)에 하나가 아니라 여러 개의 알을 낳는다. 일벌산란을 실행하는 꿀벌은 봉군의 5~6마리이지만 산란 중에는 몸이 약간 작아지고 허리가 반짝반짝하기 때문에 알 수 있다. 이렇게 된 봉군에서는 또 신왕(新王)의 도입은 너무 늦을 것이다.

⬢ 여왕벌이 없을 때는 알이나 유충을 찾자

내검을 할 때 아무리 찾아도 여왕벌이 보이지 않는다고 한탄하는 사람이 있다. 그러나 여왕벌의 모습은 매번 확인할 필요는 없다. 벌집 방에 산란한 후 또는 부화 후 얼마 되지 않은 유충이 있다면 여왕벌이 있다는 신호이다. 산란을 위해 일벌이 벌집을 깨끗이 청소하는 것도 여왕벌이 있다는 표시이다. 처음 양봉을 하는 분들은 여왕벌을 찾으면서 모든 소비(벌집 판)를 확인하고 장시간 벌통(벌집)을 열어 둔 채로 탐색을 하는데 이는 벌에게 스트레스를 주는 것이다. 그 중에는 내검의 소비(벌집틀)를 빼내거나 넣을 때(출입) 실수로 여왕벌을 눌러버리는 사람도 있다. 이렇게 하다가는 본전도 못 찾는다. 여왕벌이 있는 신호를 미리 읽을 수 있게 연구해야 한다. 경험을 많이 쌓으면 벌통 뚜껑을 여는 것만으로도 여왕벌이 있는지를 알 수 있다.

▲ 토종 꿀벌의 일벌산란을 한 모습이다. 종종 하나의 벌집 방에 많은 알을 산란하는 모습을 관찰할 수 있다.

▲ 육아가 순조롭게 이루어지고 있다면 여왕벌이 건재하다는 증거이다.

제7절 여왕벌 부재 시의 대응책

여왕벌 부재의 신호가 감지되면 신왕(新王) 넣기나 합봉을 시행한다. 즉시 대응할 수 없는 경우는 유개봉아(有蓋蜂児)가 있는 소비와 오래된 왕(舊王)을 활용하면 좋다. 또한, 변성왕대를 활용해 여왕벌을 만드는 방법도 소개한다.

1. 신왕(新王)을 넣어주기

직접 만든 여왕벌을 넣는 것 외에 신왕(新王)을 구입해서 넣어도 좋을 것이다. 곧 도입할 여왕벌이 없을 때는 왕롱이나 철망에 격리한다. 구왕(舊王)이 있으면 응급 처치로 넣어준다. 그때는 구왕(舊王)에게 설탕액(당액)을 뿌리면 거부하지 않고 받아들여지기 쉽다. 신왕(新王)이 준비되면 단계별로 신왕(新王)을 도입한다.

2. 다른 봉군과 합치기

여왕벌이 없어진 봉군을 신왕(新王)이 있는 다른 봉군과 합치는 방법도 있다. 이 단계는 '봉군의 합봉(合蜂)'을 참조하기 바란다.

3. 변성왕대를 이용하기

왕이 없는 봉군에 이미 변성왕대가 되어 있다면, 그것을 이용하는 방법도 있다. 여러 왕대가 있는 경우에는 뚜껑을 덮기 전에 큰 것 2개 정도를 남긴다. 보통 1개는 자연스럽게 없애지만 2개가 모두 우화하면 1마리는 곧 다른 곳에 도입하려는 벌통(벌집)이 있으면 살려둔다. 왕대의 여왕벌이 무사히 우화하면 신왕(新王)으로 넣을 것이다. 저자의 양봉장에서는 변성왕대에서 태어난 여왕벌은 몸집이 작은 것이 많아서 기본적으로 이충(移虫) 작업을 하여 여왕벌을 키우고 있다.

4. 변성왕대 만들기

왕이 없는 봉군에 다른 봉군의 알이나 유충을 이용하여 무왕군에서 변성왕대를 만들게 하는 방법이다. 다른 봉군의 알이나 유충(어린 애벌레)가 딸린 소비를 무왕군의 중간쯤에 넣는다. 다른 봉군의 봉아가 든 소비를 넣을 때는 벌브러쉬로 일벌을 최대한 털어내고 싸움을 막는다. 사양기 등은 바깥 부분에 두어 정리한다. 소비 중간에 많은 벌은 당액이나 대용 꽃가루를 급여해 준다. 그리고 좋은 변성왕대를 만들도록 한다. 왕대가 생기면 동정을 살피고 로열젤리가 적은 것 같으면 주사기로 주입한다. 이후는 대책 ③과 동일하다.

✓ 신왕(新王)의 도입 후 확인할 항목 점검표

☐ 봉군에서 받아들여졌는가?
☐ 짝짓기 비행을 나갔는가?
☐ 짝짓기 비행에서 돌아왔는가?
☐ 산란을 시작하고 있는가?

유개봉아에서 응급처치

신왕을 넣을 때까지 왕이 없는 봉군의 일벌산란을 예방하기 위해서는 강한 봉군에서 꺼낸 유개봉아를 가진 소비를 넣어두면 좋다. 유개봉아를 가진 소비를 더하는 중에는 일벌산란은 발생하지 않는다. 양봉 초보자는 벌통을 2개 이상에서 시작하면 좋다고 추천하고 있지만, 그것은 이러한 긴급 시에 유개봉아(有蓋蜂児)를 가진 소비를더하거나 합친다는 선택이 있기 때문이다.

▲ 유개봉아가 있는 소비의 일부 모습

제8절 구왕(舊王) 활용하기

저자의 양봉장에서는 신왕(新王)과 교체한 구왕(舊王)도 즉시 처분하지 않고, 여분의 여왕벌로 잠시 왕롱이나 철망에 넣어 둔다. 구왕(舊王)의 재고가 있는 경우 활용할 수 있는 경우가 의외로 많다.

1. 산란능력이 있는 구왕(舊王)의 경우

구왕(舊王)에 아직 산란하는 힘이 있다면, 봉군를 나누어 작은 봉군를 만드는 것이 좋을 것이다. 신왕(新王)을 넣은 벌통(벌집) 쪽에 유개봉아(有蓋蜂兒) 소비나 대부분 일벌은 남겨두고 구왕(舊王)은 먹이와 일벌이 적게 붙은 소비 1~2매과 함께 다른 벌통에 넣어 이동시킨다. 분봉시킬 때의 유의점은 신왕(新王)을 넣은 원래 벌통(벌집)의 꿀벌과 새끼 벌, 먹이가 최대한 줄지 않도록 해야 할 것이다. 소비에 벌이 한군데로 모여 있으면 흔들어 턴 후 넣고 먹이가 가볍게 들어간 소비가 없으면, 다른 상자에서 가져와 넣는다. 왕롱이나 철망에 갇혀 10일간 산란을 멈춰 있는 구왕(舊王)은 해방되면 4~5일 후에는 산란을 재개하는 일도 있다.

2. 산란 능력이 없는 구왕(舊王)의 경우

저자의 양봉장에서는 늙어서 산란하는 힘이 약해져서 교환한 구왕(舊王)도 즉시 처분하지 않는다. 왕롱이나 철망의 격리 기간이 끝나고 신왕(新王)의 도입을 위해서 꺼낸 후에도 왕롱이나 철망에 넣은 채로 잠시 창고에 보관한다. 창고에 날아온 집 정원의 꿀벌들이 왕롱이나 철망의 구왕(舊王)을 주의하면서 부지런히 돌본다. 늙은 말년의 여왕벌도 왕이 없는 봉군에서는 신왕(新王)을 도입할 때까지 "연결(중간 단계)"로 변성왕대나 일벌산란을 방지하는 역할을 해주기 때문에 죽이지 않고 잡아두면 만일의 경우에 대비해 활용할 수 있다.

3. 구왕(舊王)을 사용하여 봉군을 2통으로 나누기

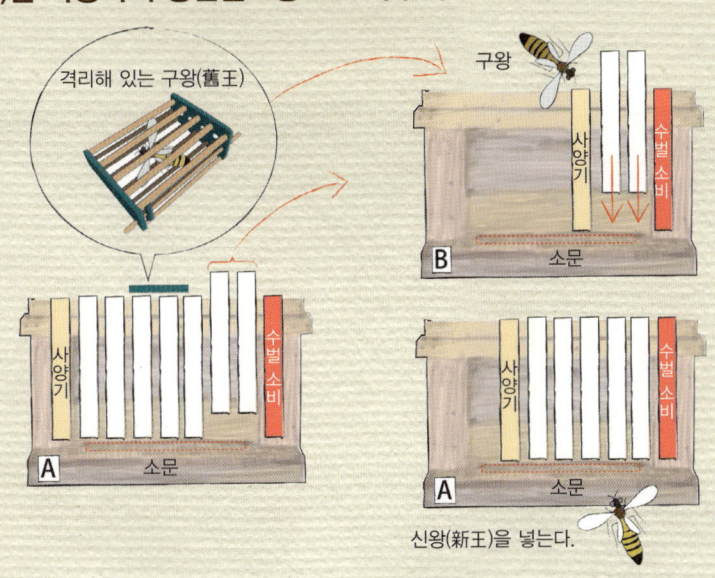

▲ 채밀을 하고 있는 모습

제7장
채밀과 꿀병 포장

양봉가에게서 수확의 즐거움은 채밀이다. 다양한 도구를 각자 취향과 선호도에 따라 선택하고 그 과정에 대해 알아본다. 채밀의 단계와 채밀기, 채밀 후 관리, 꿀병에 넣고 포장하는 전 과정을 살펴본다.

제1절 채밀의 기초

양봉가에게 1년간의 헌신적인 노력이 보상받는 것이 채밀이다. 벌이 노력을 다하여 생긴 꿀은 뜨는 시기, 즉 채밀 시점을 제대로 가늠하는 것이 중요하다. 저자의 양봉장에서는 봉장에서 실내로 꿀소비를 가지고 와서 미물이지만 예를 다하고 정중하게 채밀하고 있다.

1. 실내에 가져온 후 채밀하기

저자의 양봉장에서는 채밀 시기로 유채꿀이 들어오는 4월 중순 무렵부터 시작된다. 다음은 밀원식물의 꽃이 잇달아 피기 시작하는 7월까지 채밀기가 한창 바쁜 나날이 계속된다. 밀개(蜜蓋)를 밀도(밀개를 잘라내는 칼)로 자르는 작업을 시작한다. 어렵겠지만 꿀은 당도가 제대로 오른 것을 확인한 후 뜨지 않으면 과다한 수분으로 발효되어 버리므로 주의해야 한다.

한국의 천연벌꿀 규격 지도요령에 따르면 최고 등급을 받으려면 수분함량은 20%(일본은 22%) 이하로 정해져 있다(222페이지 참조). 저자가 운영하는 양봉장의 조건은 유밀 장소에서는 뜨지 않고 위생적인 실내에 가지고 가서 채밀한다. 현지에서 꿀을 뜨는 편이 빠르다고 생각하는 사람도 있을지 모르지만, 산의 유밀 장소에서 꿀을 뜨면 곰과 같은 야생동물을 불러들이는 위험성도 있고, 따뜻한 물에 손을 씻거나 할 수 없으므로 위생 문제도 있다. 그런 점에서 실내라면 위생적으로 작업할 수 있으며, 채밀기에 벌이 날아들어 가서 아까운 벌을 죽게 하는 염려도 없다. 현지에서의 작업은 소비의 교체만 하기 때문에 매우 효율적이다. 단지, 소비를 뺀 만큼 교환할 소비(벌집틀)가 있어야 하기 때문에 저장해둔 소비를 충분히 가지고 갈 필요가 있다. 또한 꿀을 뜬 후 소비를 저장해 둘 냉장고도 있으면 좋을 것이다.

꽃꿀에서 벌꿀로

수분이 60% 가까이 포함된 꽃꿀에서 꿀벌은 어떻게 농도 짙은 벌꿀을 만들까? 먼저 외역벌이 꽃꿀을 빨아들여 입에 머금었다가 벌통(벌집)으로 돌아와서 릴레이로 내역벌에게 제공한다. 그동안 꿀벌의 타액에 포함된 여러 효소가 섞여 있고, 꿀의 주성분이 2당류인 자당에서 포도당과 과당의 단당류로 분해된다. 벌통(벌집) 안에서는 환기 담당이 날개로 활발하게 부채 바람(선풍)을 내어 수분함량을 20% 가까이 떨어뜨린다. 꿀벌의 대단한 노력으로 드디어 꿀이 벌집방으로 들어가고 이윽고 당도가 충분히 올라가면 일벌이 밀랍으로 뚜껑을 덮는 밀개를 한다.

▲ 외역벌이 꽃꿀을 입에 머금었다가 내역벌의 입에 넣어주어 꿀을 전수한다.

▲ 거의 모두 밀개로 채워진 꿀소비

2. 꿀소비의 밀개와 채밀을 하는 기준

꿀을 뜨기에 좋은 꿀소비의 기준은 계절에 따라 달라진다. 봄부터 7월까지는 소비의 위에서 아래로 10cm(약 3분의 1지점) 정도 띠 모양으로 밀개가 채워지면 당도는 80~82도 정도이기 때문에 충분하다. 한편, 8월 이후 여름 꿀은 습도가 높은 영향으로 건조가 어렵고, 거의 전면에 밀개가 채워져 겨우 약 80도이기 때문에 90% 이상 밀개가 채워질 때까지 기다린다. 경험적으로 당도는 보면 알 수 있지만, 익숙해지기 전에는 당도계를 사용하면 좋을 것이다.

▲ 약 3분의 1 정도가 밀개로 채워진 소비의 상태 모습

3. 꿀소비의 준비와 회수는 이른 아침에

꿀소비의 회수는 당일의 꿀이 들어오지 않는 새벽 사이에 실시한다. 아직 수분증발이 되지 않은 당일 꿀이 섞이면 꿀의 농도가 연해져(밤꿀은 수분함량이 30%가 되는 경우도 있음) 발효(fermenlation)가 쉬워지기 때문이다. 날이 밝으면 벌은 꿀을 수집하러 날아가기 때문에 저자의 양봉장에서는 일출 전 새벽 4~5시경에 꿀소비를 회수한다. 양봉장(養蜂場)에서 채밀할 때도 동일하다.

제왕채밀(除王採蜜)이란?

유밀기(流蜜期)에 여왕벌을 제거하여 채밀량을 늘리는 것을 "제왕채밀 또는 무왕채밀"이라고 한다. 이는 여왕벌이 산란을 하지 못하므로(정지시킴) 유개봉아(有蓋蜂兒)가 출방한 벌집방(巢房)에 꿀이 저장되고 육아에 사용되는 꿀도 줄어들기 때문에 그만큼 꿀 저장(貯蜜)이 증가하는 것이 이유이다. 제왕채밀은 육아가 끝난 벌집방에 들어있는 꿀을 뜨는 것이 된다. 저자의 양봉장에서는 격왕판(隔王板)을 넣고 중계 벌통에서만 채밀하지 않기 때문에 제왕채밀을 할 필요가 없다. 어떻게 채밀할 것인가는 양봉가의 의도와 사고방식에 따라 차이가 있다. 나름대로 더 나은 방법을 찾기 바란다.

제2절 채밀 도구

채밀 시에는 전용 도구가 필요하다. 저자의 양봉장에서 효율을 중시하면서도 섬세한 불순물까지 제거할 수 있도록 시판 상품과 자체 개발한 도구를 함께 사용하면서 철저한 주의를 기울여 작업하고 있다. 자신이 사용하기 편한 것을 찾아서 사용하면 된다.

① 밀도(蜜刀)
채밀 때 밀개와 함께 두꺼워진 벌집도 자른다. 보통 75~80℃ 정도의 물에 칼을 따뜻한 후 사용한다.

② 바구니
채밀 작업용으로 특별히 주문한 바닥이 깊은 바구니. 이것을 뚜껑이 있는 양동이(물통)에 넣고 밀도로 자른 밀개를 여기에 담는다.

③ 배출 꼭지가 부착된 양동이
채밀량이 소량일 때는 이 양동이를 거쳐 불순물을 제거할 수 있고 대량으로 채밀할 때는 이 양동이에 자른 밀개를 넣어두면 밀개에서 나온 소량의 꿀은 하단부의 배출 꼭지를 틀어서 회수할 수 있게 되어 있다.

④ 나무틀
양동이의 입에 맞게 만든 수제 나무틀(adapter). 왼쪽의 네모난 구멍에 꿀소비의 끝모서리를 끼고 작업하면 고정되어 밀도로 밀개를 깎기가 쉽고 밀도에 묻은 꿀을 문지르면서 1차로 제거하기에 좋다.

⑤ 밀개 깎는 도구
꿀소비가 밀개로 덮였을 때 밀개를 깎아내는 도구. 포크형 부분을 꽂아 취하는 유형, 롤러형 등 다양한 유형이 있다. 포크형은 수벌방을 자를 때도 사용한다.

⑥ 깔때기
채밀기에서 나온 꿀을 여과하고, 1말 통에 넣을 때 사용한다. 마개를 부착하여 꿀이 넘쳐 나오지 않도록 한다.

⑦ 여과천(strainer)
말통에서 거친 꿀을 병에 채워 넣는 탱크로 옮길 때 탱크에 걸쳐 섬세한 불순물을 제거하는 데 사용한다.

⑧ 채밀기

원심력으로 꿀소비의 꿀이 튕겨 나오고, 옆벽을 타고 아래에 쌓인다. 이 작업을 양봉가는 '꿀뜨기'라고 부른다. 장착할 수 있는 꿀소비의 개수는 채밀기에 따라 다르다. 저자의 양봉장 채밀기는 9매를 한 번에 장착할 수 있으며 전·후면을 바꾸어 교체하지 않고 양면을 자동 반전해 한꺼번에 짜낼 수 있는 대형 제품을 사용하고 있다.

▲ 꿀소비가 들어가는 채밀기로 소비의 전후면 교체작업 없이 단번에 뜬다.

🐝 여러 가지 채밀기

채밀기는 채밀(꿀뜨기)할 때 필요한 도구이다. 기르고 있는 벌통의 수나 장소, 공간에 맞추어 사용하기 쉬운 타입을 선택하면 된다.

▲ 투명한 채밀기는 안이 보이므로 꿀뜨기 체험을 할 때 편리하다. ▲ 꿀소비가 3매 들어가는 수동 타입의 채밀기이다.

제3절 채밀 1단계-소비에서 벌 털어내기

벌통에서 꿀소비를 회수하면 먼저 꿀소비에 붙어있는 벌을 벌통에 떨어뜨려야 한다. 이때 벌브러쉬(봉솔)를 사용하거나 소비를 순간적으로 강한 힘으로 위아래로 흔들어 떨어뜨리는 방법이 일반적이지만 저자의 양봉장에선 한꺼번에 많은 꿀소비를 회수해서 전동으로 벌을 터는 기기를 사용하기도 한다. 벌은 몸을 만지면 싫어하므로 재빠르게 실시하는 것이 중요하다.

1. 수동으로 흔들어 떨어뜨리기

두 손으로 소비를 꼭 잡고 위아래로 세게 흔든다. 압력을 넣고 갑자기 정지하며 진동으로 벌을 떨어뜨린다. 남은 벌들은 벌브러쉬를 사용하여 떼어낸다.

❶ 벌통에서 들어낸 꿀소비의 양쪽 끝을 꽉 잡고 밑으로 빠르게 흔들어 내린다. 이 진동으로 인해 소비에 가득 차 있던 있는 벌 대부분이 벌통에 떨어진다. 이때 소비가 벌통에 떨어지지 않도록 조심한다.

❷ 아직도 꿀소비에 붙어있는 벌이 있으면, 벌브러쉬로 부드럽게 떨어뜨린다.

❸ 벌을 흔들어 떨어뜨린 후의 꿀소비의 모습이다.

2. 탈봉기 사용하기

전기로 구동하는 벌 털어내는 기기를 사용하면 흔들어 떨어뜨리는 힘든 일손이 줄어든다. 그러나 전원이 없는 꿀벌 농장에서 사용하려면 발전기가 필요하다.

❶ 벌통에서 꺼낸 꿀소비를 탈봉기에 넣는다.

❷ 꿀소비를 탈봉기 아래로 넣는다.

❸ 다시 위로 소비를 끌어 올리면 벌은 이미 다 떨어져 있다.

❹ 떨려난 벌이 아래의 탈봉기 아래에 떨어져 있다.

❺ 탈봉기에 떨려난 벌을 원래의 벌통에 되돌린다.

제4절 채밀 2단계-탈봉한 꿀소비를 회수용 벌통에 넣기

1. 미리 소비를 준비

꿀소비의 털어낸 벌을 회수하여 큰 비닐봉지를 깐 벌통에 넣고 뚜껑을 덮는다. 채밀기에서 꿀소비를 뺀 후에는 새로운 꿀소비를 넣어둔다. 채밀할 때는 이것들을 재빠르고 부드럽게 실시할 필요가 있으므로 사전에 필요한 벌통이나 꿀소비를 넣는 벌통을 준비해 둔다.

❶ 회수용 벌통에는 대형 비닐봉지를 미리 깔아둔다.

❷ 회수한 꿀소비를 채워간다.

❸ 꿀소비로 가득찬 회수용 벌통

❹ 밑이 없이 옆 틀만 있는 가벼운 벌통에 새 소비를 넣어둔다.

❺ 회수 작업이 종료된 벌통은 트럭에 싣고 쓰러지지 않게 밧줄로 단단히 맨다.

제4절 채밀 2단계-탈봉한 꿀소비를 회수용 벌통에 넣기

제5절 채밀 3단계-채밀하기

벌통에서 꺼낸 꿀소비는 밀도(蜜刀)로 밀개(密蓋)를 잘라 채밀기에 고정하여 꿀을 뜬다. 밀도는 따뜻하게 유지해야 효율적으로 작업을 할 수 있다. 여기에서는 보온 포트를 이용하여 밀도를 가온하고 있는데, 냄비에 물을 넣고 난로 등에 올려 물을 끓이는 양봉가도 있다. 저자의 양봉장에서는 전동식 채밀기를 사용하고 실내에서 꿀뜨기를 하므로 효율적이다.

❶ 양봉장에서 모아 온 꿀소비

❷ 밀도는 전기포트에서 75~80℃로 데운다.

❸ 마개 달린 양동이에 특별 주문한 바구니를 고정한다. 밀개에서 떨어진 꿀은 바구니를 통해서 아래로 흐른 꿀은 마개를 열면 꿀이 나오게 되어 있다.

❹ 저자의 양봉장에서 사용하는 밀개 자르기 세트 모습. 오른쪽은 포트를 이용한 보온기이고 왼쪽은 자른 밀개를 담는 그릇이다.

❺ 꿀소비의 테두리 주변에 붙어있는 쓸모없는 벌집 등은 하이브툴로 벗겨낸다.

❻ 꿀소비를 밀개 바구니 위에 둔 나무틀에 고정한다. 나무틀을 꼭 맞게 고정할 수 있도록 바구니 위에 나무틀을 놓아두고 사용한다.

❼ 밀도를 뜨거운 물에서 꺼내어 수건 등을 고정하여 두고 수분을 제거한 후 이 밀도로 꿀소비의 아래에서 위로 능숙하게 움직여 밀개를 잘라낸다.

밀개는 최대한 얇게 자르는 것이 기술

밀개를 두껍게 자르면 꿀이 밀개에 많이 붙어있어 아깝다. 따라서 밀개는 최대한 얇게 자르는 것이 포인트이다. 익숙하지 않을 때는 두껍게 자르기 쉽지만 많은 경험이 쌓이다 보면 얇게 자를 수 있게 된다. 밀도는 2~3개를 뜨거운 물에 넣어 두고 밀개를 자르다 식으면 다시 따뜻한 밀도를 순차적으로 교환해가면서 작업하면 좋다.

❽ 밀개를 자른 상태의 꿀소비의 모습이다.

❾ 밀개를 자른 꿀소비를 채밀기에 넣는다.

❿ 저자의 양봉장 채밀기는 모두 9매가 들어가는 대형이다.

❶ 전기 스위치를 넣고 수동식의 경우는 손으로 돌린다. 꿀소비가 돌아가면 원심력에 의해 채밀기 측면으로 꿀이 빠지면서 아래로 타고 흘러 내려간다.

❷ 이 채밀기는 자동반전하면서 1회 투입으로 소비의 양면을 다 짜낼 수 있다. 수동식 채밀기를 사용할 때는 한 면의 꿀을 뜨고 난 다음에 소비(체)를 바꾸어서 다시 짜내어야 하는 불편함이 있다.

❸ 꿀을 다 짠 소비. 안에 있던 꿀이 없어져 가볍다.

❹ 밀랍(먹어도 됨)이나 화분 등이 섞인 거친 꿀이 나오기 때문에 고운 체나 거름 천으로 거른다. 체는 밀랍이나 불순물이 쌓일 때마다 번갈아 교체하거나 제거한다.

❺ 한 말 통에 꿀이 차면 일차적으로 채밀(꿀짜기)은 완료된다. 한 말 통에는 약 24kg의 꿀이 들어간다. 저자의 양봉장에서는 작업하기 쉽게 꿀을 받는 한 말 통을 채밀기보다 한 단계 낮은 공간에 설치하여 두고 계측하는 저울도 한 말 통 밑에 설치해둔다.

채밀 후 공소비를 벌에게 청소시키기

보통 꿀을 뜬 후 빈 소비는 새 벌통으로 돌리고 또 꿀을 모으도록 꿀소비로서 벌통에 넣어준다. 그러나 채밀한 빈 소비를 보관하고 싶은 경우는 먼저 빈 소비에 묻은 아까운 꿀을 벌에게 가져오게 하고 청소를 시키는 방법이 있다.

그렇게 하기를 원하는 경우, 벌통을 계상처럼 3단 쌓기로 놓아두고 청소를 하기 원하는 빈 소비를 최상층에 넣어준다. 벌통의 가운데는 아무것도 넣지 않고 비워둔다. 그러면 벌은 꿀을 뜬 빈 소비에 묻은 꿀을 깨끗이 핥아서 최하단의 벌통으로 운반해 간다. 약 3~4일 후 꿀을 뜬 빈 소비가 깨끗해지면 빈 소비를 회수한다.

벌들은 공간을 사이에 둔 건너편에, 먹이와 꽃가루가 있으면 남의 것으로 판단하여 자신의 위치로 가져오는 습성이 있는 성질을 이용하는 것이다.

2. 소형 수동식 채밀기로 꿀을 뜨는 경우

작업하려는 꿀소비의 개수가 적으면 수동식 채밀기가 오히려 편리하다.
사진은 안이 잘 보이고 편한 투명 채밀기를 사용하고 있다.

❶ 먼저 밀개를 자른 소비를 채밀기에 고정한다.

❷ 채밀기에 고정된 모습

❸ 소비는 2매를 고정할 수 있는 크기로 고정이 되면 수동(손)으로 돌린다.

❹ 원심력에 의해 측면으로 날아간 꿀이 아래로 흘러내린다.

❺ 한쪽 소비의 꿀을 다 채밀하고 나면 소비를 바꿔서 반대편 소비에 있는 꿀을 뜬다.

❻ 반대편 소비의 꿀을 뜨고 있는 모습

❼ 하부의 마개를 열고 꿀을 용기에 담는다.

제6절 채밀 4단계-꿀병에 담기와 포장하기

꿀을 용기에 넣는 마지막 과정에서는 미세한 불순물이 혼입되지 않도록 세심하게 배려하는 것이 중요하다. 상품으로 판매할 경우, 뚜껑과 용기를 스티커 등으로 봉인해야 하며 그 외에도 다양한 규정이 있으므로 각 지자체의 담당자에게 확인해보는 것이 좋다. 이 책에서는 저자의 양봉장에서 실행하는 작업 순서를 소개한다.

> ### ❀ 효율적인 꿀탱크 설치법
>
> 꿀탱크를 선반에 쏙 넣은 목제 받침대는 직접 만든 것이다. 뒤쪽에 계단이 붙어있고 여성의 힘으로도 무거운 한 말 통을 위에서 투입하기 쉽게 되어 있다. 꿀이 무거우므로 허리에 부담을 주지 않고도 작업을 할 수 있도록 하는 연구가 필요하고 중요하다.

❶ 불순물이 들어가지 않도록 꿀 탱크 위에 깨끗한 천으로 된 오건디(organdy) 매우 얇은 피륙으로 가볍고 투명해 보이는 빳빳한 촉감으로 마무리된 면이나 폴리에스테르의 직물의 덮개를 덮는다.

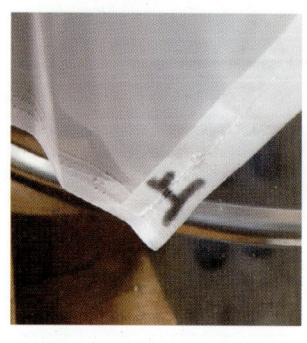

❷ 천의 앞뒷면을 잘못하여서 혹시라도 미세한 불순물이 들어가는 것을 방지하기 위해 표시를 한다.

❸ 꿀을 나오는 상태를 조정하면서 꿀통에 넣는다.

❹ 꿀탱크에서 꿀병에 꿀을 채우고 뚜껑을 닫는다.

❺ 벌꿀 상품에 대한 라벨을 앞면에 붙인다.

❻ 성분표시 라벨을 뒷면에도 붙인다.

2. 꿀병 봉인하기

1) 뚜껑을 봉인하기

❶ 뚜껑 캡(cap)을 씌운다.

❷ 드라이기로 열풍을 일으켜 봉인한다.

2) 봉인 스티커 붙이기

◀ 뚜껑과 병에 걸치도록 스티커를 붙인다.

3) 꿀병을 비닐봉투에 넣고 봉인하기

◀ 꿀병을 투명 비닐봉투에 넣고 비닐 고정타이를 비틀어 봉인한다.

3. 라벨에 표시할 항목들

상품에 붙이는 표시 라벨에는 상품명이나 내용량, 유통 기한 등 기재해야 하는 항목이 있다. 상품에 따라 규정이 있으므로 각 지자체의 담당자에게 확인해야 한다.

제8장

말벌 대책

서양 꿀벌에서 말벌의 피해는 아주 커서 때로는 꿀벌을 전멸시키기도 한다. 늦여름에서 초가을에는 말벌에 대한 특단의 대책을 세워야 한다. 최근에는 등검은말벌의 피해가 심각하다.

제1절 말벌의 생태와 종류

여름 후반기에서 전 가을에 걸쳐 양봉가를 괴롭히는 것이 말벌의 내습이다. 저자의 양봉장에서는 순찰은 물론 양봉장에는 방충망을 설치하고 포획기도 함께 사용하면서 소중한 봉군을 지키고 있다.

1. 말벌의 생태

꿀벌을 치면 말벌이 몰려온다. 저자의 양봉장이 있는 사이타마현(도쿄 근처로 우리나라 대구 정도에 위치함)에서는 8월 중순부터 11월 초순에 걸쳐 말벌의 내습이 본격화된다. 날아오는 시간은 주로 아침저녁의 시원한 시간대이다. 자연계에는 벌레가 적어지는 시기이다. 말벌은 꿀벌이나 보금자리에 있는 유충을 겨냥해 반복적으로 공격을 해 온다. 특히 장수말벌은 처음에는 한두 마리가 단독으로 날아오지만 방치하면, 곧 집단을 이끌고 들어와 벌통을 통째로 빼앗아 봉군를 전멸시켜 버린다.

토종벌은 말벌을 집단으로 포위하여 열사(熱死) 시키는 방어 행동을 할 수 있지만, 서양 꿀벌은 원래 원산지에 장수말벌 등이 분포하지 않아 이 강적을 잘 당해낼 수 없다. 따라서 양봉가가 자주 순찰을 게을리하지 않도록 하고, 직접 순찰하여 어렵게 기른 꿀벌을 말벌의 집요한 습격으로부터 보호해 주어야 한다.

▲ 장수말벌은 꿀벌을 괴멸시킬 수도 있으므로 확실한 대책을 마련해야 한다. 사진은 거지덩굴꽃에 날아든 장수말벌의 모습이다.

2. 말벌의 종류

1) 장수말벌

장수말벌(*Vespa mandarinia*)은 세계에서 가장 큰 말벌로 머리는 오렌지색이다. 공격성이 강하고 나무의 나무껍질(수피)이나 땅속에 벌집을 짓는다. 이 말벌의 몸길이는 27~38mm 정도이다. 양봉가들이 가장 경계해야 할 말벌이다.

2) 노랑말벌

말벌중에 가장 몸집이 작고 말 그대로 온몸이 노랗다. 우리나라와 일본 북해도에 많이 서식한다. 이 말벌의 몸길이는 17~24mm 정도이다.

3) 검은말벌

중형이고 공격성은 약하다. 엉덩이 끝이 검어서 알아보기 쉽다. 이 말벌의 몸길이는 24~37mm 정도이다.

4) 풍뎅이말벌

중형으로 장수말벌과 비슷해 판별은 어렵지만 약간 작고 공격성도 낮다. 이 말벌의 몸길이는 22~27mm 정도이다.

제2절 말벌 대책 ①-방어용 그물망 치기

1. 장수말벌이 날아다니기 어렵게 그물로 막기

저자의 양봉장에서는 양봉장에 농업용의 아치형 기둥을 세우고 그물을 치고, 말벌의 내습에 대비한다. 그물코의 크기는 12mm. 이 크기라면, 말벌이 빠져나가는데, 시간이 걸리지만, 꿀벌은 조금만 학습하면 문제없이 통과할 수 있다. 다만, 그물을 쳐놓으면 절대로 안전하다는 것이 아니라 그물을 통과하는 말벌도 있으므로 주인이 직접 말벌을 잡을 필요도 있다.

▲ 아치형 기둥에 특별 주문한 그물을 쳐서 말벌의 침입을 막는다. 주위는 차로 빙 둘러볼 수 있는 공간을 확보한다.

▲ 말벌의 침입을 막는 한편 꿀벌의 다리에 붙은 꽃가루가 걸려서 떨어지지 않는 크기의 그물코가 좋다.

▲ 작업은 그물을 들어 올린다. 교미 비행에 나가는 처녀왕이 있는 벌통은 그물에서 꺼낸다. 태풍 전에 그물을 일제히 철거한다(53페이지 참조).

▲ 벌통 수가 적은 양봉가라면 대대적인 기둥을 세울 필요는 없다. 벌통에 직접 방충 그물을 쳐놓아도 좋다.

제3절 말벌 대책 ②-포획기 사용하기

1. 여러 가지 대책을 생각하여 말벌 물리치기

꿀벌의 봉군를 완전히 파괴하는 힘을 가진 장수말벌은 처음에는 단독으로 날아와 문지기부터 습격하기 시작한다. 이 초기 단계를 놓치고 간과하면 점차 큰 집단이 되고 공격성도 증가하게 된다. 초기 단계에서 다양한 포획 장비를 병용하여 다각도로 격퇴시키는 것이 효과적이다.

1) 시판되는 포획기를 사용하기

▲ 포획기에 사로잡힌 장수말벌

▲ 소문을 들여다보는 말벌이 위쪽으로 비상하는 습성을 이용. 위의 바구니가 트랩으로 되어 있다.

2) 끈끈이(쥐덫 시트)를 사용하기

▲ 살아 있는 말벌을 1마리 잡아 시트에 붙여 두면, 동료를 신경 쓴 말벌이 찾아와 시트에 붙잡힌다.

3) 직접 만든 말벌 포획기들

저자의 양봉장에서는 자체 제작한 오리지널(original) 포획기도 함께 사용하고 있다.

① 물병(pet) 이용

안에 넣는 유인액은 밤(栗)-감로탕즙(5L), 칼피스 원액(350m×2병), 이스트균(3g×2봉지)을 섞어 만든다. 하룻밤 두고 삭혀서 사용한다.

② 벌통(벌집)을 개조

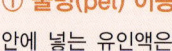

측면에 구멍을 뚫어 말벌이 안의 유인액에 이끌려 들어가면 밖으로 나오지 못하도록 만든다.

③ 직접 그물망을 만들어 설치

구멍의 안쪽에 트랩을 설치하는 방법이다. 직접 만든 것으로 가로세로 12cm 사방의 철망을 전용 용기로 껍질을 벗긴 바나나 모양으로 하여 선단에 구멍을 낸다. 한번 들어오면 나가지 못하게 트랩을 만든다.

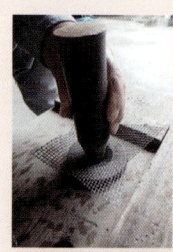

제4절 말벌 대책 ③—포획과 이용

1. 포획망으로 말벌 잡기

마지막으로 사람이 곤충(벌레) 잡는 그물로 포획하는 방법을 소개한다. 이 방법은 힘들지만 가장 확실한 방법이다. 꿀벌을 습격해온 말벌은 경계심이 적으니 생각보다 잡기가 쉽다. 그러나 실패하지 않고 한 번에 잡는 것이 중요하다. 한번 실패하면 이번에는 사람을 공격해온다. 상대는 말벌이라 막무가내로 거칠게 잡으려고 하는 것은 금물이다.

▲ 저자의 양봉장에서는 양파를 넣었던 적색 그물망을 말벌의 포획망으로 사용하고 있다.

▲ 양파 그물망은 깊이가 있는 만큼, 포획하면 끝부분이 자연스럽게 구부러져 있어 놓치는 일이 적다.

2. 말벌의 이용

저자 양봉장에서 잡은 말벌을 꿀병에 넣어 꿀에 담가둔다. 산채로 넣으면 말벌의 타액이나 침의 독이 녹아서 자양강장에 좋은 효과가 있는 꿀이라고 불린다. 말벌을 담근 직후는 비리기 때문에 호박색이 될 때까지 1~2년 숙성시킨다. 이때 말벌은 먹지 않는다. 포획 후, 살아 있는 동안에 꿀에 넣는다. 쏘이지 않도록 주의한다. 말벌의 꿀 절임은 1~2년 담가두면 순한 맛이 된다.

▲ 말벌을 살아 있는 상태로 꿀에 넣는다. 이때 쏘이지 않도록 주위한다.

▲ 말벌 꿀절임을 1~2년 정도 두면 순한 맛이 난다.

> ### ⬢ 말벌이 공격 중인가? 목적달성 이후인가? 확인이 중요하다!
>
> 장수말벌은 사람에게도 치명상을 줄 정도로 위력 있는 독침을 가지고 있으므로 날아온 말벌이 꿀벌을 습격 중인지 이미 벌통을 점령하여 벌집을 낸 것처럼 느끼는지 신중하게 지켜본다. 공격의 초기 단계는 아직 양봉장에 있는 사람에게 관심이 없고 쏘는 경우도 적지만, 집단으로 와서 벌통을 점령한 후에는 주변의 사람도 적으로 보고 진짜로 공격해오기 때문에 최상급의 경계가 필요하다.
> 말벌이 벌통의 소문으로 드나들거나 소문 안쪽에서 밖을 내다보고 있거나 하면 이미 점령당했을 가능성이 크므로 무리하게 포획하려 하거나 섣불리 벌통의 뚜껑을 열지 않는 것이 좋다. 이미 꿀벌들이 잡혀 버리면 초보자는 봉군을 열지 말고 전문 구제업자에게 의뢰하는 것도 하나의 방법이다. 평소 말벌의 포획에는 두 사람 이상으로 나가도록 하고 만일 말벌에 쏘였을 때는 즉시 구급차를 불러야 한다.

▲ 밀랍의 적재 모습

제9장
밀랍 활용하기

꿀벌은 자기 집을 밀랍을 이용해서 짓는다. 이 꿀벌이 만든 밀랍은 최고의 품질로 평가받는다. 우선 향이 좋고 그을음이 발생하지 않아 많은 공예작품에서도 선호하는 천연재료이다.

제1절 양봉산물의 다양한 이용

1. 양봉 산물, 꿀벌이 주는 혜택들

꿀벌의 생리 생태와 생산물에는 불가사의한 것들이 많다. 부화 직후는 다른 일벌과 조금도 다르지 않은 여왕벌이 로열젤리를 계속 먹는 것으로만 몸이 커지고 수명도 연장되어 여왕벌이 되는 신비한 곤충의 생산물에 우리 인간은 큰 혜택을 받고 있다.

1) 벌꿀(花蜜)

벌꿀은 일벌이 빨아들인 꽃꿀을 체내의 효소로 가공하여 벌통(벌집) 안에서 열심히 수분(水分)을 날려서 만들면 장기 보존식이 된다. 꿀벌이 밀개를 덮는 것은 당도가 충분하고 수분이 적기 때문에 장기간 보존할 수 있다. 또한 똑같은 꿀이라고 해도 벌이 지나간 꽃의 종류에 따라 색조나 맛, 영양성분은 다르다. 밤꿀이나 메밀꿀 등 미네랄의 함유율이 높은 꿀은 색이 진하고 향기도 독특하다. 보리수꿀은 허브 향기가 뿜어진다. 각각인 꿀의 개성을 맛보고 취향과 용도로 구분하여 사용하면 꿀을 맛보는 즐거움도 많아지고 넓어진다.

꿀의 주성분은 포도당과 과당인데, 이들은 이미 장내에서 소화된 단당류와 동일하기 때문에 그대로 흡수되어 위장에 부담을 주지 않는다. 아주 적은 양이지만, 미네랄류 및 비타민류도 매우 폭넓게 포함되어 있다. 벌은 사람의 건강을 지탱해주는 꿀을 만드는 한편, 꽃가루를 운반하여 과실과 채소의 결실에도 기여한다. 우리 사람뿐만 아니라 자연계에 없어서는 안 될 소중한 존재이다.

▲ 꿀벌이 모은 꽃꿀은 벌통(벌집) 안에서 농도가 높은 진한 꿀이 되어 간다. 사진은 꿀을 핥고 있는 꿀벌.

2) 꿀사탕

다음은 꿀사탕이다. 꿀은 항균 보습 작용 외에도 목의 상처를 완화하는 진정 작용이 있어 구내염 등에도 효과가 있다고 알려져 있다. 또한 꿀은 과당의 작용으로 혈당치가 상승하기 어렵고 당이 지방으로 축적되는 양을 억제하기 때문에 다이어트에 효과가 있다고도 한다. 그러나 너무 많이 섭취하지 않도록 주의한다.

▲ 꿀의 맛을 간편하게 맛볼 수 있는 사탕.

3) 꿀비누

꿀은 높은 보습 효과가 있다고 알려져 있으며, 영양분을 보충하고 피부를 정돈하는 작용도 있다고 한다. 화장품 등의 원료로 사용되는 것은 그런 이유에서이다. 저자는 고체로 서린 결정꿀과 헤어리베치, 야생벚나무 3종의 꿀을 함유한 미용비누를 만들고 있다.

▲ 꿀을 사용한 비누이다. 히알루론산[12]과 높은 보습 성분의 리피쥬어(lipidure)[13]를 더한 얼굴용과 콜라겐과 8종의 아미노산을 더한 보디용이 있다. 첨가물을 포함하지 않아 어린이부터 어른까지 이용자가 많다.

---

[12] 질소를 포함하는 다당류(多糖類)의 한 가지. 관절액(關節液), 안구(眼球)의 유리체, 그 밖의 여러 가지 기관의 결합 조직에 단백질과 결합하여 널리 존재함. 윤활제의 구실을 하는 한편, 조직 구조의 유지나 세균 침입을 방어한다.

[13] 리피쥬어(Lipidure)는 뛰어난 보습성으로 물세탁 1시간 후 건조 시에도 높은 보습력을 유지하며, 그 보습력은 히알루론산의 2배 정도이다. 도포 후 물세척을 해도 높은 보습력을 유지하는 이 성분은 핸드크림이나 콘택트렌즈 보존액, 샴푸, 린스 등에 사용되고 있다.

4) 밀랍(蜜蠟)

밀랍은 꿀벌이 벌집을 만들기 위해 복부에서 분비하는 초(wax)를 말한다. 꿀을 채취할 때 잘라낸 밀개나 쓸모없는 벌집 등을 수시로 모아 두었다가 열로 녹여 찌꺼기나 불순물을 분리해 이용한다(P126). 밀랍은 예로부터 양초나 편지의 봉인, 치즈 코팅, 구두약, 그림 재료(畫材), 화장품, 크림, 공산품 등에 폭넓게 사용되어 오고 있다.

저자의 양봉장에서도 주로 크리스마스 시기에 수제 양초를 판매하고 있다. 밀랍의 양초는 그을음을 내지 않고 천천히 타오르고 달콤한 향기도 감돌기 때문에 겨울의 실내를 따뜻하게 연출하는 데 적합하다.

▲ 밀개나 쓸모없는 벌집을 65~70℃에서 녹여 얼룩을 제거한 후 사용한다.

5) 로열젤리(royal jelly)

로열젤리는 여왕벌을 길러 주는 특별식으로, 왕유(王乳)라고도 한다. 젊은 벌이 꽃가루를 원료로 하여 만들어 내면서 인두선(咽頭腺)에서 분비한다. 질 높은 비타민류, 미네랄류, 아미노산이 포함되어 있으므로, 미용이나 건강에 좋다고 여겨져 예로부터 인류도 이용해 왔다. 아직도 잘 모르는 수수께끼 같은 성분도 있다. 특히 유충을 크게 성장시키는 특유의 단백질은 「R 물질」로서 많은 연구자가 그 규명에 힘을 쏟고 있다. 스스로 채취할 경우는 전용 채취기를 사용하고 이충(移蟲)과 같은 작업을 해야 한다. 채취 시간, 온도, 습도를 관리하면서 미량의 젤리를 모아 가기 때문에 매우 끈기가 필요하다.

▶ 로열젤리의 성분은 아직도 전모를 잘 알지 못하고 있다.

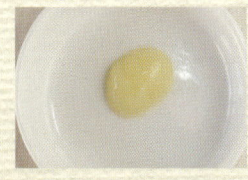

6) 프로폴리스(propolis)

이것은 나무 껍질(수피)이나 꽃에서 가져온 '벌 진'이다. 벌이 수지로 만드는 접착제와 같아서 쓸모없는 공간을 싫어하는 벌이 벌집 사이와 틀, 뚜껑과의 틈을 메우거나 벌통의 문인 소문을 좁히거나 외적의 사체를 썩지 않도록 코팅(coating)하기도 한다. 항균 작용이 강하다. 일벌들이 육아하기 전에 보금자리 바닥에 프로폴리스를 바르는 것도 살균 목적이다. 프로폴리스는 그리스어로 프로(앞) 폴리스(도시국가)의 의미로 벌통의 출입문인 벌통이나 벌집의 문(소문)에 프로폴리스를 바르는 것에서 그 호칭이 붙여졌다. 복용하면 감기 예방이나 면역력 향상, 인지기능의 저하를 억제하는 작용이 있다.

▲ 소비의 소광대 위에서 프로폴리스를 화분통(화분을 수집하는 뒷다리)에 수집하고 있는 일벌들

7) 봉침요법(蜂針療法)

봉독을 여러 가지 몸 상태가 안 좋은 것에 대해 이용하자는 것이 벌침 요법이다. 봉독은 자율 신경을 정돈하고 자연 치유력을 촉진하는 작용도 있다고 하며, 옛날에는 고대 이집트에서 대체의학 요법으로 사용되어 온 역사가 있다. 시술은 꿀벌에서 빼낸 봉침(蜂針)의 끝을 피부에 아주 조금 주입한다. 꿀벌의 침과 벌침액을 이용한 요법이다.

다만, 봉독 알레르기가 있는 사람에게 이 요법을 시도할 수 없으므로 주의해야 한다. 시술에 있어서는 봉독의 성분은 물론 그 부작용, 침구 치료의 경락, 경혈 등에 대해 깊이 살펴야 한다. 이 아피테라피는 Api(벌), Therapie(치료)에서 유래한 용어이다.

▼ 일본 아피테라피협회 www.npoapi.com/
※「아피테라피(Api Therapy)」란, 벌침 요법을 시작해 벌침, 꽃가루, 로열젤리, 프로폴리스 등 양봉 산물을 건강 증진과 건강 유지에 활용하는 치료법이다.

제2절 밀랍의 채취와 이용

벌이 벌집을 만들 때 사용하는 밀랍(蜜蠟)은 인간도 예로부터 여러 분야에서 활용했던 친숙한 자연 소재이다. 채밀 때 벗긴 밀개와 쓸모없는 벌집을 평소에 모아 녹여서 만든 밀랍으로 촛불 등을 만들어 본다.

1. 오래된 밀랍 활용의 역사

밀랍은 벌집을 만들 때 이용하는 물질이다. 밀랍을 분비하는 것은 주로 젊은 일벌로 꿀을 배불리 먹은 후에 복부의 밀랍샘에서 분비한다. 벌들이 벌집 내에서 사람들이 손을 잡아 연결하는 것처럼 매달린 것은 이때 볼 수 있는데 이때 얇게 밀랍을 만들고 타액을 섞어 반죽하여 재빠르게 벌집을 만들어 올린다.

인간이 밀랍을 이용한 역사는 길다. 옛날 이집트에서는 미라(mirra) 보존에 밀랍이 사용된 기록이 있다. 유럽에서는 "봉함 밀랍"이라고 해서 편지나 술병의 봉인에 밀랍을 사용했다. 현재도 보습에 쓰는 크림, 립글로스(lip-gloss) 외 가구의 유지보수에 쓰는 왁스(wax), 화재(그림 재료), 껌 등의 과자, 전기절연체, 의료나 원예 분야 등에서 밀랍이 이용되고 있다. 밀랍의 녹는점은 약 62~65℃, 가열하거나 태양열로 녹이고 찌꺼기를 제거한 후 추출한다. 밀랍으로 양초를 만들어 촛불로 이용하면 은은한 향기가 감돌고 검댕이가 나오지 않는 특징도 있으므로 특히 크리스마스 시즌에는 인기가 있다. 기독교 교회에서는 오래전부터 밀랍 양초가 사용되어 오고 있다.

▲ 밀개(密蓋)는 프로폴리스도 섞이지 않아서 순도 높은 밀랍이 된다.

▲ 쓸모없는 벌집도 밀랍의 원료가 되므로 모아서 녹여 만든다.

제3절 밀랍 녹이기와 굳히기

1. 햇볕으로 녹이는 자연 추출법

채밀할 때 베어낸 밀개와 쓸모없는 벌집 등은 버리지 말고 모아 두었다가 어느 정도 양이 수집되면 녹여서 이용한다. 저자의 양봉장에서는 밀랍의 양이 많아 태양열제랍기를 쓰고 있다. 가스와 전기를 쓰지 않고 태양열에 녹은 밀랍이 그물을 통해서 자연적으로 아래에 고이는 구조로 되어 있다. 낮에는 밀랍에 벌이 몰려들므로 작업은 주로 이른 아침에 하고 있다.

❶ 쌓아 둔 밀랍. 이때 꿀벌이 있으면 연기를 뿜어 쫓아낸다.

❷ 태양열제랍기에 투입한다.

❸ 전체를 늘어뜨린다. 태양열제랍기는 미리 남향으로 설치해둔다.

❹ 벌통 안에 소광대도 걸 수 있게 되어 있다. 소비에 있던 밀랍도 함께 녹아서 깨끗하게 된다.

❺ 이중(二重)으로 된 유리 뚜껑을 덮는다.

❻ 하루종일 태양열로 녹인다.

❼ 망에서 걸러진 밀랍이 아래로 모인다.

❽ 녹이고 모아서 굳어진 밀랍의 모습이다.

제4절 밀랍 정제하기

1. 물에 뜨는 성질을 이용하여 열을 가하고 분리하기

녹이고 다지고 추출한 밀랍을 정제한다. 밀랍을 가열하고 녹인 후에 식히면 밀랍의 성분은 가벼워서 뜨고, 불순물과 분리할 수 있다. 더 미세한 쓰레기까지 제거하고 싶은 경우는 이 작업을 몇 번 반복해서 시행한다.

❶ 밀랍 덩어리를 작업하기에 알맞은 크기로 자른 뒤 솥이나 냄비 등에 넣는다.

❷ 밀랍을 넣은 냄비에 물을 적당히 넣는다.

❸ 불에 올려놓고 녹을 때까지 가열한다.

❹ 밀랍이 완전히 녹으면 불을 끈다. 불순물은 아래로 가라앉는다.

❺ 밀랍이 굳어지면 냄비에서 꺼낸다.

❻ 불순물이 제거된 원반형의 밀랍의 모습이다.

제5절 밀랍 주형으로 밀랍초 만들기

1. 뜯어내기 쉽고 편리한 실리콘 주형

정제한 밀랍을 취향에 따라 촛불을 만들어 봅시다. 주형틀은 플라스틱 등 여러 소재가 있는데 들러붙지 않는 실리콘 소재가 떼어내기 쉽고 편리하다. 심지의 굵기는 여러 가지가 있지만 굵은 정도로 불길이 크고 연소 속도가 빨라진다.

❶ 원반형의 밀랍을 망치로 깬다.

❷ 깬 부분을 냄비에 넣어 중탕(重湯)한다.

❸ 밀랍을 완전히 녹인다.

◀ 심지의 아래쪽은, 아래의 끊어진 곳으로부터 조금 꺼내 둔다.

❹ 촛불의 심지를 잡고, 나무젓가락 사이에 두고 틀 위에 둔다.

❺ 밀랍을 눈이 촘촘한 차를 거르는 망(쇠 그물)을 통해서 조리틀에 흘린다(순도가 높으면 쇠그물에 거를 필요가 없다). 여기에서는 밀랍용 소형 주전자를 사용하였다.

❻ 고무줄로 묶어 굳을 때까지 정치한다.

❼ 고무줄을 풀어낸다.

❽ 주형틀을 벗긴다.

❾ 완성된 밀랍초

제6절 막대(棒) 형태의 밀랍초 만들기

1. 심지에 녹인 밀랍을 조금씩 붙여 만듦

심지로 만든 단순한 초는 녹인 밀랍에 심지를 조금씩 담갔다가 만든다. 밀랍을 붙이고 좀 말리고, 다시 담그기를 반복할 뿐이다. 밀랍은 중탕에서 녹이면서 작업한다. 초의 굵기는 취향에 맞게 결정하지만, 완성품이 크고 굵게 하고 싶을 때는 굵직한 심지를 선택하면 좋을 것이다. 겨울철의 작업으로는 밀랍초 만들기가 즐겁고 재미있다고 추천한다.

2. 막대형 밀랍초 제조과정

❶ 정제하고 굳어진 밀랍(152페이지의 ⑥ 참조)을 적당한 크기로 나누어 중탕으로 녹인다.

❷ 녹아서 액체가 되어 있는 밀랍

❸ 양초의 심지는 여러 가지 굵기가 있다. 굵은 초에는 굵은 심지, 가는 초에는 가는 심지를 사용하면 좋다.

❹ 완전히 밀랍이 녹으면, 완성된 양초의 길이를 확인하고, 양초의 심지를 자른다.

❺ 밀랍에 심지를 담갔다가 금방 다시 건진다. 약 10~20초 만에 표면이 굳어진다. 심지가 구부러져 있을 때는 손으로 똑바로 펴 놓는다.

❻ 다시 밀랍에 담갔다가 곧바로 건진다. 이 작업을 원하는 굵기가 될 때까지 반복한다.

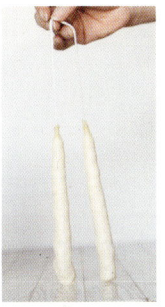

❼ 바닥을 평평하게 하고 싶을 때는 밀랍이 부드러울 때 모양을 잡는다.

❽ 심지를 밀랍에 넣었다가 뺀다.

❾ 다시 이 과정을 반복한다.

❿ 완전히 식혀서 굳히면 완성품이 된다.

▲ 입출입하는 토종벌들

제10장
토종벌의 사육기술

재래식 꿀벌인 토종벌은 야생에서 씩씩하게 잘 견뎌내는 힘을 가지고 있다. 서양 꿀벌보다 체구가 작고 몸 색이 약간 검은 것이 특징이다. 벌통과 기르는 방법에 여러 가지가 있으므로 자신의 마음에 드는 사육유형을 찾아본다.

자료제공: 카식연구소 이와나미 긴타로(http://www.hachimiya.com)

제1절 토종벌과 생활하기

서양 꿀벌보다 약간 작고 체색이 거무스름한 토종벌은 일본의 기후에 잘 순응하고 애완동물 느낌으로 키울 수 있어 애호가도 많다. 사육은 야생의 토종 봉군을 포획하는 데서 시작된다.

1. 자연에 적응한 강인한 토종벌

토종벌은 우리나라를 비롯한 동남아시아에 넓게 번식하는 동양 꿀벌의 아종의 하나로 홋카이도(北海道)를 제외한 일본 각지에 널리 분포하고 있으며, 아오모리가 북한계선으로 되어 있다. 서양 꿀벌이 일본에 도입된 것은 메이지 시대의 일이지만, 그때 이전부터 일본 토종벌이 사육되고 있었다. 에도시대에는 현재의 와카야마현을 중심으로 토종 꿀벌의 사육이 많았다.

원래 일본의 야생종인 토종 꿀벌은 일본의 기후에 맞추어 적응해 왔기 때문에 병해충에 대한 저항력도 있고, 고온 다습해도 사육하기 쉬운 것이 특징이다. 추위에도 강하고, 섭씨 7℃ 전후 기온에서도 벌통(벌집) 밖에서 활동하는 모습이 관찰되고 있다. 원래 말벌이 없는 지역에서 살아가던 서양 꿀벌은 말벌에 대항하기 어렵지만, 토종 꿀벌은 말벌을 집단으로 둘러싸서 열로 죽이는 열살(熱殺) 등 강인하게 살아가는 습성을 가지고 있다. 토종 꿀벌은 서양 꿀벌보다 조금 작고, 거무스름해 보인다. 겨울은 더욱 체색이 짙어지지만, 이것은 태양광을 흡수하기 쉽게 하고 체온을 높이기 위한 것이라고도 알려져 있다.

다만, 원래 야생에 사는 꿀벌이기 때문에, 사육할 때도 벌통(벌집)이나 환경이 마음에 들지 않으면 「도망쳐」 나가 버리는 일도 많은 것이 현실이다. 그런데 그런 변덕스러운 부분은 오히려 토종 꿀벌을 사랑하는 사람들의 마음을 뜨겁게 한다. 토종 꿀벌의 애호가도 많고, 애완동물 감각으로 사육하는 사람도 있다.

서양 꿀벌은 특정한 밀원에 가서 화밀을 채집하는 경향이 있는데, 토종 꿀벌은 여러 가지 밀원에서 꿀을 모으는 습성이 강해서 모아 놓은 꿀은 백화밀이라고 부른다. 토종벌의 채밀은 연 1회가 기본이기 때문에 1년에 걸쳐 모은 꿀을 짜게 되어 그 맛 또한 각별하다. 서양 꿀벌과 비교하면, 1년에 짤 수 있는 꿀의 양은 적은 것이 많지만, 일본 토종벌을 사육하는 사람은, 별로 신경을 쓰지 않는다. 기본적으로 토종 꿀벌은 서양 꿀벌과 달리 출시되지 않기 때문에 처음에는 스스로 야생 봉군을 포접할 필요가 있다. 토종 꿀벌과 서양 꿀벌과의 차이에 대한 내용비교표는 176페이지에 나와 있다.

▲ 토종벌의 일벌 모습

▲ 토종벌의 수벌 모습

2. 토종벌의 사육력

사계절 토종 꿀벌의 모습과 양봉가의 작업을 소개한다. 꿀벌의 1년 모습은 서양 꿀벌과 기본적으로 같으므로 66~67페이지도 참고하기를 바란다. 서양 꿀벌과 비교하면 해야 할 작업이 거의 없다. 하지만 봄철만큼은 주의 깊게 관찰하고 대응해야 한다.

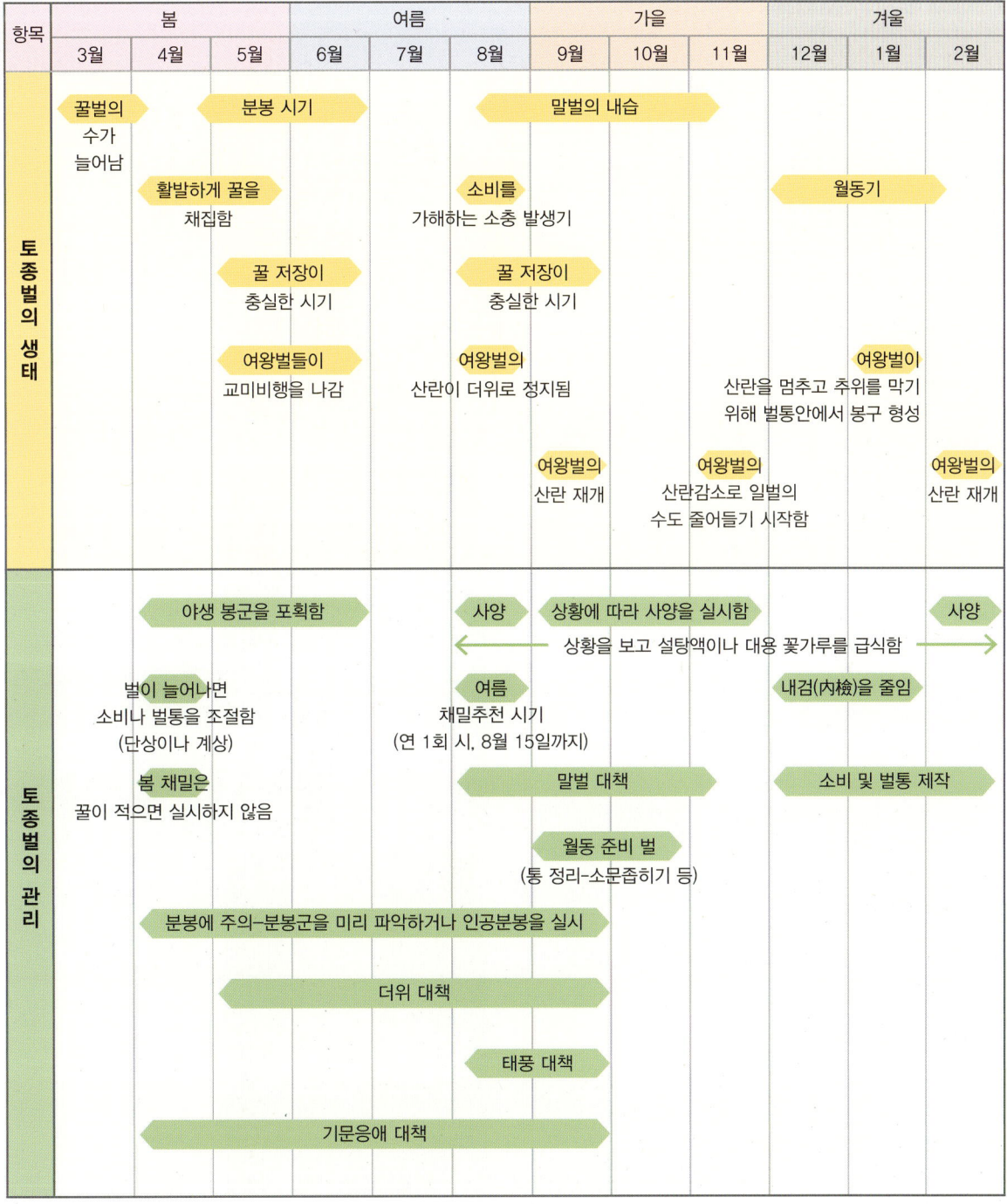

제2절 토종벌통의 종류와 선택

꿀벌을 사육할 때 여러 가지 형태의 벌통(벌집)이 있다. 각각 특징이 있으므로, 목적이나 취향, 관리의 용이성 등에서 자신에게 맞는 것을 선택한다.

1. 야생 봉군은 포획용인가 사육용인가?

이에 따라 여러 가지 유형이 가능하다. 서양 꿀벌을 사육하는 경우는 시판되는 벌통을 세트를 구입하는 사람이 많지만 크기와 구조는 대체로 동일하다. 그러나, 토종 꿀벌은 사육되어 온 역사도 오래되어, 현재도 다양한 종류의 벌통이 있다. 우선 어떤 종류의 벌통이 있는지 알고, 목적이나 어떻게 키우고 싶은지 등에 따라 자신에게 적합한 벌통을 선택해야 한다.

1) 야생벌을 포획하는 벌통

자연적인 상태에서 토종벌을 기르기 위해서는 야생 꿀벌을 받아들여야 한다. 그래서 거두어들이기용 벌통을 '대기벌통'이라고 부르기도 한다. 보다 자연에 가까운 것이 꿀벌에게 좋다. 예로부터 사용해 온 통나무를 도려낸 형태 외에, 수직형 벌통, 다단식 벌통 등이 일반적이다. 토종벌을 넣은 후에도 그대로 기르는 경우와 다른 사육용 벌통으로 교체하는 방법이 있다.

2) 사육에 적합한 벌통

인위적인 사육용 벌통으로는 다단식 벌통이 대표적이다. 다단식은 야생벌을 포획하는 '대기벌통'으로도 사용할 수 있다. 그리고 직접 만들기도 쉽고 또 비용이 적게 든다는 것 등이 인기의 이유이다.

나가노현 스와시에서 토종 꿀벌을 사육하고 있는 카식연구소의 이와나미 긴타로 씨는 양봉의 벌통을 토종벌통으로 사용하고 있다. 따라서 양봉의 소비처럼 토종벌통에서도 소비를 넣고 빼낼 수 있으므로 관리하기 쉬운 것이 최대의 장점이다. 꿀 저장 상태는 물론, 육아나 왕대의 모습도 내검(內檢)으로 바로 확인할 수 있으므로, 분봉을 미리 방지하거나 분봉하기 전의 인공분봉도 가능하다. 채밀(꿀뜨기) 시기도 조마조마하지 않아도 되어 안심이다. 채밀 시에는 벌집틀(소비)만 꺼내서 짤 수 있으므로 토종벌의 부담이 가벼워진다. 그런데 될 수 있으면 자연 상태에 가까운 상태로 키우고 싶은 사람이나 평소에 관리를 잘하기 힘들어서 꿀벌에게 맡기고 싶은 사람, 그리고 다단식으로 키우고 싶은 사람 등은 자연적인 형태의 다단식으로 하는 것이 더 좋을 수도 있다.

3) 토종벌용 벌통

통나무식이나 수직형 벌통 등의 전통적인 벌통으로 사육할 경우, 채밀할 때는 안의 벌판을 모두 꺼내야 하므로 꿀벌의 부담이 크다.

① 통나무식 벌통
자연에 가까운 형태로 대기벌통(벌집)으로 우수하다. 통나무를 파내어 만든다.

▼ 통나무식 벌통의 소문

② 수직형 사각 벌통
세로형은 꿀벌이 좋아하는 형태로 통나무식보다 만들기 쉽다.

2. 토종벌통으로도 적용이 가능한 다단식 벌통

◀ 다단식은 네모난 벌통을 겹겹이 쌓아올린 구조로 되어 있다. 이것은 벌통을 손쉽게 만들 수 있다는 점과 꿀벌이 좋아하는 세로형이라는 점 등으로 예나 지금이나 인기가 높다. 채밀 시에는 제일 위에 있는(最上) 꿀을 저장하는 부분의 벌통만을 잘라내기 때문에 꿀벌에게도 부담이 적다.

▲ 벌통틀 안에서 벌이 잘 떨어지지 않도록 가는 막대기 등을 십자형(十字型)이나 정형(井型)으로 끼워 놓는다.

▲ 벌통과 벌통 사이는 청테이프로 고정하는 사람이 많다. 양철(함석) 등으로 비를 피하도록 해주면 열악화(劣化)가 방지되어 토종벌의 성장에 좋다.

▲ 벌통(벌집)의 소문 형태는 다양하지만, 위 사진은 앞으로 개폐하는 형태이다.

3. 관리하기 쉬운 소비식(개량식) 벌통

서양 꿀벌을 사육하는 소비식 토종벌통에도 여러 가지 유형이 있다. 본서에서는 소광식에 소초(巢礎)가 없는 일명 「카식벌통, 카식연구소의 벌통」을 소개한다. 소초가 없으므로 채밀기를 사용할 수 없어서 통째로 부수어서 채밀한다.

▲ 사각형 작은 소광대에 토종벌이 만든 벌집 판

◀ 인공 소초를 사용하지 않는 자연적인 소광식 토종벌 체. 철사나 소초를 사용하지 않고도 벌집 판이 떨어지지 않도록 가로 폭은 19.1cm로 되어 있다. 가로형 벌통에 벌집틀을 설정하는 방식이다. 재질은 가볍고 통기성이 높은 측백나무(花柏, Chamaecyparis pisifera)를 사용하고 있다.

제3절 야생 토종벌 포획하기

토종벌 사육은 야생 토종 꿀벌을 '대기벌통'에 집어넣는 것으로 시작된다. 꿀벌의 입장이 되어 들어가고 싶어지는 벌통을 준비해 설치한다. 적합한 시기나 이상적인 장소를 소개한다.

1. 시기를 보아가며 토종벌통을 준비

토종벌은 서양 꿀벌과 달리 종봉(種蜂)이 시판되지 않으므로 임의로 구입하기가 어렵다. 토종벌을 사육하고 싶은 경우에는 야생의 토종벌을 포획하는 것이 일반적이지만 토종벌을 기르고 있는 지인이 있는 경우에는 분봉(分蜂)으로 나누어 줄 수는 있으므로 의논해 보는 것도 한 방법이다. 야생의 토종벌을 기르기 위해서는 자연의 벌집밑동(元巢)을 떼어 오는 방법과 분봉군을 포획하는 방법이 있다. 최근에는 야생의 벌집이 줄어들고 있는 지역도 있는 점과 원소(元巢)를 떼어와서 토종벌통에 이식하는 방법이 있지만, 이것은 경험자가 아니면 어려우므로, 본서에서는 분봉군을 얻는(수중에 넣는) 방법을 소개한다.

1) 야생의 토종 벌집(元巢)은 어디에 있지?

토종벌은 벚나무와 상수리나무 등 밀원이 되는 활엽수가 많은 숲을 좋아한다. 일반적으로 나무 구멍 등을 벌집 굴(벌통)으로 삼지만, 산사(山寺)의 처마나 묘석(墓石) 안에 둥지를 틀기도 한다.

2) 토종벌을 포획하는 시기는?

이 분야 권위자인 이와나미 씨는 「토종벌의 분봉은 봄에 벚꽃이 만개한 2주 후부터 1개월이 기준」이라고 한다. 벚꽃이 개화한 후에는 잇따라 봄꽃이 피기 때문에 꿀벌에게는 꿀이나 꽃가루를 모으는 최적기이다. 따라서 그 시기에 맞추어 분봉을 나가는 경우가 많으므로 그 시기에 입식할 준비를 해 둔다. 그러나 그 시기를 놓쳐도 포기하지 말고 시도하면 되는데 장마철 전후에도 한 번 분봉을 한 주력 봉군(元群)의 제2 분봉이 일어나기 쉬운 시기이다. 게다가 말벌의 공격이나 서양 꿀벌의 도봉(도둑벌)이 일어나기 쉬운 여름부터 가을까지는 토종벌이 도망쳐 나가는 일이 많으므로 이때 도피하는 토종벌을 포섭하는 사람도 적지 않다. 즉 봄부터 가을까지 느긋하게 대기벌통을 만들어 놓고 토종벌이 들어오기를 기다린다.

2. 토종벌을 잡기 쉽게 하는 방안

① 나무 표면을 굽거나 태운다.
비를 맞혀서 나무 냄새를 제거하고 거기에다 버너로 검게 태우면 토종벌이 안심하고 들어간다. 사진은 통나무식 모양을 본떠 판자로 맞춰 만든 벌통.

② 상단을 떼어낼 수 있게 만든다.
대기벌통으로부터 다른 벌통으로 옮기고 싶을 때는 미리 상부를 떼어낼 수 있는 구조로 만들어 두면 편리하다.

③ 벌집 부스러기를 녹여서 밀랍을 발라준다.
채밀 후에 남은 벌집 부스러기를 녹여 대기벌통의 안쪽과 바깥쪽에 바른다. 벌집 부스러기는 꿀벌 냄새가 나기 때문에 토종벌이 포획될 확률이 높아진다.

3. 토종벌통 준비와 설치 장소

꿀벌은 가로로 긴 것보다는 세로로 긴 것을, 사각형보다는 원형의 공간을 선호한다. 거기서 대기벌통에는 통나무식이나 세로형, 다단식 벌통을 준비해야 한다.

무사히 포획한 이후에는 키우고 싶은 벌통으로 이동시킨다. 토종벌은 새 벌통을 싫어하기 때문에 왼쪽 사진처럼 잘 연구하면 포획을 쉽게 할 수 있다.

대기벌통을 놓는 곳은 꿀벌이 '여기 살고 싶다'라고 생각할 만한 곳이 최고 좋은 곳이다. 주요 요점(포인트)을 오른쪽 점검표에 정리해 두었으니 참고하시기 바란다. 가장 확실한 것은 벌집밑동(원소) 근처에서 분봉군을 포획하는 것이다. 또한 이미 사육하고 있는 사람의 벌통(벌집)도 벌집밑동이 된다. 토종벌을 기르고 있는 사람이 있으면 옆에 대기벌통을 놓아두도록 한다.

또 '몇 년째 같은 자리에 두고 있는데 토종벌이 들어오지 않아서….'라고 하는 사람이 있는데, 일반적으로 그곳은 장소가 나쁘니까 다른 곳으로 바꾸는 것이 좋다.

> ☑ **토종벌통을 두면 좋은 장소 점검표**
> ☐ 동쪽에서 남쪽으로 트인 숲과 논밭의 경계선 등 전망이 좋은 곳.
> ☐ 큰 나무나 바위 바로 아래(정찰 벌이 표적으로 삼기 쉽다).
> ☐ 적당한 햇볕이 있는 곳(여름에는 그늘이 되어 시원하고, 겨울은 양지바르고 따뜻하다).
> ☐ 강한 바람이 불지 않는 곳.

동양란 금릉변(金稜辺) 활용법

난초과 식물인 동양란은 토종벌을 유인하는 냄새를 내는 꽃으로 알려져 있다. 대기벌통 근처에 꽃핀 금릉변(*Cymbidium floribundum* var. *pumilum*) 양란을 놓으면 꿀벌이 들어갈 확률이 높아진다. 개량종이 몇 가지 있으므로 효과적인 품종을 찾아본다. 단, 개화기가 분포기와 맞지 않을 수 있다. 그 경우는 인공적으로 동양란 냄새를 내는 상품이 있으므로 이용해도 좋을 것이다.

▲ 전망이 좋은 푸른 숲 부분은 대기벌통을 놓기에 적합하다.

▲ 토종벌은 냄새에 이끌려 꽃을 찾아가 수분(受粉)을 돕는다. 하지만 꽃에서 꿀은 나오지 않았다. 덧붙여서 서양 꿀벌은 이 냄새에 유혹되지 않는다.

▶ 동양란은 수분이 되고 나면 유인 물질이 더는 나오지 않기 때문에 그물망 등으로 덮어 둔다.

제4절 토종벌통의 설치와 이동

야생 꿀벌을 벌통에 집어넣는 데 성공하면 드디어 토종벌의 사육이 시작된다. 그때 대기벌통을 설치한 장소에서 그대로 기를 수 없을 때는 이동이 필요하다. 또한 대기벌통에서 다른 사육 벌통으로 옮기고 싶은 경우의 방법을 소개한다.

1. 토종벌통은 동남향으로 설치

대기벌통에 기다리던 야생의 토종벌이 들어오면 드디어 사육이 시작된다. 대기벌통을 둔 장소에서 그대로 기를 수 있다면 문제가 없지만, 그렇지 않은 경우는 벌통을 이동시켜야 한다. 이때 조급하게 바로 이동을 시키면 모처럼 들어온 토종벌이 도망갈 수 있으므로 신중하게 대처해야 한다. 토종벌통의 이동 시기는 육아가 시작되고 나서가 최고로 좋다. 이는 봉아(蜂兒)가 있으면 도망가기 어렵기 때문이다. 또 오른쪽 페이지의 위쪽 사진과 같이 도망가는 것을 방지하는 도구를 사용하는 방법도 있다. 토종벌의 이동은 조금씩 움직이는 것이 아니라 차에 싣는 등 단숨에 실시해야 한다. 시간대는 해가 지고 벌의 출입이 없어졌을 무렵, 또는 이른 아침에 기온이 낮아 아직 벌이 나가기 전이 좋다. 비가 오는 날이라도 상관없다.

벌은 진동을 주면 좋아하지 않기 때문에 담요나 방석을 깔고 그 위에 넘어지지 않도록 벌통을 올려 고정한다. 벌통(벌집)의 출입문(소문)은 통기성을 유지하면서도 벌이 통과할 수 없도록 철망을 테이프나 압정으로 고정하면 좋다. 벌통을 두는 장소는 오른쪽 위의 점검표에 정리되어 있으므로 참고하기 바란다.

✅ 벌통 두는 곳 점검표

☐ 남쪽 또는 동향으로 햇볕이 잘 들고, 오후에는 석양이 들지 않는 곳. 그리고 아침 햇살이 잘 비치는 곳이 좋다.
☐ 북풍 등 강한 바람이 통하지 않는 곳이 좋다.
☐ 습기가 많은 곳을 피한다. 빗물이 고이는 곳도 안 된다.
☐ 축사나 퇴비 보관소 등이 근처에 없어야 한다.
☐ 진동이나 소음이 적어야 좋다.

🐝 여왕벌의 날개를 잘라도 될까?

여왕벌이 날지 못하면 도망갈 수 없다는 이유로 여왕벌의 날개를 잘라 달아나거나 분봉을 막는 방법이 있다. 하지만 벌의 입장이 되어보면 도망치고 싶어도 날 수 없으면 어떨까요? 토종 꿀벌은 일반적으로 서양 꿀벌보다 성격이 온화해서 잘 쏘지 않는 것으로 알려져 있다. 그러나 여왕벌의 날개를 자르면 봉군의 일벌은 사나워지고 잘 쏘게 된다고 알려져 있다. 벌을 기른다면 항상 벌의 처지에서 생각하고 벌이 싫어하는 일을 하지 않도록 해가면서 기르는 것이 중요하다.

▲ 아침 햇살이 닿는 나무 그늘에 두는 것은 좋다. 지면에 직접 두지 않고 받침대 등에 올려놓아 통기성을 확보하는 것이 좋다.

2. 토종벌통에서 벌을 이동시킬 때

자연적인 대기벌통에도, 인위적인 사육 방법에도 적합한 다단식 벌통의 경우는 그대로 사육해도 문제없다. 더 잘 관리하기 쉬운 벌통으로 이동시키고 싶을 때는 어떻게 하면 좋을까? 이때도 벌이 육아를 시작한 시기에 이동시키면 비교적 쉽게 잘 된다. 벌은 높은 쪽과 어두운 쪽으로 가는 습성이 있어서 그것을 이용하여 이동시킨다. 순서는 아래의 사진을 참고로 한다.

▶ 벌통(벌집)의 소문에 도피 방지기를 세팅한 모습이다. 이러한 도구를 사용하지 않아도 도망가지 않도록 하는 것이 중요하다.

◆ 토종벌이 도망가는 것을 예방하기

벌은 아늑하면 도망가지 않기 때문에 도망치는 데에는 다 이유가 있다. 도망이 제일 많은 이유는 밀원의 부족이다. 벌통 주변에는 충분한 밀원이 있는가? 아니면 밀원식물을 심거나 때에 따라서는 먹이의 공급도 필요하다. 또한 진동이나 모닥불 연기 등이 계기가 되어 도망칠 수도 있다. 벌통은 도로 근처 등 진동이 있는 장소에 두는 것은 피해야 한다. 말벌의 습격이 있거나 서양 꿀벌의 도봉(도둑벌)의 침입도 도망가는 원인이 된다. 도망을 방지하는 '꿀벌 마이터(bee miter)[14]'라는 도구가 있으므로 이용해도 좋을 것이다. 그러나 여왕벌이 밖으로 나올 수 없게 되기 때문에 교미비행을 가는 시기에 사용은 주의해야 한다.

[14] 크기 28.8cm×5.7cm×8cm. 예상되는 분봉을 방지하거나 서양 꿀벌의 도봉으로부터 토종벌을 보호한다.

3. 토종벌통을 세로형에서 가로형 벌통으로 바꾸기

❶ 이동할 장소에 가로형 벌통을 준비한다.

❹ 벌통(벌집)에 붙어있는 벌은 빗자루 등으로 두드려 이동시킨다. 벌통(벌집)은 하나씩 떼어내고 마지막으로 봉구를 부수면 모든 이동작업이 종료된다.

❷ 가로형 벌통(벌집) 밑판을 떼어 세로 방향으로 설치한다.

❸ 세로형 대기벌통의 한쪽 면을 떼어내 벌통(벌집)과 붙인다. 이때 이동시키고 싶은 벌통 쪽을 약간 높게 해 경사를 내는 것이 중요한 사항이다.

❺ 벌통을 제대로 설치하면 완료된다. 사진은 처마 밑에 설치한 예로 벌통 속의 꿀벌이 만든 벌집은 꺼내서 채밀하고 이후에 봉아주(蜂兒酒) 등에 이용한다.

제5절 토종벌의 관리

벌통의 모양이나 주인의 생각과 관리능력 등에 따라 해야 할 작업은 달라진다. 거의 돌보지 않고 방치하는 사람부터 관리를 잘하는 양봉가까지 자신이 어떻게 키우고 싶은지에 따라 자신의 사육유형을 선택한다.

1. 관리는 벌통이나 사육방법에 따라 천차만별

　서양 꿀벌과 비교하면 토종 꿀벌의 관리 작업은 훨씬 적다. 작업내용은 벌통이나 기르는 방법에 따라 다르지만 주된 일은 벌통을 통해 꿀벌이 드나드는 모습을 관찰하는 것 정도이다. 전통적인 토종벌은 통나무식이나 수직형 벌통이나 채밀 이외에는 특별히 관리할 필요가 없다. 꿀벌을 바라보는 것을 주목적으로 사육하고 있는 사람은 봉군이 없어졌을 때 벌통(벌집)을 정리하고 채밀이나 청소를 하면 된다. 이는 원래 야생에서 살고 있던 토종 꿀벌을 키울 수 있는 단순한 방법이라고 할 수 있다. 이 책에서는 다단식과 소비식으로 사육하는 경우의 관리 작업(168~139페이지)을 소개한다. 분봉 시기의 관리와 채밀에 대한 것은 172~174페이지를 참조하기 바란다.

▲ 토종벌이 건강하게 출입하고 있으면 봉군의 군세가 강하다는 증거이다.

▲ 다단식 벌통 속을 아래쪽에서 올려다 본 사진

1) 다단식 벌통의 관리 작업

　다단식으로 사육하는 경우의 주요 작업은 벌통의 증감(增減)이다. 벌집 방은 위에서 아래로 커지기 때문에 벌집 방의 성장 상태에 따라 벌통을 더하거나 줄이거나 해야 한다. 벌집 방이 자라서 바닥에 거의 닿기 전에 벌통을 더 만들어 주고 반대로 월동 전에 벌통 하부에 여유가 있을 때는 벌통을 줄인다. 벌집 방의 증감법은 다음 페이지 그림을 참고한다. 벌집 방의 성장 상태는 벌통(벌집)의 아래에서 거울로 보거나 카메라로 촬영하는 등의 방법으로 확인한다.

2) 소비식(개량식) 벌통 관리 작업

　소비식 벌통에서는 사람이 토종벌을 관리하기는 쉽지만, 다른 벌통에서 사육하는 것보다 작업내용과 양이 늘어난다. 서양 꿀벌과 마찬가지로 소문을 통해 꿀벌이 출입하는 모습만 봐도 봉군의 상태는 어느 정도 알 수 있다(74페이지 참조). 내검(內檢)은 2주에 1회가 기준이다. 카식연구소의 소비식 벌통의 경우, 소비가 전부 14매가 들어가지만, 모두 넣은 채로 둔다. 소비에 소초(巢礎)가 없이 꿀벌이 스스로 지연 소비를 만들기 때문에 소초가 달린 벌집 판을 증감할 필요가 없다. 그 대신 내검(內檢)을 할 때 쓸모없는 벌집을 만들고 있다면 제거해 주도록 해야 한다. 토종 꿀벌은 서양 꿀벌보다 추위에도 강하기 때문에 먹이통(사양기) 등으로 칸막이를 해서 보온을 해 줄 필요도 없다.

　내검(內檢) 시에 봐야 할 포인트는 꿀 저장이 육아 공간을 압박하고 있지 않은지 확인한다. 산란이나 육아할 장소가 적어졌을 때는 채밀하여 육아 공간을 확보해 준다.

2. 다단식 벌통의 벌통을 증감하기

1) 다단식 벌통 단면도

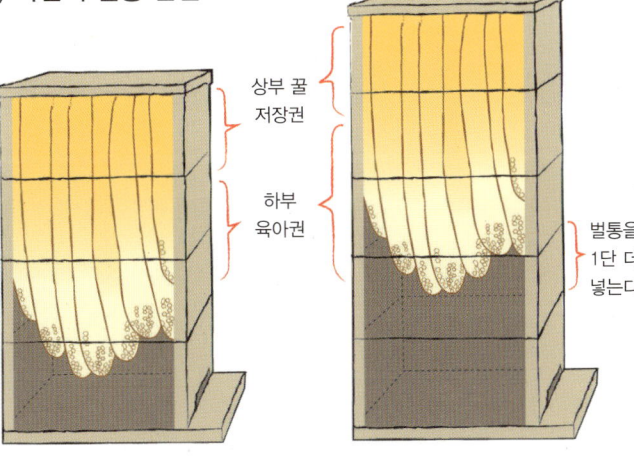

◀ 3단 정도부터 사육하기 시작해 벌통(벌집)의 성장에 따라 5~6단까지 늘릴 수 있다.

◀ 다단식 벌통 맨 위쪽을 들어 올린 모습. 이렇게 아래로 벌집이 뻗어간다.

❶ 벌집이 아래로 뻗어 내려오면 벌통을 1단 더 만들어 준다.

❷ 1단 더하기와 마찬가지로 5~6단까지 더한다. 줄일 때는 반대로 작업을 한다. 상단부는 적기에 채밀(175페이지 참조)한다.

3. 소비식 벌통 내검(内檢) 절차

❶ 소문에 손을 얹고 조심스럽게 연다. 조금 기다린 후 벌이 올라오면 열어도 좋은 신호이다.

❷ 뚜껑을 열고 위에 올려져 있는 개포(canvas)[15] 등을 벗긴다. 개포는 삼베(hemp linen)나 범포(帆布, 돛에 사용되는 천으로 두꺼운 면직물로 천막 등을 만드는 데 사용)를 사용한다.

❸ 벌통에서 소비를 들어 올려 벌집의 상태를 확인 후, 필요에 따라서 채밀이나 쓸모없는 벌집의 제거 등을 하고 원래대로 되돌려 놓으면 종료된다.

❹ 소비의 가장자리까지 벌집이 꿀소비로 되어 있는 것이 많다.

카식연구소의 소비를 거꾸로 설치한 모습. 소강대의 윗부분(上桟)의 하부가 삼각형으로 뾰족하여 이곳을 중심으로 하여 벌이 아래로 깨끗이 벌집을 만든다.

---

15) 날실·씨실에 굵은 번수의 단사(單絲)·합연사(合撚絲) 또는 평행사를 사용하여 치밀하게 짠 두꺼운 평직물

제6절 토종 분봉군 포획하기

봄은 분봉의 계절이다. 야생의 원래 벌집에서 나온 분봉군을 잘 접수해서 벌통에 넣으면 증군(增群)도 할 수 있다. 분봉군을 도입할 때의 체크포인트를 소개한다. 요령은 분봉판과 냄새 물질을 잘 이용하는 것이다.

1) 초봄에 분봉한 봉군을 증군시키기

꿀벌은 '분봉'이라고 불리는 벌통(벌집)을 나누면서 자연계에서 늘어난다. 토종 꿀벌을 사육할 경우, 분봉의 대응 방법은 사람에 따라 다양하다. 자연적으로 분봉하는데 맡겨서 분봉군을 흡수하지 않는 사람, 분봉군을 흡수하여 증군하는 사람, 분봉하지 않도록 관리하여 현재의 군수를 유지하는 사람 등 다양하다.

또한 몇 번이나 분봉한 결과 거의 토종벌이 없어져 버린 것도 있다. 같은 양봉장에 많은 봉군을 기를 수 있는 것은 주위에 밀원식물이 풍부한 경우일 뿐이다. 그렇지 않다면 한 곳당 2~3군 정도로 기르면 된다.

2. 분봉군 포획 기술

분봉은 봄부터 초여름에 몇 차례에 걸쳐서 행해지는 경우가 많은데 원래 처음 벌통의 여왕벌로부터의 1차 분봉을 제1 분봉이라고 부른다. 그 후 제2 분봉, 제3 분봉으로 이어지거나 분봉한 군에서 손자분봉을 하는 예도 있다. 분봉군을 모을 때 효과적인 방법은 다음 2 가지이다. 일단 분봉군이 모이면 빈 벌통에 수용한다.

▲ 분봉판에 모인 봉구(蜂球)는 은근히 따뜻하다. 분봉군은 기분이 좋으면 쏘는 일이 적다.

◀ 토종벌의 수컷 봉개(번데기 뚜껑). 수벌이 우화(羽化)할 때 봉개가 벗겨지지만 중앙에 구멍이 뚫리는 것이 특징이다. 이것이 관찰되고 나서 약 2~7일 후에 분봉이 나가는 일이 많다. 이러한 수컷 봉개는 서양 꿀벌에서는 관찰되지 않는다.

◀ 토종벌의 수벌(가운데)은 일벌보다 몸집이 훨씬 크고 전체적으로 거무스름하며 눈이 크다.

▲ 분봉군의 일벌은 배에 꿀을 많이 모아 두고 있어 황금색을 띠고 있다.

1) 분봉판을 설치해두기

원래 벌집에서 나온 분봉군은 근처에 봉구를 만드는 경우가 많아 군들이 모이기 쉬운 장소를 만드는 것이 좋다. 까칠까칠하고 어두컴컴한 곳을 선호한다. 또 한 번 사용된 분봉판은 냄새가 배어 다시 모일 확률이 높아진다.

2) 냄새로 유인하기

토종 꿀벌이 좋아하는 냄새 물질을 내는 동양란(金稜辺)을 빈 벌통 근처에 동양란을 놓으면 분봉군이 모이기 쉽다.

▲ 벚나무 껍질을 이용한 분봉판

▲ 꿀벌은 어둑어둑하거나 높은 쪽(위쪽)으로 이동하기 때문에 벌통 윗부분에 벌통을 갖다대면 벌들이 자연스럽게 들어온다.

▲ 삼베를 감은 분봉판

▲ 동양란의 꽃에 모인 분봉군

▲ 분봉군이 모인 모습

3. 분봉군의 포섭에 실패하는 경우의 대책들

1) 봉구를 만들지 않고 다시 날아가는 경우

제1 분봉의 경우는 사전에 가는 곳을 결정하는 경우가 많으므로 분봉한 군이 근처에 봉구를 만들지 않고 그대로 날아가 버리는 경우도 많다. 그러면 여왕벌을 잡으면 될 것이다.

분봉에서는 벌통에서 주렁주렁 일벌로 나오지만, 3분의 2 정도 나온 후 여왕벌이 나오는 경우가 많으므로, 거기를 그물로 포획한 다음 빈 벌통에다 여왕벌이 상처를 입지 않도록 조심해서 조용히 넣는다. 그리고 밖에 나온 일벌 옆에다 벌통을 갖다 놓으면 저절로 들어간다.

▲ 여왕벌을 잡아 빈 벌통에 넣는다.

2) 포획한 분봉군이 다시 도망가는 경우

토종벌이 벌통이 마음에 들지 않으면 달아난다. 새 벌통을 사용할 때는 162페이지를 참고하여 벌집 부스러기(밀납)를 바르는 등 냄새로 유인한다.

▲ 여왕벌을 둘러싼 일벌

제7절 토종벌의 인공분봉

벚꽃이 만개하는 약 2주 후면 분봉 계절에 돌입한다. 이 시기는 2~3일마다 내검(內檢)을 실시하고 분봉으로 증군을 노린다. 내검(內檢)을 하면 벌통 안의 상태를 알 수 있고, 분봉의 전조인 왕대(王台)의 발견도 간단하다.

◀ 자연왕대가 만들어지고 있는 곳. 왕대에 뚜껑이 걸려 뚜껑이 갈색으로 변하면 분봉의 적기이다. 며칠 후면 여왕벌이 우화한다.

1. 왕대를 이용하여 인공 분봉하기

소비식 벌통(벌집)의 좋은 점은 내검(內檢)을 하기가 쉬우므로 벌통 안의 상황을 파악하기 쉽다는 점이다. 왕대도 쉽게 찾을 수 있으므로 분봉 시기를 예측하거나 왕대를 무너뜨려 분봉을 예방할 수 있고 증군을 하고 싶을 때는 인공 분봉도 가능하다.

봄에 밀원이 풍부한 지역이라면 1군을 가지고 3군으로 늘릴 수도 있다. 소비가 14개인 벌통을 예로 들어 순서를 소개한다. 우선, 원래의 새 집부터 왕대가 있는 새집을 새집 A와 새집 B에 1장씩 넣는다. 게다가 봉아가 많은 봉아소비와 꿀소비를 중심으로 3~4장을 A와 B에 각각 넣는다. 원래의 벌통에는 여왕벌이 들어가는 소비 1매과 꿀이 적은 소비를 2~3매 남긴다. 벌통의 비어 있는 공간에는 각각 새로운 소비를 넣어준다. 왕대나 봉아, 꿀의 양 등에 따라 3군이 아닌 2군으로 분봉을 하는 것도 하나 방법이다.

◀ 유충이나 번데기가 풍부한 봉아가 많은 소비. 이런 소비를 새 벌통에 넣어준다.

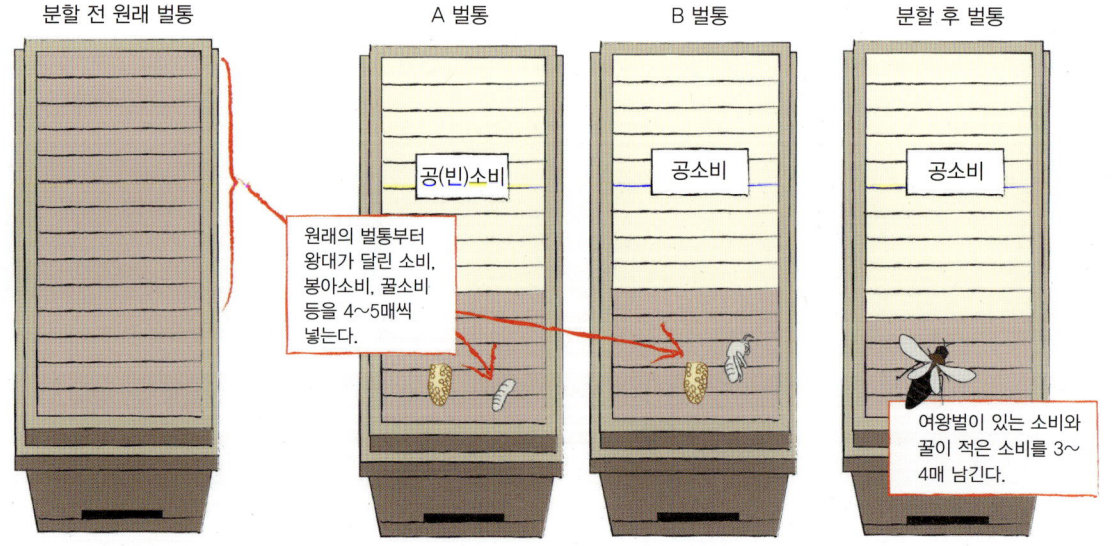

제8절 토종 무왕군의 합봉

봉군에서 여왕벌이 사라지면 마침내 봉군은 붕괴한다. 여왕벌이 없어지면 일거리가 없어지므로 벌이 어슬렁어슬렁 놀기 시작한다. 내검(內檢)을 하여 봉아가 없을 때는 여왕벌 부재를 의심해 보고 합봉을 시도한다.

1. 유왕군 위에 무왕군의 보금자리를 포개기

여왕벌이 어떤 원인으로 사라졌을 경우, 왕대를 만들 수 있는 알이나 유충이 없으면 마침내 봉군은 붕괴한다. 여왕벌이 사라진 지 얼마 후에는 동봉(働蜂)[16] 산란이라고 해서 일벌의 산란이 시작되는 경우가 많다. 그러나 일벌이 낳는 알은 모두 미수정란이기 때문에 자라는 것은 모두 수벌이 되고, 봉군은 붕괴해 버린다.

그렇게 되기 전에 무왕군과 유왕군의 합봉을 시도해야 한다. 합봉을 성공시키는 포인트는 유왕군 위에 무왕군의 봉군을 합치는 것이다. 이는 여왕벌의 페로몬을 위로 올라가도록 하기 위한 것으로 무왕군에게 여왕벌의 페로몬을 골고루 퍼뜨려 합봉을 시킨다. 다만, 합봉이 가능한 것은 봄부터 초여름의 봉군에 기세가 있을 때이다. 여름 이후에는 합봉을 성공적으로 이루어내기는 어려울 것이다. 소비식 벌통이든 다단식 벌통이든, 절차는 같다(아래의 그림을 참조한다).

▲ 일벌산란(働蜂産卵)에서는 하나의 벌집에 복수의 알이 낳는 경우가 많다. 여왕벌이 사라져 일벌의 엉덩이가 갈색으로 빛나기 시작하면 일벌산란이 가까웠다는 사인이다.

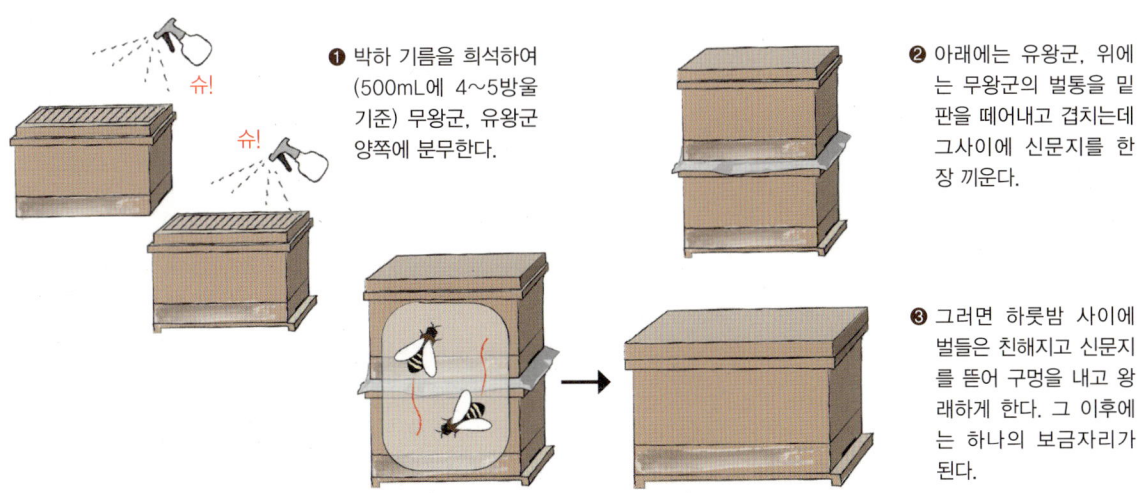

❶ 박하 기름을 희석하여 (500mL에 4~5방울 기준) 무왕군, 유왕군 양쪽에 분무한다.

❷ 아래에는 유왕군, 위에는 무왕군의 벌통을 밑판을 떼어내고 겹치는데 그 사이에 신문지를 한 장 끼운다.

❸ 그러면 하룻밤 사이에 벌들은 친해지고 신문지를 뜯어 구멍을 내고 왕래하게 한다. 그 이후에는 하나의 보금자리가 된다.

---

[16] 꿀벌이나 말벌 등의 사회에서 나타나는 생식선이 퇴화하여 생식 불가능한 암컷 벌(일벌)로 먹이 채취, 육아, 벌집의 유지나 방어의 역할을 한다. 여왕벌에 비하면 체형이 작다. 여왕벌이 없으면 이 일벌이 산란하는 것을 말한다.

제9절 토종꿀의 채밀

채밀의 시기나 방법은 벌통의 종류나 벌집판의 구조에 따라 다양하다. 꿀을 많이 뜨고 싶은 것인지, 그렇지 않은지에 따라서도, 기르는 방법이나 채밀법이 달라진다. 채밀의 순서에 대해서, 소비식 벌통과 다단식 벌통을 예로 소개한다.

1. 사육방법에 따른 채밀시기와 채밀량의 변화

토종 꿀벌 사육의 경우, 채취 방법과 타이밍이 매우 다양하다. 연 2~3회 뜨는 사람도 있고, 2~3년에 1회만 꿀을 뜨는 사람도 있다. 제일 많은 건 연 1회 뜨는 경우이다. 꿀을 채취하는 시기도 봄부터 가을에 걸쳐 다양하다.

1) 통나무식이나 수직형 벌통의 경우

벌집판을 움직일 수 없는 전통적인 벌통에서 사육하고 있는 경우, 연 1회, 벌집을 모두 분리(뜯어내)하여 채밀한다. 벌의 희생을 줄이고 싶다면 봄 채밀을 적극적으로 추천한다. 첫 번째 분봉 후 약 17일 후에는 여왕벌이 나가기 전에 낳은 알과 봉아는 성충이 되어 있으므로 봉아를 죽이지 않고도 채밀할 수 있다.

봄철 벌이 시원치 않을 때는, 추석 전(가능하면 7월 중)의 채밀이 좋다. 이 시기의 채밀이라면, 늦여름부터 가을에 걸쳐 벌통(벌집)을 만들고 꿀 저장을 할 수 있으므로 꿀벌의 부담이 적고, 월동, 이듬해 봄 분봉도 기대할 수 있다.

2) 소비식 벌통의 경우

소비식에서는 벌통(벌집) 안의 모습을 쉽고 자세히 관찰할 수 있으므로 상황에 따른 채밀이 가능하다. 분봉 계절에도 왕대를 깎거나 인공 분봉을 하는 등 마음대로 관리할 수 있다. 육아권(育兒圈)을 압박할 정도로 꿀 저장이 있을 때는 신속하게 꿀을 채취한다. 즉, 꿀 저장이 진행되면 꿀을 뜨는 것을 반복하다 보면 꿀벌은 꿀 모으기(집밀), 산란, 육아의 의욕을 계속 가지기 때문에 결과적으로 강군(強群)이 되고 뜨는 꿀의 양도 많아진다.

3) 다단식 벌통의 경우

다단식 토종벌통의 경우, 최상단에 있는 꿀 저장 부분만을 채밀하기 때문에 꿀벌에 부담이 적은 것이 특징이다. 그러나 벌통(벌집) 안이 잘 보이지 않기 때문에 꿀을 너무 많이 따지 않도록 주의한다. 채밀 시기는 봄 또는 여름이 좋다. 가을에 채밀하는 사람이 많은데, 그러면 벌이 월동을 위해 채밀한 부분을 사람이 채굴하게 되어 월동이 성공할 확률이 낮아진다. 설사 먹이를 먹는다고 하더라도 기온이 내려가게 되면 설탕액의 흡수가 나빠지게 된다. 채밀은 추석 전까지 끝내는 것이 좋다.

▲ 토종벌을 기르는 사람은 꿀을 따는 목적보다 애완동물처럼 기르는 사람도 많다. 꿀벌이 벌통(벌집)의 소문을 드나드는 모습을 보기만 해도 매일 즐겁다는 것이다.

제10절 소비식 토종벌통의 채밀

1. 꿀벌에 스트레스가 적은 채밀법

만약 꿀 저장의 상태를 확인하였는데 꿀이 많이 쌓이면 반복해서 채밀을 할 수가 있다. 꿀소비만 뽑아낼 수 있으므로 꿀벌에 대한 부담도 적은 방법이다. 보통 토종 꿀벌은 서양 꿀벌보다 채취량이 적다고는 하지만 이런 방법이라면 거의 같은 정도의 꿀벌이 있으면 채밀량도 못지않을 정도로 비슷하게 꿀을 뜰 수도 있다.

❶ 벌통의 뚜껑을 열고, 꿀 저장 상태를 확인한다.

❷ 꿀소비를 꺼낸다.

❸ 벌이 달려 있으면 벌브러쉬로 털어낸다.

❹ 꿀이 들어있지 않은 부분은 잘라낸다.

❺ 분리하고 있는 공소비(빈소비)

❼ 꿀 저장부를 깨끗하게 틀에서 잘라낸다.

❻ 칼로 꿀저장 부분을 잘라낸다.

❽ 그릇에 나무젓가락을 올려놓고 스테인레스 망사 그릇을 설치한다.

❾ 소광에 붙어있는 밀랍 등도 떼어내어 소비를 깨끗이 한다. 밀랍은 따로 떼어(벌집의 일부) 이용하거나 정제하고 밀랍으로 이용한다.

❿ 잘 제거된 소광대

⓭ 스테인레스 망사 그릇에서 꿀이 아래로 떨어진다. 약 24시간 이내에 완료한다. 이는 기문응애의 피해를 예방하기 위해서이다.

⓫ 벌집 방을 허물어 꿀이 나오기 쉽게 한다.

⓬ 스테인레스 망사 그릇에 벌집 방을 넣는다.

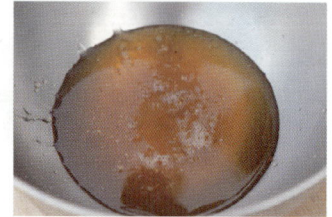

⓮ 채밀하는 작업은 실내나 텐트 등 벌이 없는 곳에서 하는 것이 좋다.

제11절 다단식(重箱式) 토종벌통 채밀

1. 맨 위의 벌통을 자르고 채밀

다단식 벌통에서 채밀은 최상부 벌통을 잘라내고 실시한다. 꿀벌은 가장 위에 꿀을 모으므로 이 부분만 취하는 방법은 꿀벌을 거의 훼손하지 않고 채밀할 수 있다. 철사를 사용하고 벌통을 신중하게 끊는다. 채밀 후에는 뚜껑을 다시 원래대로 설치한다. 작업은 두 사람이 하면 원활하고 효율적이다.

❶ 철사를 사용한 뚜껑을 빼낸다.

❷ 위에 올려놓은 마포도 빼낸다.

❸ 가장 위의 벌통과 2번째 벌통 사이에 철사를 넣고 바싹 다녀 신중하게 뺀다.

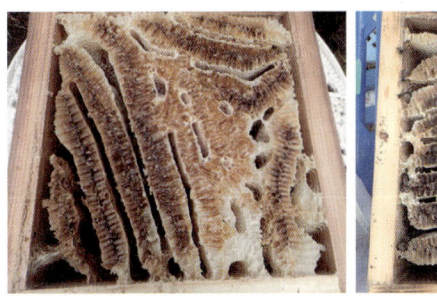

❹ 꿀 저장 부분. 벌통(벌집) 판이 나란히 되도록 한다. 왼쪽은 다른 벌통이다. 벌통(벌집) 판이 늘어서는 방법은 다양하다.

❺ 벌통(벌집) 판을 베어낸다. 안에 벌통(벌집) 누락 방지용 바구니가 들어있으므로, 그 부분에 주의하면서 자른다.

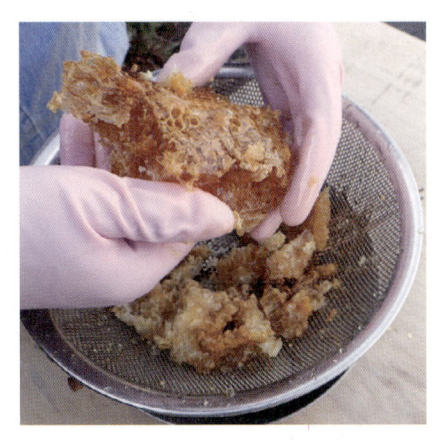

❻ 벌집 방을 허물어 꿀을 취한다. 이후의 작업은 174페이지를 참조한다. 절차 ❽~❿과 같다.

제12절 서양 꿀벌과 토종 꿀벌의 비교

재래종인 토종 꿀벌과 서양 꿀벌의 차이를 알아본다.

항목	서양 꿀벌	토종 꿀벌
1. 봉군당 벌의 수	2만~4만	수천~2만
2. 일벌의 형태		
① 몸길이(mm)	12~14	10~13
② 체중(mg)	70~120	60~90
③ 체색	황갈색~흑갈색	흑갈색
④ 뒷날개의 시맥 M3+4	없음(있어도 흔적 정도)	현저함
⑤ 복부 제6절의 백색 밴드	없음	현저함
3. 일벌의 발육 기간	21일	약 19일
4. 벌집 구조		
① 벌집 판의 간격	넓음	좁음
② 일벌 소방의 직경(mm)	약 5.1	약 4.6
③ 일벌 소방의 수/100cm^2	약 410	450~500
④ 수컷 소방의 수/100cm^2	약 270	약 390
⑤ 수컷 번데기 꼭지의 작은 구멍	없음	있음
5. 성질		
① 채밀권역	넓음	좁음
② 외부 자극에 대한 반응	둔함	민감
③ 변성왕대	잘 나옴	완성되기 어려움
④ 일벌산란	일어나기 어려움	일어나기 쉬움
⑤ 분봉 시 봉구 형성 장소	잔가지가 섞인 곳	굵은 나뭇가지 밑동
⑥ 도망의 정도	거의 없음	빈번함
⑦ 소문에서의 환기 선풍	엉덩이를 바깥쪽으로	머리를 바깥쪽으로
⑧ 벌 커튼 상에서의 정위치	고르지 않음	위를 향해 늘어섬
⑨ 몸을 흔드는 행동(외적 침입)	볼 수 없음	현저함
⑩ 시머링[17](히싱[18])	볼 수 없음	현저함
⑪ 프로폴리스(propolis) 채취	모음	모으지 않음
⑫ 도둑벌(盜蜂)	집단으로	개체 단위로
⑬ 대 말벌 행동	벌의 침을 쏘는 행동으로 응전	봉구에 의한 열살(熱殺)
⑭ 대 바로아병(Varroa)[19]	피해가 큼	저항성
⑮ 대 부저병	피해가 큼	저항성

출처: 사사키 마사키 "벌에서 본 꽃의 세계"

[17] shimmering. 반짝반짝 빛나는, 희미하게 빛나는, 흔들거리는.
[18] hissing. 쉿 소리.
[19] 동남아시아의 동양종 꿀벌(Apis cerana)에 기생하는 진드기가 발견되어 Varroa(바로아)병이라고 부른다.

제13절
토종벌 사육에 관한 질문과 답(Q&A)

토종벌 전문가에게 듣는 명쾌한 답변!

문 1. 여름의 더위 대책은?

답 1. 여름은 벌통을 나무 그늘에 두거나, 차양을 설치하는 등, 직사광선에 노출되지 않도록 해야 한다. 초여름부터 늦더위 시기는 벌통의 밑판과 벌통 사이의 네 모퉁이에 얇은 판자를 가마니 등으로 밑바닥을 들어 올려 통기성을 확보하도록 한다. 이때, 말벌 등이 공격하지 못하도록 틈새는 5mm 전후로 띄는 것이 중요하다. 꿀벌들은 소문뿐만 아니라 바닥 전체에서 드나들게 된다. 쉽게 설치할 수 있고, 여름철에 벌통(벌집)도 보호되므로 시험해 보기 바란다.

▲ 커튼이나 발 등을 쳐서 차광(햇살 대책)한 사례

▶ 얇은 판자를 사방에 넣어 밑바닥을 들어 올려 통풍을 증진한다.

문 2. 물 마시는 곳이 필요합니까?

답 2. 필요합니다! 언제든지 신선한 물을 먹도록 물이 흐르는 장소를 만들어 둔다. 특히 여름철 더울 때는 벌통(벌집) 안의 온도를 낮추기 위해서 꿀벌은 물을 나르기 때문에 물이 있는 장소는 중요하다. 필요하다면 벌통 안에 바로 물을 공급해도 된다.

문 3. 태풍으로 벌통(벌집)이 넘어지지 않을지 걱정이다.

답 3. 키가 큰 다단식과 같은 벌통을 사용하면 태풍, 강풍 시의 바람 대책이 중요하다. 누름돌을 얹어두고 쓰러지지 않게 하거나 벌통(벌집)의 높이가 있을 때는 바닥에 앵커(ankor) 등을 박고 밧줄로 단단히 묶어 두면 안심이다.

문 4. 기문응애(Acarapis woodi) 대책은?

답 4. 서양 꿀벌은 바로아응애(Varroa destructor) 대책이 필요한데, 토종 꿀벌은 바로아응애의 해가 적은 대신 해로운 것을 막기 쉽다(반대로 서양 꿀벌은 바로아응애와 잘 공생하는 것으로 알려져 있다. 토종 꿀벌은 바로아응애가 붙으면 서로 몸단장(grooming)해서 떨어뜨리는 것으로 알려져 있다.

기문응애 대책에는 허브인 박하(mint)가 효과가 있다. 박하의 생잎을 권장한다. 박하(mint) 결정이나 정유를 사용하는 사람도 있지만 꿀벌에는 냄새가 너무 강하다는 생각이다. 박하 생잎 사용법은 간단하다. 봄부터 가을에 걸쳐, 벌통의 위 소광대(上桟)과 뚜껑 사이에 박하의 잎을 놓기만 하면 된다. 15cm 정도 길이의 박하 가지에 붙은 잎을 몇 개 사용하면 좋다. 일주일에 한 번을 기준으로 새로운 잎으로 교환한다. 기문응애는 우화한지 얼마 안 된 젊은 벌에 기생하기 때문에 늙은 벌이 되면 가을철 이후에는 대책을 세우지 않아도 괜찮다. 박하는 생육이 왕성하고 다년생이므로 자연스럽게 번식이 가능하고 식물 재배용 용기에서도 재배가 쉽고 간단하다.

추천하는 박하는 페퍼민트(Mentha arvensis)로 초장 50~70cm, 개화는 6월 하순~8월 상순이고 꽃은 연보라색인 것을 권장한다.

▲ 벌통(벌집) 위에 얹은 개포(범포) 위에 박하(민트) 생잎을 올려놓고 뚜껑을 덮는다.

▲ 페퍼민트(Mentha arvensis)

◀ 애플민트(Mentha suavolens)

문 5. 월동 시에 방한대책이 꼭 필요한가요?

답 5. 토종벌은 서양 꿀벌보다 추위에 강하기 때문에 나가노에서는 겨울철 최저기온이 -15℃ 정도 되지만, 별다른 대책을 세우지 않아도 월동할 수 있지만, 소문의 출입문을 좁게 하는 것은 효과적이다. 월동에 실패하는 것은 추위보다 가을의 채밀이 원인이라고 생각하고 있다. 겨울을 향해 채밀하고 있었는데 가을에 채밀하면 먹이 비축이 없어지고, 때에 따라서는 봉아까지 죽여 버리게 된다. 그렇게 하면, 벌통(벌집)은 젊은 벌이 줄어 늙은 벌이 많아진다. 늙은 벌은 밀원이 줄어들고 기온이 내려가는 시기인데도 늙은 몸을 채찍질해서 벌집을 짓고 꿀을 모으며, 꿀 농축작업을 계속해야 한다. 그런 결과로 벌들이 겨울을 넘길 수 없는 것은 어쩌면 당연할지도 모른다. 이렇게 되지 않게 하기 위해서라도 채밀은 8월 15일 전까지 끝마치는 것이 월동의 성공으로 이어진다.

▶ 설탕액을 줄 때는 플라스틱 용기 등 물에 뜨는 판자를 넣어 벌들에게 발판을 만들어 준다. 용기나 물에 뜨는 판자에 밀랍을 바르면 더 좋다. 용기를 벌통 벽에 붙여 바닥에 두면 벌이 흡입하기가 쉽다.

▲ 대용 꽃가루는 위 소광대(上桟)와 벌통 뚜껑 사이에 둔다. 바닥에 두면 잘 먹지 않으므로 위에 두는 것이 중요하다.

문 6. 꿀벌에게 먹이를 꼭 주어야 합니까?

답 6. 이른 봄이나 여름, 가을 등 밀원이 적은 시기는 먹여주기가 필요하다. 설탕액에 쓰는 설탕은 등급이 좋은 백설탕을 사용하고 있다. 설탕과 물을 1대 1의 비율로 섞어 이에 소금을 약간 넣어 녹인다. 가을은 이보다 20~30% 더 진하게 하여 먹이면 더 좋고, 봄에는 반대로 20~30% 연하게 하여 먹이면 좋을 것이다. 대용 꽃가루인 화분떡은 시판되는 것이라도 좋은데 직접 만들어 먹이는 경우도 많다. 직접 만들 때는 술을 거르고 남은 찌꺼기인 술지게미(酒粕) 80%에 설탕 20%, 여기에 토종 꿀벌의 꿀을 조금 넣고 섞는다. 술지게미는 순 쌀로만 빚은 청주의 질 좋은 것을 추천한다(서양 꿀벌에게 줄 때는 서양 꿀벌의 꿀을 섞어 만들면 좋을 것이다).

문 7. 소충(벌집을 먹는 해충) 대책은 어떻게 해야 하지요?

답 6. 소충의 증식은 온도와 습도가 많이 관계하고 있다. 따라서 벌통(벌집)을 바싹 건조시키는 것이 예방책이다. 소충은 바닥에 있어서 바닥판과 소비 판을 열도록 공간을 마련하는 것이 유효하다. 여름철에는 그늘의 서늘한 곳에 벌통(벌집)을 두거나 바닥판을 결이 고운 철망으로 해도 좋을 것이다. 벌통(벌집)의 소재를 습기가 채워지기 힘든 회백나무로 하면 더 좋다. 또 채밀 후 벌집 부스러기를 그대로 보관하면 소충의 온상이 되지만 2~3일 냉동시키면 그 후 상온에 보관해도 소충은 나오지 않는다.

▲ 초봄, 사용하지 않게 된 벌집이 꿀벌에게 갉아 먹혀 밖으로 나온 모습. 벌통 바닥에 벌집 부스러기가 있어도 통기성이 확보되어 있으면, 소충의 피해는 적다.

문 8. 밀랍(蜜蠟)의 활용법은?

답 8. 밀랍을 녹여서 정제하면서 양초를 만드는 경우가 많다. 우리 집에서는 밀랍 크림을 만들어 비치하는데 방법은 간단하다. 재료는 밀랍 10g, 호호바 오일 40g, 로즈 워터(rose water) 20g, 붕산(있다면) 약간만 있으면 된다. 정제한 밀랍을 그릇 등에 넣어 중탕으로 녹이고 거기에 호호바 오일(jojoba, *Simmondsia chinensis*)과 로즈워터(rose water), 붕산을 가해 거품기로 잘 섞는다. 붕산은 기름과 물을 섞기 위한 유화제 역할을 한다. 그릇을 찬물에 담가 크림처럼 될 때까지 공기가 포함하게 계속 섞는다. 흰색처럼 걸쭉하고 매끄럽게 된다. 2~3개월간 사용할 수 있다.

문 9. 말벌은 어떻게 대책을 세우면 되지요?

답 9. 여름부터 가을까지는 말벌이 공습하는 계절이다. 서양 꿀벌과 비교하면 토종 꿀벌은 대항 수단을 갖기 때문에 치명적인 타격을 당할 확률은 낮지만 그래도 장수말벌에는 주의가 필요하다. 말벌 포획기를 설치하거나 쥐덫 시트(끈끈이) 등으로 대책을 마련해야 한다. 서양 꿀벌의 말벌 방제법(제8장 142~145페이지)을 참고하기 바란다.

문 10. 벌통(벌집)을 손수 만들 때 유의할 것은?

답 10. 벌통의 용량은 24~38L가 최상이다. 토종 꿀벌은 서양 꿀벌보다 1군의 봉군 수가 적기 때문에 이보다 크면 벌통의 보온성이 떨어지고 봉군의 성장이 나빠지기 때문이다. 또 이보다 작으면 금방 벌통이 가득 차버린다. 판자 두께는 30mm 전후를 추천한다. 이보다 얇으면 방한과 방서성(防暑性)이 떨어지고 반대로 두꺼우면 무거워 운반하기가 힘들게 된다. 재료는 삼나무를 사용하는 경우가 많지만, 통기성이 좋은 회백나무를 추천하고 싶다. 나머지는 자신 취향대로 형태를 바꾸면서 연구해 보기 바란다.

제11장
밀원식물(蜜源植物)과 꿀

꿀벌은 많은 꽃을 찾아 화밀(꽃꿀)과 화분(꽃가루)을 모아 수분(受粉)을 돕는다. 밀원식물이라고 하면 꿀이 주목받기 쉬운데 꿀벌이 건강하게 자라려면 꽃가루도 빼놓을 수 없다. 양봉가는 밀원식물에 대해 알고 사계절 내내 밀원식물이 개화할 수 있도록 노력해야 한다.

제1절 밀원(蜜源)과 화분원(花粉源) 식물들

꿀벌과 식물은 서로 상부상조의 관계이다. 그렇다고 꿀벌이 별의별 꽃을 다 찾는가? 전혀 그렇지 않다. 그러면 이들 꿀벌이 즐겨 찾는 꽃은 어떤 꽃일까?

1. 밀원식물과 꿀벌

식물은 「수목과 화초」, 「종자식물, 양치식물, 이끼」, 「현화식물과 은화식물」이라는 상태로, 여러 가지 형태로 분류할 수 있다. 꿀벌 등과 같이 꽃의 꿀을 이용하는 생물의 입장에 보면 결국 「꿀을 공급해 주는 꽃」과 「꿀을 주지 못하는 꽃」으로 나눌 수 있지 않을까(꽃가루(花粉)에 대해서도 같은 것을 말할 수 있다).

꿀을 공급하는 것은 주로 수분 시에 곤충의 도움이 필요로 하는 식물로 이것은 「충매화(虫媒花)」라고 부른다. 한편, 곤충의 도움이 없이 바람에 의해 수분하는 식물은 「풍매화(風媒花)」이다(다만 풍매화라도 꽃가루를 많이 공급하는 꽃은 꿀벌에게도 인기가 있다). 밀원식물로 충매화인 식물만 전 세계적으로 4,000여 종이 알려져 있다. 그 중 한국과 일본에 있는 종류는 어느 정도일까? 다양한 조사 연구에 의해서 수는 변화하지만, 밀원식물의 답사를 하고 있는 사사키 마사키 선생이 확인한 것은 약 600~800종 정도이다(「벌에서 본 꽃의 세계」에서).

2. 찾는 꽃에 호불호(好不好)는 있나?

그러면 같은 품종의 꽃이면 밀원식물이 되는가? 반드시 그렇지는 않다. 토양의 상태나 날씨 등에 따라 꿀이 나오는 방식도 달라지기 때문이다. 한편 꿀이 나는 꽃에서도 꿀벌이 오지 않는 경우도 있다. 나비나 파리 등은 즐겨 찾는데 꿀벌은 거의 가지 않는 *피라칸사 코시네아* (*Pyracantha coccina*)[20] 같은 꽃도 있다. 이유는 밝혀지지 않았지만 꿀벌도 「호불호」가 있는 것은 확실한 것 같다. 또 같은 지역에 벌통이 집중되면 꽃이 피어 있어도 꿀이 완전히 따져서 꿀벌에게는 매력 제로라고 하는 경우도 있다. 다만 꿀벌은 나비나 사마귀 혹은 작은 새 등 수분을 돕는 생물(이것들을 합해 수분자(pollinater)라고 부른다) 중에서도 두드러지게 많은 꽃을 방문하는 우수한 존재이다. 이유로서 생각할 수 있는 것은, 꿀벌은 봉군 상태에서 겨울을 나기 위해 많은 양의 꿀을 비축할 필요가 있다. 그러기 위해서는 꿀의 종류에 그다지 신경을 쓸 수는 없는 것이다. 자연계의 밀원식물이 줄어드는 여름에 피는 식물을 적극적으로 심으면 좋다.

3. 밀원과 화분원 식물 심기

꿀벌을 키우려면 일년내내 밀원식물이 가까이 있는 것이 중요하다. 최근에는 일본 농업의 쇠퇴, 또 도시화가 진행되었기 때문에 녹지면적은 서서히 감소하고 있다. 또한 산에도 세계대전 이후에 침엽수가 많이 심어져 재

▲ 쉬나무에 방화하는 꿀벌 모습

---
[20] 피라칸타 코시네아(*Pyracantha coccina*)는 유럽의 붉은 불가시나무 종으로 16세기 후반부터 정원에서 재배되어 왔다. 그 나무에는 작고 하얀 꽃들이 있다. 그것은 작고 밝은 빨간색 열매를 생산한다. 그 과일은 쓰고 떫어서 날 것일 때 먹을 수 없다. 이 과실은 젤리, 잼, 소스, 마멀레이드를 만들기 위해 요리될 수 있다. 남유럽에서 서아시아까지 분포한다. 그것은 18세기부터 북아메리카에 소개되었고 그곳에서 장식용 식물로 재배되었다. 18세기 후반부터 영국에서는 보기 흉한 벽면을 덮기 위해 사용하였다.

래종의 활엽수림이 줄었다. 그 영향으로 밀원이나 꽃가루 원천이 되는 식물도 감소하고 있다.

중요한 것은 양봉장으로부터 반경 1~2km의 지역을 조사해 어디에 어떤 밀원식물이 있는지를 체크해 두는 것도 중요하다. 또한 화분 경단의 색을 보고 어떤 꽃의 꽃가루를 모으고 있는지를 추측하는 것도 중요하다. 3월부터 5월까지의 꽃이 피는 시기나 9월부터 10월에 걸친 가을 개화기 이외에는 밀원식물이 부족해지는 것이 보통이다. 밀원식물이 적은 시기를 어떻게 극복할 것인가를 항상 생각하며 거주지 주변에 공간이 있다면 밀원식물을 적극적으로 심어 나간다. 양봉장이 교외라면 주위의 주민에게 밀원식물의 모종을 나눠주는 등의 활동을 하여 양봉에 적합한 환경을 조성하는 것도 가능할 것이다. 또 가로수나 공원의 식재를 어떻게 할지 등, 주민 참가로 결정할 기회가 있으면 적극적으로 발언하고, 밀원식물을 늘리는 노력을 했으면 한다. 특히 수목의 경우는 개화하여 채밀할 수 있을 때까지 몇 년의 시간이 걸리는 일도 있다. 계획적으로 심고, 환경을 정리해 간다. 텃밭이나 정원 가꾸기에 사용되는 식물에도 밀원식물이 많으므로 우선은 가능한 것부터 시작해야 한다.

제2절 꼭 심어야 하는 밀원식물 목록표

공터나 강변 등	도시(공원, 가로수, 가정, 옥상 등)		산과 들
<초본>	<초본>	<목본>	<초본>
립피아	나래가막사리	금귤나무	분홍바늘꽃
미모사(함수초)	라벤더류	까치밥나무류	엉겅퀴류
토끼풀	라즈베리	다래나무	향유
<목본>	로즈마리	담쟁이덩굴	<목본>
갯버들	박하류	대추나무	개동청나무
내버들	백리향류	동백나무	개회나무
애기동백	블랙베리	먼나무	검양옻나무
장딸기	산호덩굴	모감주나무	귀풍나무
찔레나무류	샐비어	배롱나무	나도밤나무
논과 밭(재배)	소래풀	백합수	나래쪽동백
<초본>	안추사	벗나무	두릅나무
등갈퀴나물	알로에	붉은겨울벚꽃	때죽나무
메밀	에리카(히스)	비란수	산벚나무
유채류	칼라민타(Calamintha)	쉬나무	송악
자주개자리(알팔파)	회향풀(Fennel)	야생장미	쉬나무
진홍토끼풀	<목본>	오시마벚꽃	싸리나무
해바라기	감탕나무	정금나무	아까시나무
헤어리베치(털갈퀴덩굴)	나래쪽동백	주엽나무	음나무
홍화	다릅나무	중국 단풍나무	찔레나무
<목본>	유동나무	쪽동백나무	헛개나무
밤나무	탱자나무	칠엽수(마로니에)	황벽나무

※출처: [벌로 본 꽃의 세계] 사사키 마사키 (카이유샤)

제3절 주요 밀원식물 가이드

양봉에 힘쓰려면 밀원식물에 대한 지식이 필수다. 식물을 꽃이나 열매의 아름다움 등이 아니고 어떤 밀원이나 화분원이 좋을까? 라는 시점에서 다시 파악하면 전혀 다른 모습으로 보인다.

사계절의 변화가 뚜렷하고 밀원이 풍부한 한국과 일본만이 가능한 양봉의 즐거움을 마음껏 맛보기 위해서 꿀원과 화분원 식물에 관해 계속 연구해 나갔으면 한다.

1. 봄철의 밀원식물

〈약자와 마크 설명〉

① 꿀과 화분원
   꿀과 꽃가루가 모두 있다.
② 밀원
   꿀이 있다.
③ 화분원
   꽃가루가 있다.
④ 주로 밀원
   주로 꿀이지만 꽃가루도 있다.
⑤ 주로 화분원
   주로 화분원이지만 꿀도 있다.
Ⓐ ★★★
   우수한 밀원식물로 꿀벌이 자주 이용한다.
Ⓑ ★★
   좋은 밀원식물로 꿀벌이 자주 이용한다.
Ⓒ ★
   보조적인 밀원식물로서 꿀벌이 때때로 이용한다.
◎ 초록색은 봄, 빨간색은 여름, 파란색은 가을, 갈색은 겨울의 밀원식물이다.

출처: [벌이 본 꽃의 세계]
사사키 마사키(카이유샤)

1) 귤나무(*Citrus unshiu*)

봄의 밀원식물, 운향과

주로 밀원 ★★★

한국과 일본의 대표적인 감귤로 밀원으로 사랑받고 있지만 꽃가루는 다소 적다. 꽃은 하얗고 5~6월에 만개해 꿀의 양도 많다. 과연 귤다운 달콤한 향기가 특징인 감귤류는 개성적인 꿀이 많고 팬도 많다.

2) 때죽나무(*Styrax japonica*)

봄의 밀원식물, 때죽나무과

꿀과 화분원 ★★★

전국에서 자라는 낙엽 고목에서 초여름, 하얀 꽃이 5~6월에 활짝 핀다. 실은 유독물질이 포함되어 먹으면 목을 자극하는 "아리다" 느낌을 주는 것에서 유래했다. 토종 꿀벌이 좋아하는 꽃으로 지역에 따라서는 소비(벌집판)가 노란 꽃가루의 색깔에 물드는 것도 많다.

3) 벚나무류(*Prunus spp.*)

봄의 밀원식물, 장미과

꿀과 화분원 ★★

많은 종류가 있고 꽃은 4~5월에 핀다. 모두 밀원과 화분원으로 유효한 존재이다. 개량종보다 재래종에서 유밀이 잘 된다. 그중에서도 오시마벚나무는 꿀벌에게 특히 선호되며 마을이나 산 등을 물들이는 산벚나무도 밀원식물이 된다. 대표 품종인 왕벚나무에서는 향기롭고 고급스러운 꿀이 나온다.

1. 봄철의 밀원식물

4) 사과나무(*Malus pumila*)
봄의 밀원식물, 장미과

꿀과 화분원 ★★★

꽃이 4~5월에 피는 사과나무는 꿀의 양이 많아 양봉에 있어서 고마운 존재이나 살충제를 많이 살포하여 문제가 될 수 있다. 사과꿀은 엷게 사과의 향기와 맛이 느껴지는 것이 특징이다. 상쾌한 맛으로 인기가 높다. 그냥 사과를 깎아 두면 갈변하는 것과 마찬가지로 꿀도 색이 잘 나타난다.

5) 아카시나무(*Robinia pseudoacacia*)
봄의 밀원식물, 콩과

주로 꿀원 ★★★

늦봄에서 초여름인 5~6월에 1.5~2cm 정도의 작은 꽃을 많이 붙인다. 꿀의 양도 많다. 꿀 색깔은 엷고 부드러운 것이 편향이 없는 맛을 지니고 있다. 진한 향기가 특징으로 한국에서 가장 중요한 밀원식물이고 일본에서도 연꽃에 이어 인기가 높다. 북미 원산지의 외래종으로 지나친 번식력으로 인해 질시를 받기도 한다.

6) 양벚나무(*Prunus avium*)
봄의 밀원식물, 장미과

꿀과 화분원 ★★

벚나무의 동료로서 꽃의 양이 많고, 공 모양으로 5월에 개화하는 것이 특징이다. 북미에서는 꿀벌이 수분자(pollinater)로서 활약하지만 한국과 일본에서는 인공수분을 하는 경우가 많다. 꿀은 향에서 냄새가 나지만 신맛이 은은하고 팬들도 많다.

7) 유채(*Brassica napus*)
봄의 밀원식물, 십자화과

꿀과 화분원 ★★★

양배추, 배추 등 다양한 그룹으로 4월에 개화하는데 벌은 십자화과 모두를 좋아한다. 담황색인 양질의 꿀을 채취할 수 있지만 포도당이 많아 여름에도 결정(結晶, 고체)이 되기 쉽다. 봄철에 중요한 꽃이었지만 재배면적은 급속히 줄고 있어 양봉에 미치는 영향이 크다.

1. 봄철의 밀원식물

8) 자운영(*Astragalus sinicus*)
봄(4~6월)의 밀원식물, 콩과

꿀과 화분원 ★★★

꽃을 연화라고도 하나 연꽃과는 다르며 녹비작물로 꽃이 4~6월에 장기간에 걸쳐서 피고, 핑크→빨간색→보라색으로 색이 짙어지지만, 꿀은 꽃이 끝날 무렵에 잘 채밀된다. 색깔이 옅고 향기로운 향, 상쾌한 맛이 특징인 꿀은 오래전부터 많은 사람들의 사랑을 받았다. 논의 녹비로서 초봄의 상징물이었지만 작부 면적은 격감하고 있는 것이 현실이다.

9) 큰개불알풀(*Veronica persica*)
봄의 밀원식물, 현삼과

꿀과 화분원 ★

이른 봄 길가를 물들이는 푸르고 귀여운 꽃이 특징이다. 아직 꽃이 적은 시기인 4~6월에 피기 때문에 밀원으로서도 화분원으로도 양봉가에게는 고마운 존재이다. 열매의 모양이 개의 고환을 닮은 데서 이름이 붙었다. 유럽 원산으로 메이지시대에 도입되었다.

10) 헤어리벳치(*Vicia villosa*)
봄의 밀원식물, 콩과

꿀과 화분원 ★★★

영국 원산으로 털갈퀴덩쿨(hairy vetch)이라고도 하는데 꽃은 5~6월에 핀다. 최근 과수원의 잡초나 해바라기 혼파용으로 재배되고 있으며 또한 꿀맛이 비슷해 자운영의 대체 밀원으로 기대되고 있다.

11) 황벽나무(*Phrllodendron amurense*)
봄의 밀원식물, 운향과

꿀과 화분원 ★★★

산에 자생하며 귤과의 낙엽고목(高木)이다. 산지의 밀원으로 중요한 존재로 꿀벌에 인기도 높은 식물이다. 양봉가들에게 사랑받고 있으며 꽃은 5~6월에 핀다. 꿀은 엷은 황색의 투명감이 있고 양질이지만 결정(고체화)하기 쉽다.

2. 여름철의 밀원식물

1) 감나무(*Diospyros kaki*)
여름의 밀원식물, 감나무과

| 꿀과 화분원 | ★★★ |

한국과 일본을 포함한 동아시아 각지에서 많은 품종이 재배되고 있지만 벌은 모두 즐겨 찾는다. 자웅동주 식물로 5~6월에 꽃이 피는데 수꽃에서는 꽃가루, 암꽃에서는 질 높은 꿀을 얻을 수 있다. 한국의 하동, 상주, 일본의 후쿠오카(福岡)과 기후(岐阜) 등에서는 꿀벌이 수분자(pollinater)로서 활약하고 있다.

2) 거지덩굴(*Cayratia japonica*)
여름의 밀원식물, 포도나무과

| 꿀과 화분원 | ★★★ |

이름은 생명력이 강해 덤불을 덮어 말라 죽게 한다는 데서 유래하였다. 잘 손질되지 않는 정원에 잘 자라는 점에서 거지덩굴이라고 하고 플머루덩굴이라고도 한다. 막 피기 시작한 오렌지색 꽃은 7~8월에 걸쳐 피는 중요한 밀원이다. 2일째 이후의 핑크 꽃은 거의 꿀이 나지 않는다.

3) 검양옻나무(*Rhus succedanea*)
여름의 밀원식물, 옻나무과

| 화분원 | ★★★ |

일본의 오키나와나 시즈오카(静岡)현에서는 빼놓을 수 없는 밀원식물이다. 자웅이주(雌雄異株-암수가 다른 나무) 식물로 5월부터 6월까지 작은 연두색 꽃이 다수 핀다. 꿀의 양이 많기 때문에 꿀벌의 방문도 많다. 꿀은 향이 강하나 맛은 담백하다.

4) 당광나무(*Ligustrum lucidum*)
여름의 밀원식물, 물푸레나무과

| 꿀과 화분원 | ★★ |

중국 원산의 귀화 식물로 제주도와 일본에서 6~8월경에 걸쳐 황백색 꽃이 핀다. 염해나 대기오염 등에도 강한 거친 성질 때문에 해안가나 생울타리에 심어지는 일도 많다. 잎이 작은 광나무와 마찬가지로 밀원으로도 유력한 존재이다.

2. 여름철의 밀원식물

5) 두릅나무(Aralia elata)
여름의 밀원식물, 두릅나무과

| 주로 밀원 | ★★ |

전국의 산지에 널리 분포하는 낙엽교목이자 식용으로 향기로운 어린잎이 산나물로 알려져 있지만 백색의 꽃이 피는 것은 7~9월경이다. 영명은 korean anjelica tree로 연한 연두색의 작은 꽃이 피는 산간지역의 밀원식물, 로 귀중한 존재이다. 꿀은 감칠맛이 있고 가벼운 떫은맛도 느껴진다.

6) 라벤더(Lavendula officinalis)
여름의 밀원식물, 차조기과

| 꿀과 화분원 | ★★★ |

라벤더는 6~7월에 꽃이 피는데 향기가 유명하지만 꿀의 양도 많고, 꿀도 향기가 높은 것이 특징이다. 프랑스나 스페인에서 수입된 제품이 판매되고 있다. 일본 북해도 후라노(富良野)가 유명하지만 최근에는 한국과 일본의 여러 곳에서 재배가 늘고 있다.

7) 립피아(Phyla canescens)
여름의 밀원식물, 마편초과

| 꿀과 화분원 | ★★★ |

남미 원산의 상록성 다년초이다. 번식력이 강하며 초장은 5~15cm 정도이다. 흰색 또는 연한 홍자색의 작은 꽃을 많이 달아 벌이 즐겨 찾는다. 개화기는 7~9월이다. 같은 속의 고설초(苦舌草)는 따뜻한 지대의 해안이나 강변의 모래나 바위 위에 자생하는 여러해살이풀이다.

8) 머귀나무(Zanthoxylum ailanthoides)
여름의 밀원식물, 운향과

| 꿀과 화분원 | ★★ |

바닷가에 많은 낙엽교목으로 가지에는 가시가 많고 6~8월에 덩치 큰 녹백색의 꽃을 피운다. 한국과 일본에서는 양질의 밀원으로 알려져 있지만 조건에 따라서는 유밀(流蜜)이 불안정하여 개화 중에도 꿀벌이 오지 않을 수 있다.

2. 여름철의 밀원식물

9) 먼나무(*Ilex rotunda*)
여름의 밀원식물, 감탕나무과

| 꿀과 화분원 | ★★★ |

한국이나 일본의 상록수림 내에 자생하고 있었지만 최근에는 양봉가의 활동 등도 있어 가로수(제주도 서귀포 등)로도 인기가 있다. 자웅이주식물로 꽃은 5~6월에 피는데 암꽃에서는 양질의 꿀이, 수꽃에서는 꽃가루를 얻을 수 있다. 아이치(愛知)현 이치노미야(一宮)시에서는 시의 나무에서 「후쿠라이(福来) 꿀」로서 꿀을 판매한다.

10) 메밀(*Fagopyrum esculentum*)
여름/가을의 밀원식물, 마디풀과

| 주로 밀원 | ★★★ |

꿀은 개성적인 흑갈색이 특징으로 맛도 독특하나 한국과 일본에서는 별로 선호되지 않았으나 최근 항산화와 항균작용이 뛰어나고 호흡기에 좋다고 알려져 인기가 있다. 꽃은 7~9월에 피는데 메밀가루는 루틴을 많이 포함한 것 외에 철분 등 미네랄 성분도 풍부하다. 북쪽이나 산간 등 기온의 일교차가 큰 지역일수록 꿀의 양이 많다.

11) 밤나무(*Castanea crenata*)
여름의 밀원식물, 참나무과

| 꿀과 화분원 | ★★★ |

자웅동주 식물로 6~7월에 유백색의 꽃이 피고 유밀량이 많고 꿀벌도 좋아한다. 독특한 밤나무향과 꿀이 쓴맛을 가지므로 채밀은 밤의 개화 전에 실시하는 것이 보통이다. 단지 조미료 정도에 포함되는 경우는 오히려 풍부한 맛이 되는 경우도 있다. 화분원으로도 유력하다.

12) 배롱나무(*Lagerstroemia indica*)
여름의 밀원식물, 부처꽃과

| 화분원 | ★★★ |

중국 남부 원산의 낙엽교목으로 7~9월 한여름에 장기간에 걸쳐서 꽃가루를 공급해 주는 나무로 목백일홍이라고도 한다. 붉은색 꽃 중앙부의 노랗고 눈에 띄는 꽃가루는 꿀벌 등을 유인하는 미끼용으로 생식능력을 가지는 것은 긴 수술 끝에 꾀꼬리색 꽃가루가 있다.

2. 여름철의 밀원식물

13) 쉬나무(*Euodia danielli*)
여름의 밀원식물, 운향과

꿀과 화분원 ★★★

이름의 유래는 벌이 즐겨 찾는 데서 비비트리(bee bee tree)이다. 미국으로부터 전해졌지만 원산은 중국의 황벽나무(*Phellodendron amurense*)의 녹색에 가깝다. 흰빛의 꽃이 7~8월 한여름에 밀원이 부족하기 쉬운 시기에 만개하기 때문에 '최강의 밀원식물'로 불린다.

14) 엉겅퀴류(*Cirsium japonicum*)
여름의 밀원식물, 국화과

꿀과 화분원 ★★

한국과 일본 국내에서만 100종류 이상 알려져 있다. 6~8월에 개화하는 엉겅퀴의 꿀은 홋카이도의 특산으로 약간은 떫은 맛을 느낄 수 있지만 대체로 맛이 좋다. 색상이 변하기 쉬운 것도 특징이다. 벌이 닿으면 그 자극으로 수염이 자라 암술에 꽃가루를 묻히려고 한다.

15) 오리나무(*Clethra barbinervis*)
여름의 밀원식물, 오리나무과

주로 밀원 ★★

한여름(6~9월)에 희고 작은 꽃을 많이 피우는 낙엽교목이다. 연도(수령)나 장소, 지역 등의 조건에 따라 유밀량은 오르내린다. 꽃에 꿀의 양이 많으면 꿀벌은 끊임없이 찾아온다. 꿀은 특이하고 맛이 좋으나 하얗게 결정화(고체화)되기 쉽다.

16) 옥수수(*Zea mays*)
여름의 밀원식물, 벼과

화분원 ★★★

꽃가루 채집이 어려워지는 한 여름철인 7~8월에 개화하므로 대량의 꽃가루를 얻을 수 있는 귀중한 존재이다. 같은 벼과의 벼와 같이 중요한 화분원 식물이지만 화분량이 적고 곧 흩어지는 벼에 비해 훨씬 사용하기 편리하다. 벼, 밀과 함께 세계 3대 곡물의 하나이다.

2. 여름철의 밀원식물

17) 음나무(*Kalopanax septemlobus*)
여름의 밀원식물, 두릅나무과

`주로 밀원` ★★

전국에 분포하는 낙엽교목으로 목재는 오동나무와 비슷하나 가지에 가시가 있어서 이런 이름이 붙었다. 꽃은 6월부터 8월에 걸쳐 연한 황록색 꽃이 산형화서로 핀다. 평지에서는 유밀이 되지 않는 경우도 볼 수 있다. 드물게 가을에 개화하는 개체도 있어 꿀벌이 많이 찾는다.

18) 참깨(*Sesamum indicum*)
여름의 밀원식물, 참깨과

`꿀과 화분원` ★

식용으로 익숙한 참깨도 수분자(pollinater)로서의 꿀벌이나 호박벌 없이는 생산할 수 없다. 흰색, 또는 분홍색의 귀여운 꽃(7~8월 개화) 외에도 노랗게 눈에 띄는 「화외밀선(花外蜜腺)」이 있어서 참깨꽃도 꿀벌 사이에서는 인기다. 벌꿀에는 독특한 풍미가 있다.

19) 칠엽수(*Aesculus turbinata*)
여름의 밀원식물, 마로니에과

`꿀과 화분원` ★★

산간이나 주택지에 자생하지만 가로수로도 일반적인 마로니에(marronnier) 나무이다. 꽃은 5~6월에 원추화서에서 홍백색으로 핀다. 수고가 30m에 달하며 산의 밀원으로는 꿀의 양, 질은 최상급. 꿀은 향기가 강하고 감칠맛도 있어, 결정화(고체화)하기 어려운 것이 특징이다. 꽃가루는 빨갛고 꿀도 붉은 빛을 띨 수 있다.

20) 토끼풀(*Trifolium repens*)
여름의 밀원식물, 콩과

`꿀과 화분원` ★★★

목초지를 수놓는 풍경으로 유명하지만 전국 곳곳에서 볼 수 있다. 세계적인 밀원식물이지만 일본 북해도 등 서늘한 기후에서 자라지 못하며 꿀의 양이 그리 많지는 않다. 꿀의 향은 약간 자극적이고, 특유의 단맛이 강하다.

2. 여름철의 밀원식물

21) 헛개나무(*Hovenia dulcis*)
여름의 밀원식물, 갈매나무과

주로 밀원 ★★

산에 주로 자라고 녹색을 띤 흰 꽃이 6월부터 7월까지 취산화서로 피며 영명은 Honey tree로 산지의 주요 밀원으로 대표적인 존재로 꿀벌이 다수 몰려와 날개 소리를 내는 풍경을 관찰할 수 있다. 꿀은 달콤한(fruity) 향으로 인기가 있다.

22) 호박(*Cucurbita moschata*)
여름의 밀원식물, 참외과

주로 밀원 ★★

초여름부터 여름에 걸쳐(6~9월) 큰 송이의 꽃을 피운다. 수꽃과 암꽃 모두 꿀벌이 좋아한다. 꽃의 밀선은 거대해서 꽃이 핀 직후의 이른 아침부터 여러 개의 벌이 동시에 흡밀하는 진귀한 광경을 볼 수 있다. 꽃은 낮 무렵까지 피었다가 시들고 만다.

23) 호장근(*Reynoutria japonica*)
여름의 밀원식물, 마디풀과

꿀과 화분원 ★★

감제풀이라고도 하는 이 식물은 독특한 옥살산(oxalic acid)으로 인해 신맛이 난다. 산야, 강변, 둑, 벌채 터 등에 6~8월에 핀다. 기후나 장소에 따라 유밀에는 얼룩이 있다. 서양 꿀벌보다는 토종 꿀벌이 선호하는 경향을 보인다.

24) 회화나무(*Sophora japonica*)
여름의 밀원식물, 콩과

꿀과 화분원 ★★★

가시가 없고 단단해서 가로수나 정원수에서 흔히 볼 수 있는 낙엽교목으로 수명이 아주 길어 노거수가 많다. 옛날에는 서당에 많이 심어 학자수(scholar나 pagoda tree)라고도 한다. 안타깝게도 꽃은 7~8월에 황백색으로 원추화서로 핀다. 꽃의 모양이 꿀벌에게는 이용하기 어렵게 되어 있지만 꿀은 향기가 강하고 떫은맛이 있는 것이 특징이다. 꽃봉오리에는 루틴이 많이 들어 있고 또한 열매는 한방에서 지혈제로 쓰인다.

3. 가을철의 밀원식물

1) 가시박(*Sicyos angulatus*)
가을의 밀원식물, 박과

주로 밀원 ★★

북미 원산의 귀화 식물로 하천에서 볼 수 있는데 늦여름에서 생태교란종으로 문제가 된다. 과실에 옷좀나방(*Tinea translucens*)이 많이 낀다. 늦여름에서 가을(7~10월)에 걸쳐 흰 꽃을 피운다. 특정 외래생물로 지정(2006년)되었으나 그 번식력이 강하다는 것은 문제이나 양봉가에게는 믿음직스러운 존재이다.

2) 개모밀덩굴(*Persicaria capitata*)
가을의 밀원식물, 마디풀과

주로 밀원 ★

근년에 식재되고 있는 히말라야 원산의 메밀의 일종이다. 여뀌처럼 야생화한 것도 종종 볼 수 있다. 꽃은 작고, 꿀의 양도 한정되어 있지만 거의 1년 내내 개화하는 편리한 식물이다. 토종 꿀벌이 좋아하는 경우가 많다.

3) 도깨비바늘(*Bidens bipinnata*)
가을의 밀원식물, 국화과

꿀과 화분원 ★★★

한국과 일본에 자생한다. 금잔은반이라고도 하며 8월부터 10월까지 잔가지 끝에 노란색 꽃이 달린다. 최근에는 귀화식물인 미국 도깨비바늘이 우위를 점하고 있다. 꿀벌이 좋아하고 오키나와에서는 도깨비바늘 벌꿀이 생산되고 있다.

4) 땃두릅(*Oplopanax elatus*)
가을의 밀원식물, 두릅나무과

꿀과 화분원 ★★

줄기는 높이 2m가 넘는 다년초로 토당귀(土當歸)라고도 한다. 산야에 자생하는 것 외에 재배도 한다. 여름부터 가을(7~9월)에 걸쳐 많은 작은 꽃을 피워 재배지에서는 중요한 밀원이 된다. 꿀벌 외에도 나비, 파리, 쇠가죽파리, 하늘소 등 각종 곤충이 좋아한다.

3. 가을철의 밀원식물

5) 미국미역취(*Solidago serotina*)
가을의 밀원식물, 국화과

| 꿀과 화분원 | ★★★

북미 원산의 귀화식물로 원래 관상용으로 수입됐다. 9~10월에 걸쳐 노란 꽃을 피운다. 압도적인 번식력을 가지며, 황무지와 강가 등을 가득 메운다. 꿀은 강한 향기가 있어, 한국과 일본보다 미국에서 인기가 높다.

6) 애기동백(*Camellia sasanqua*)
가을의 밀원식물, 차나무과

| 꿀과 화분원 | ★★

동백보다 키가 작고 갈래꽃이 일찍핀다. 밀원이 부족해지는 늦가을인 11~12월에 걸쳐 꽃을 피우는 식물이다. 꿀의 양도 많지만 기온이 낮은 날이 계속되면 꿀이 밀도가 높고 농축되어 굳어지기 때문에 꿀벌이 채취하기가 어려워진다. 직박구리, 동박새 등이 꿀을 빠는 모습이 자주 목격된다.

7) 코스모스(*Cosmos bipinnatus*)
가을의 밀원식물, 국화과

| 꿀과 화분원 | ★★

관상용으로 재배되는 경우가 많은 코스모스이다. 다마가와(玉川) 대학에서 노란 품종의 개발에 성공해 다양성이 풍부해지고 있다. 가을(8~10월 개화)에 꿀과 화분원으로 향후 밀원식물로의 발전에 대한 기대가 크다. 멕시코 원산으로 한국에도 많지만 일본에는 메이지(明治) 시대부터 확산됐다.

8) 해바라기(*Helianthus annuus*)
가을의 밀원식물, 국화과

| 꿀과 화분원 | ★★★

꽃과 마찬가지로 노란빛이 도는 진한 꿀을 채취할 수 있는 해바라기는 꽃가루 함유량도 많은 것이 특징이다. 중국, 우크라이나, 프랑스, 이탈리아, 아르헨티나 등에서는 중요한 밀원식물이어서 이들 나라로부터의 수입도 많다. 꽃이 8~9월에 핀다.

4. 겨울철의 밀원식물

1) 갯버들(Salix gracilistyla)
겨울의 밀원식물, 버드나무과

꿀과 화분원 ★★

물가를 물들이는 버들강아지는 잎이 나기 전에 은빛 꽃이 3~4월에 핀다. 일본에서 이름은 화서(花序)가 고양이 꼬리를 닮았다는 데서 유래됐다. 자웅이주로 수꽃에서는 다량의 꽃가루와 꿀, 암꽃에서는 꿀을 얻는다. 꿀맛은 호박색으로 쓴맛이 나는 것이 특징이다. 이른 봄의 귀중한 꿀과 화분원이다.

2) 동백나무류(Camellia japonica)
겨울의 밀원식물, 동백나무과

꿀과 화분원 ★★

해안에 가까운 산지에 붉은색 꽃이 11월에서 다음해 4월까지(주로 2~4월) 핀다. 꽃잎 중앙부에 듬뿍 꽃가루가 담겨 있어 겨울부터 봄에 걸쳐 중요한 화분원이다. 꿀의 양도 많지만 애기동백처럼 추운 날이 계속되면 굳어지고 짙어져서 꿀을 뺄 수 없다. 원예 품종으로 수술이 꽃잎으로 변화한 것은 화분원으로서는 사용할 수 없다. 추위에 약하므로 한국과 일본의 따뜻한 지방에서 재배되고 있다.

3) 매실나무(Prunus mume)
겨울의 밀원식물, 장미과

꿀과 화분원 ★★

봄을 알리는 매화(2~4월 개화)는 사람들의 눈을 즐겁게 할 뿐만 아니라 월동 이후 꿀벌에도 중요한 꿀과 화분원이다. 일본에서는 우메보시(梅干)나 매실주의 원료가 되는 매실 생산에 있어서 꿀벌은 빠뜨릴 수 없는 수분자(pollinater)이지만 기온이 너무 낮으면 충분히 활동할 수 없는 것이 결점이다.

4) 비파나무(Eriobotrya japonica)
겨울의 밀원식물, 장미과

주로 밀원 ★★

밀원이 부족한 시기인 10~11월에 원추화서에서 백색의 꽃이 핀다. 한국, 일본의 해안에 분포한다. 월동에 들어가는 시기라 채밀은 적지만 꿀은 순도가 높고 비파나무 특유의 향이 가득하며 약간의 떫은맛을 즐길 수 있다.

제4절 주요 밀원식물의 개화력(開花曆)

* 사시사철 일벌들은 이런 식물을 찾아와 꿀이나 꽃가루를 모아 벌통(벌집)으로 가지고 돌아온다.

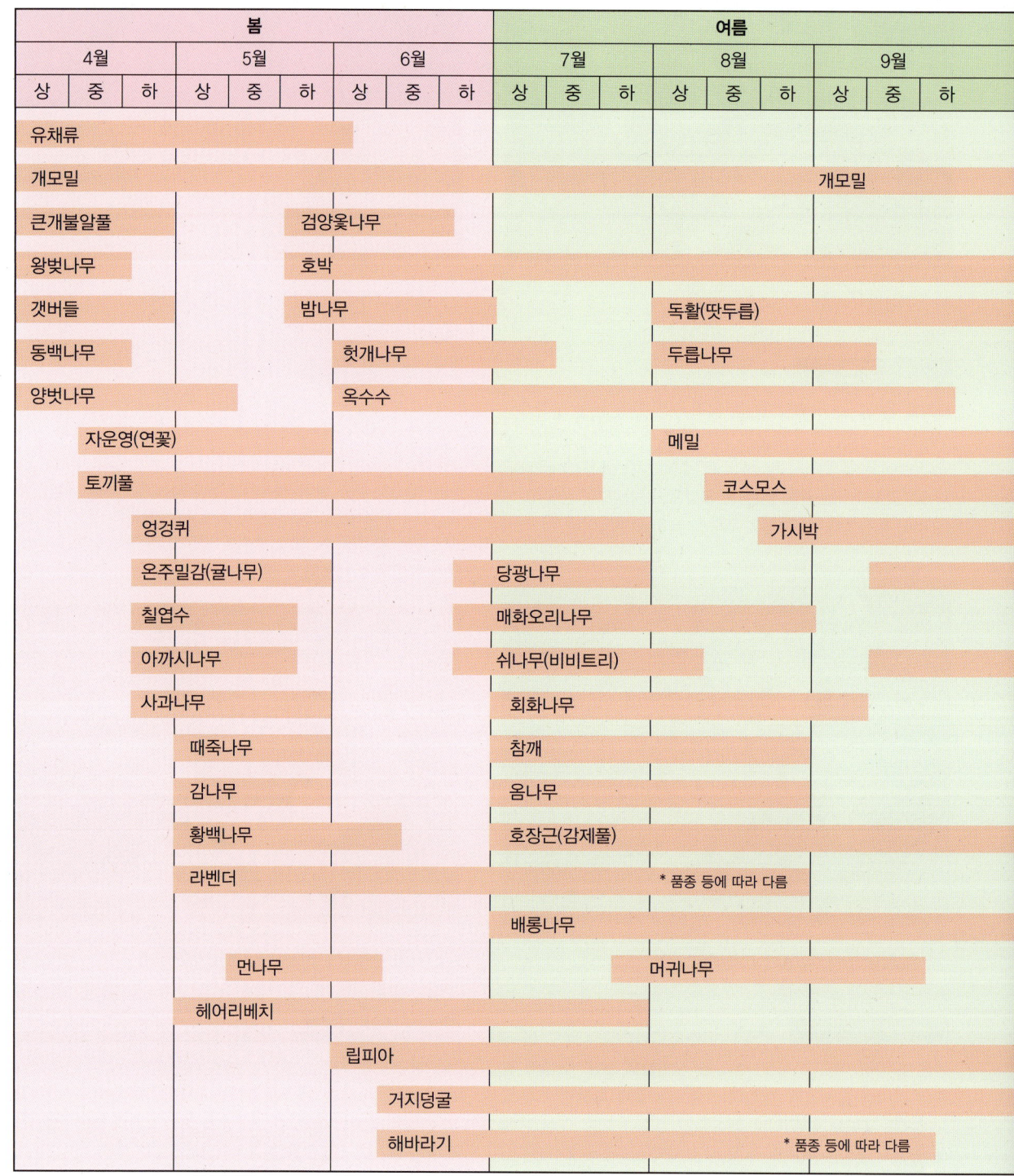

*참고문헌 『벌로 본 꽃의 세계』 사사키 마사키(카이유샤)

*개화기는 히타치시(日立市)를 기준, 대략 우리나라의 대전 정도의 위치로 하고 있으나 품종이나 개체, 기후변화 등에 따라 다르다.

가을									겨울								
10월			11월			12월			1월			2월			3월		
상	중	하	상	중	하	상	중	하	상	중	하	상	중	하	상	중	하

유채류 / 유채

개모밀 / 개모밀

큰개불알풀

왕벚꽃나무

갯버들

독활(땅두릅)

동백나무 / 동백나무

메밀 * 품종 등에 따라 다름

매실나무

코스모스

가시박

도깨비바늘류

애기동백(산다화)

미국미역취

비파나무 / 비파나무

호장근(감제풀)

배롱나무

제4절 주요 밀원식물의 개화력(開花曆) 197

제5절 저자의 화원양봉장 밀원식물 관리

꿀벌을 키우기에는 밀원식물(184~195페이지)이 필수다. 화원양봉장에서 다양한 밀원식물을 재배하고 있는데 1년 내내 밀원식물의 꽃이 피도록 하고 있다. 먼저 씨를 뿌리거나 꽃나무 모종을 심는 등 미래를 내다보고 풍요로운 꽃 환경을 갖추도록 한다.

1. 밀원식물의 개화력 만들기

양봉장 주변의 밀원식물과 화분원식물을 제대로 파악하는 것은 양봉가에게 매우 중요한 일 중 하나이다. 이른 봄부터 늦가을까지 밀원이나 화분원이 되는 화목이나 화초의 꽃 달력을 만들어 붙여 놓는다. 이어 달리기(baton relay)처럼 끊기지 않고 각종 꽃이 차례로 피는 환경이 이상적이다.

작년에는 놀라울 정도로 꿀이 많았는데 올해는 전혀 없는 때도 있어 밀원식물은 대체로 변덕이 심하다. 벌의 모습을 잘 관찰하고 밀원식물에서 유밀이 잘 되고 있는지도 신경 쓰도록 한다.

▲ 유채꽃은 초봄의 중요한 밀원식물로 계속하여 개화한다.

2. 밀원식물을 파종하여 채밀환경을 조성

자연적인 밀원이나 화분원을 보완하기 위해서라도 적극적으로 화목류나 화초를 재배해서 꿀벌이 좋아하는 환경을 만든다. 저자의 양봉장에서는 다양한 밀원식물을 재배하고 있다. 예를들면 9월에는 다음 해 봄에 필 유채와 헤어리베치(hairy vetch)의 종자를 파종한다. 옛날에는 벼를 재배한 후 답리작으로 연꽃을 틈새로 키웠는데 헤어리베치도 마찬가지로 논밭의 녹비식물로 활용되고 있는 콩과 식물이다. 엎질러진 씨앗이라도 늘어나고 새도 씨앗을 운반한다. 해바라기도 여름의 화분원으로 좋으니 종자를 파종하여 재배하는 것이 좋다.

❀ 쉬나무 4천 그루를 전국에 심다.

1990년대 후반에 사이타마현 양봉협회 회장이 퇴임할 때의 일이다. 화원양봉장의 제안으로 밀원을 늘리는 활동이 이루어졌다. 당시 농업 전문교육을 받던 쓰쿠바대학 부속 사카도고등학교 학생들의 도움을 받아서 꿀벌이 좋아하는 쉬나무(190페이지)의 묘목 약 4천 그루를 각지의 양봉가에 나누어 주었다. 밀원식물은 눈앞의 손익으로만 생각하면 안 된다. 멀리 아들, 손자 대까지 내다보고 대응해야 한다.

▲ 쉬나무(비비 트리)에 방화하는 꿀벌

3. 저자 양봉장의 밀원식물 배치도

4. 저자 양봉장의 밀원식물 개화력

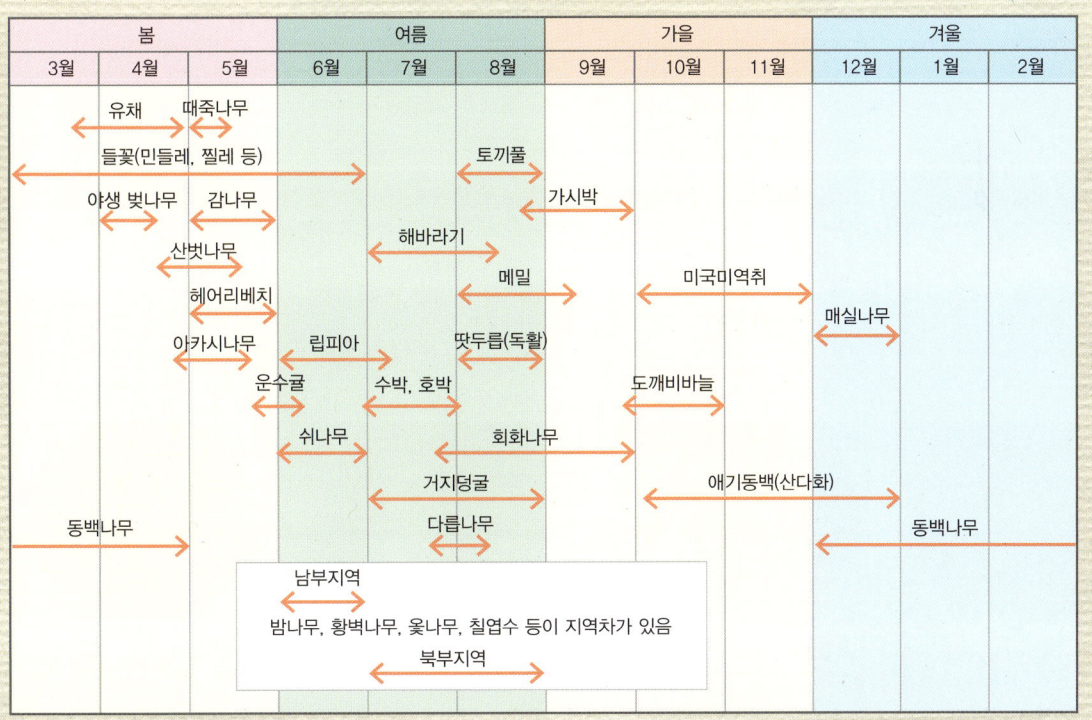

※ 개화 기간은 그해의 기후에 따라 다소 변동이 된다.

제6절 꿀의 색과 향에 대하여

1. 꽃의 종류에 따라 꿀의 색과 향이 다르다.

천연 꿀은 어떤 꽃에서 수집했느냐에 따라 맛도 향기도 크게 달라진다. 여러 종류의 화밀(꽃꿀)이 섞이는 것을 백화밀(百花蜜)이라고 부르며 토종 꿀벌의 꿀은 대표적인 백화밀이다. 서양 꿀벌은 같은 밀원에 다니는 습성이 있으므로 한 가지 식물명이 붙은 꿀이 많은데, 실제로 꿀벌이 어떤 꽃에 갔는지는 꿀만 보고 알 수 없으므로 여러 가지 꽃의 꿀이 섞이는 것이 보통이다. 주로 ○○의 꽃에서 나온 꿀 정도로 생각하면 될 것 같다. 여기에서는 저자의 양봉장에서 다루는 꿀 중 12종을 소개한다. 다만 밀원식물에 따라 꿀의 색도 한결같지 않고 시간이 지남에 따라 색도 변하기 때문에 어디까지나 참고용으로 생각해 주기 바란다.

① 아카시꿀
아카시나무, 개아까시나무의 꿀로 과당이 많아 고체(결정)가 되기 어렵다. 신선한 맛이다.

② 귤꿀
투명도가 있는 연한 노란색. 감귤류의 신선한 향기가 상쾌. 단맛도 고상하다.

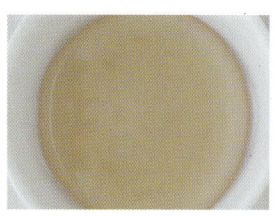
③ 유채꿀
포도당이나 꽃가루가 많이 포함되어 결정화하기 쉬운 꿀의 대표 격. 결정 꿀은 크림 맛이다.

④ 토끼풀꿀
미국에서는 가장 표준적인 꿀이다. 꽃향기가 나며 매끄럽고 부드러운 단맛이 난다.

⑤ 사과꿀
연노랑. 사과처럼 부드러운 향과 은은한 신맛을 느낄 수 있다. 아오모리(青森)에서 잘 채취된다.

⑥ 헤어리베치꿀
귀여운 보라색 꽃의 꿀로 색깔이 옅다. 부드러운 향기로 부드러운 맛이다.

⑦ 잡화꿀(들꽃)
들장미 등 다양한 백화(百花) 꽃꿀로 엷은 노란색이다. 향기가 좋고 포도당 함유량이 많다.

⑧ 잡화꿀(산꽃)
진노랑의 백화밀(百花蜜)로 황벽나무나 단풍나무 꿀로 나무의 향이 나며 맛도 강하다.

⑨ 벚나무꿀
산의 표고차를 이용하여 꿀을 모으는(集蜜) 봄의 희소한 꿀로 벚나무 잎을 소금에 절인 듯한 향기가 난다.

⑩ 밤꿀
진한 오렌지색. 독특한 향과 진한 맛이다. 철분 함유량이 많고 비타민도 많다.

⑪ 회화나무꿀
짙은 색으로 약간 떫은 맛이 나며 향기도 강하다. 루틴을 많이 함유하고 있고 눈의 피로에 좋다.

⑫ 메밀꿀
색깔도 맛도 진해서 흑설탕을 연상시킨다. 향기도 독특하다. 철분, 칼륨, 루틴이 많이 포함되어 있다.

제7절 꽃가루(화분)

1. 꽃의 종류에 따라서 화분의 색깔도 여러 가지

꽃을 방문한 꿀벌은 화밀 외에 꽃가루를 모은다. 일벌은 모인 꽃가루를 경단 모양으로 하여 꿀벌의 발에 붙여 벌통으로 가지고 돌아온다. 꽃가루는 각각 특징적인 색깔이 있는데 꽃가루 경단의 색을 보면 무슨 꽃을 방문했는지 힌트를 얻을 수 있다.

예를 들어 연꽃은 주황색, 큰개불알풀은 흰색, 마로니에와 알로에는 빨강, 누리장나무나 가재무릇은 자색 등이다. 일반적으로는 노란 꽃가루를 가진 꽃이 많지만 같은 노란 색이라고 해도 흰색에 가까운 옅은 색에서부터 갈색에 가까운 짙은 황색까지 다양하다. 벌이 다리에 달고 온 꽃가루 경단을 보고 어떤 꽃에 다녀왔는지 상상하는 것은 양봉가 특유의 즐거움이라고 할 수 있다. 참고로 꽃가루는 화분(bee pollen)으로 불리며, 최근에는 영양식으로 한국이나 일본에서 주목받고 있다.

▲ 유채꽃에서 화분을 모으는 꿀벌

▲ 가을에 코스모스에서 화분을 모으고 있는 꿀벌

▲ 다리에 큰 꽃가루 경단을 달고 돌아온 서양 꿀벌

▲ 토종벌이 화분을 달고 벌통(소문)으로 들어가고 있는 모습

▲ 해바라기에서 화분범벅이 되어 있는 일벌

▲ 쉬나무에서 화분을 모으고 있는 꿀벌

2. 밀원식물과 화분원 식물의 분류표

1) 주요 밀원식물(식물명순)

식물명	학명	과명	서식 장소	생태 분류	개화기	다른 이름
가시박	Sicyos angulatus	박과	산과 들	목본	8-10	
감탕나무	Ilex integra	감탕나무과	공원이나 가로수	상록소교목	3-5	떡가지나무
개모밀	Polygonum capitatum	마디풀과	산과 들	다년초	8	메밀여뀌
개양귀비*	Papaver rhoeas	양귀비과	공터나 강변	2년초	6	
개회나무	Syringa reticulata	물푸레나무과	산과 들	낙엽소교목/관목	6	
갯버들	Salix gracilistyla	버드나무과	공터나 강변	낙엽관목	3-4	
거지덩굴	Cayratia japonica	포도과	산과 들	덩굴성다년초	7-8	풀머루덩굴
검양옻나무	Rhus succedanea	옻나무과	산과 들	낙엽소교목	6-7	산검양옻나무
구기자나무	Lycium chinense	가지과	공터나 강변	낙엽관목	8-10	
귀룽나무	Prunus grayana	장미과	산과 들	목본	4-5	
금계국	Coreopsis drummondii	국화과	공원이나 가로수	다년초	6-9	
금귤	Citrus japonica	운향과	공원이나 가로수	상록관목	8	낑깡
까치밥나무	Ribes mandshuricum	범의귀과	공원이나 가로수	낙엽관목	5-6	
꿀풀*	Prunella vulgaris	꿀풀과	산과 들	다년초	5-7	
나도밤나무	Meliosma myriantha	나도밤나무과	산과 들	낙엽소관목	6	나도합다리나무
나래가막사리	Coreopsis alterniflaria	국화과	공원이나 가로수	다년초	8-9	
나래쪽동백	Pterostyrax hispida	때죽나무과	공원이나 가로수	낙엽소교목	6	때죽나무와 유사함
나무딸기	Rubus idaeus	장미과	공원이나 가로수	낙엽관목	5-6	라즈베리raspberry
내버들	Salix gilgiana	버드나무과	공터나 강변	낙엽관목	4	냇버들
다래나무	Actinidia arguta	다래과	공원이나 가로수	낙엽덩굴나무	5	
다릅나무	Maackia amurensis	콩과	공원이나 가로수	낙엽교목		개물푸레나무
달맞이꽃	Oenothera biennis	바늘꽃과	공터나 강변	다년초	6-8	월견초
담쟁이덩굴	Parthenocissus tricuspidata	포도과	공원이나 가로수	낙엽덩굴목본	6-7	돌담장이
대추나무	Ziziphus jujuba	갈매나무과	전답에서 재배	낙엽교목	6	
도라지*	Platycodon grandiflorum	초롱꽃과	전답에서 재배	다년초	7-8	
도깨비바늘	Bidens bipinnata	국화과	공터나 강변	1년초	8-10	
독활	Aralia cordata	두릅나무과	산과 들	다년초	7-8	땃두릅
동백나무**	Camellia japonica	차나무과	공원이나 가로수	상록소교목	2-4	
동청나무	Ilex pedunculosa	감탕나무과	산과 들	상록활엽관목	5-6	동청목
두릅나무**	Aralia elata	두릅나무과	산과 들	낙엽관목	7-9	참드릅
들깨*	Perilla frutescens	꿀풀과	전답에서 재배	1년초	7-9	
등갈퀴나물	Vicia cracca	콩과	전답에서 재배	1년초	5-6	등갈퀴덩굴
때죽나무**	Styrax japonica	때죽나무과	산과 들	낙엽활엽소교목	5-6	족나무
라벤더	Lavandula angustifolia	꿀풀과	공원이나 가로수	다년초	6	
로즈마리	Rosmarinus officinalis	꿀풀과	공원이나 가로수	다년생초본	5-7	
립피아	Phyla canescens	마편초과	공터나 강변	다년초	7-9	Lippia
마가목**	Sorbus commixta	장미과	공원이나 가로수	낙엽활엽소교목	5-6	
매실나무**	Prunus mume	장미과	전답에서 재배	낙엽활엽관목	2-4	매화나무
매화오리나무	Clethra barbinervis	매화오리나무과	공원이나 가로수	낙엽활엽교목	6-8	
머귀나무	Zanthoxylum ailanthoides	운향과	산과 들	낙엽활엽교목	6-8	
먼나무	Ilex rotunda	감탕나무과	공원이나 가로수	낙엽활엽교목	5-6	좀감탕나무
메밀*	Fagopyrum esculentum	마디풀과	전답에서 재배	1년초	7-10	
모감주나무**	Koelreuteria paniculata	단풍나무과	공원이나 가로수	낙엽활엽소교목	7	염주나무
미모사	Mimosa pudica	콩과	공터나 강변	1년초	6-9	신경초

민들레	Taraxacum platycarpum	국화과	산과 들	다년초	4-5	
박하	Mentha arvensis	꿀풀과	공원이나 가로수	다년초	7-8	민트
밤나무**	Castanea crenata	너도밤나무과	전답에서 재배	낙엽활엽교목	5-6	
배롱나무	Lagerstroemia indica	부처꽃과	공원이나 가로수	낙엽활엽관목	7-9	백일홍나무
백리향	Thymus quinquecostatus	꿀풀과	공원이나 가로수	낙엽소관목	7-8	타임
백합나무**	Liriodenddron tulipifera	목련과	공원이나 가로수	낙엽활엽교목	5-6	튤립나무
버찌	Prunus pauciflora	장미과	공원이나 가로수	낙엽활엽교목	4-5	
벚나무류**	Prunus spp.	장미과	공원이나 가로수	낙엽활엽교목	4-5	
분홍바늘꽃	Epilobium angustifolium	바늘꽃과	산과 들	다년초	6-8	
붉나무**	Rhus javanica	옻나무과	산과 들	낙엽활엽교목	8-9	
붉은겨울벚꽃	Cerasus campanulata	장미과	공원이나 가로수	낙엽활엽교목	1-3	종꽃벚꽃
블랙베리	Rubus occidentalis	장미과	공원이나 가로수	낙엽활엽관목	5-6	
비란수	Prunus zippeliana	장미과	공원이나 가로수	낙엽활엽관목		
비파나무	Malus pumila	장미과	전답에서 재배	낙엽활엽교목	4-5	
사과나무	Eriobotrya japonica	장미과	산과 해안	상록소교목		
사철나무	Euonymus japonicu	노박덩굴과	공원이나 가로수	상록활엽교목	6-7	동청뫼
산딸나무**	Cornus kousa	층층나무과	산과 들	낙엽활엽교목	6	박달나무
산벚나무	Prunus sargentii	장미과	산과 들	낙엽활엽교목	5	벚나무
산초나무**	Zanthoxylum schinifolium	운향과	공원이나 가로수	낙엽활엽교목	9	
산호덩굴	Antigonon leptopus	마디풀과	공원이나 가로수	상록 덩굴	4-10	산호등
샐비어류	Salvia spp.	꿀풀과	공원이나 가로수	다년초	8-9	세이지, 깨꽃
소래풀	Orychophragmus violaceus	십자화과	공원이나 가로수	다년초	3-5	제갈채, 보라유채
송악	Hedera japonica	두릅나무과	공원이나 가로수	상록덩굴/목본	10	담장나무
쉬나무**	Evodia daniellii	운향과	공원이나 가로수	낙엽활엽교목	7-8	비비트리
싸리	Lespedeza bicolor	콩과	산과 들	낙엽활엽관목	7-8	
아까시나무**	Robinia pseudoacacia	콩과	산과 들	낙엽활엽교목	5-6	
안추사	Anchusa azurea	지치과	공터나 강변	다년초	5-9	
알로에류	Aloe spp.	백합과	공원이나 가로수	다년초	4-5	알로에 베라
알팔파	Medicago sativa	콩과	전답에서 재배	초본	7-8	자주개자리
애기동백	Camellia sasanqua	차나무과	공터나 강변	상록소교목	10-12	산다화(山茶花)
양벚나무	Prunus avium	장미과	공원이나 가로수	낙엽활엽교목	4-5	
엉겅퀴*	Cirsium japonicum	국화과	산과 들	다년초	7-8	
에리카	Erica vulgaris	진달래과	공원이나 가로수	상록소관목	4-11	헤더(heath)
오동나무**	Pauronia coreana	현삼과	공원이나 가로수	낙엽활엽교목	5-6	
오시마벚꽃	Cerasus speciosa	장미과	공원이나 가로수	낙엽활엽교목	3-4	
옥수수*	Zea mays	화본과	전답에서 재배	1년초	7-8	
옻나무**	Rhus verniciflua	옻나무과	산과 들	낙엽활엽관목	5-6	
왕벚나무	Prunus yedoensis	장미과	공원이나 가로수	낙엽활엽교목	4-5	
유동나무	Vernicia montana	대극과	공원이나 가로수	낙엽활엽교목	5	기름오동나무
유채*	Brassica napus	십자화과	전답에서 재배	1년초	3-4	
음나무**	Kalopanax septemlobus	두릅나무과	산과 들	낙엽활엽교목	5-8	엄나무
잇꽃	Carthamus tinctorius	국화과	전답에서 재배	1년초	7-8	홍화
자운영*	Astragalus sinicus	콩과	전답에서 재배	월년초	4-6	연화
장딸기	Rubus hirsutus	장미과	공터나 강변	낙엽반관목	4-6	땃딸기
정금나무	Vaccinium oldhamii	진달래과	공원이나 가로수	낙엽관목	5-7	
주엽나무	Gleditsia japonica	콩과	공원이나 가로수	낙엽활엽교목	6	쥐엄나무
중국단풍	Acer buergerianum	단풍나무과	공원이나 가로수	낙엽교목	4	세갈래단풍나무
쥐똥나무**	Ligustrum obtusifolium	물푸레나무과	공원이나 가로수	낙엽활엽관목	5-6	
진홍토끼풀	Trifolium incarnatum	콩과	전답에서 재배	1년초	4-7	크림손클로버

질경이*	Plantago asiatica	질경이과	공터나 강변	다년초	6-8	
쪽동백나무	Styrax obassia	때죽나무과	공원이나 가로수	목본	5-6	때죽나무
찔레나무	Rosa multiflora	장미과	공원이나 가로수	낙엽관목	5-6	
참깨*	Sesamum indicum	참깨과	전답에서 재배	1년초	7-8	
참죽나무**	Cedrela sinensis	멀구슬나무과	산과 들	낙엽활엽교목	6	
층층나무**	Cornus controversa	층층나무과	공원이나 가로수	낙엽활엽교목	5	
칠엽수**	Aesculus turbinata	칠엽수과	공원이나 가로수	낙엽활엽교목	6	마로니에
칼라민타	Calamintha nepeta	꿀풀과	공원이나 가로수	다년초	8-9	
큰개불알풀	Veronica persica	질경이과	산과 들	2년초	3-6	
코스모스	Cosmos bipinnatus	국화과	공원이나 강변	1년초	8-9	
탱자나무	Poncirus trifoliata	운향과	공원이나 가로수	낙엽소교목	3-5	
토끼풀*	Trifolium repens	콩과	공터나 강변	다년초	4-7	클로버
피나무**	Tilia amurensis	피나무과	산과 들	낙엽활엽교목	6	달피나무
해바라기*	Helianthus annuus	국화과	전답에서 재배	1년초	8-9	
향유	Elsholtzia ciliata	꿀풀과	산과 들	다년초	8-10	
헛개나무**	Hovenia dulcis	갈매나무과	산과 들	낙엽활엽교목	7	
헤어리베치*	Vicia villosa	콩과	산과 들	월년초	5-6	털갈퀴덩굴
호박*	Cucurbita moschata	박과	전답에서 재배	1년초	6-10	
호장근	Reynoutria japonica	마디풀과	공터나 강변	다년초	6-8	감제풀
황벽나무**	Phellodendron amurense	운향과	산과 들	낙엽활엽교목	5-6	황경나무
황칠나무**	Dendropanax morbiferus	두릅나무과	산과 들	낙엽활엽교목	6	노란옻나무
회화나무	Sophora japonica	콩과	공원이나 가로수	낙엽활엽교목	7-8	학자수
회향풀	Foeniculum vulgare	산형과	공원이나 가로수	다년초	7-8	펜넬
흰인가목	Rosa koreana	장미과	공원이나 가로수	낙엽활엽관목	5-7	야생장미와 비슷함

*별표는 초본식물(*), 목본식물(**)로 한국의 양봉산업법에 명기된 밀원식물임

2) 주요 밀원식물(학명순)

학명	식물명	과명	서식 장소	생태 분류	개화기	다른 이름
Acer buergerianum	중국단풍	단풍나무과	공원이나 가로수	낙엽교목	4	세갈래단풍나무
Actinidia arguta	다래나무	다래과	공원이나 가로수	낙엽덩굴나무	5	
Aesculus turbinata**	칠엽수	칠엽수과	공원이나 가로수	낙엽활엽교목	6	마로니에
Aloe spp.	알로에류	백합과	공원이나 가로수	다년초	4-5	알로에 베라
Anchusa azurea	안추사	지치과	공터나 강변	다년초	5-9	
Antigonon leptopus	산호덩굴	마디풀과	공원이나 가로수	상록 덩굴	4-10	산호등
Aralia cordata	독활	두릅나무과	선과 들	다년초	7-8	땃두릅
Aralia elata**	두릅나무	두릅나무과	산과 들	낙엽관목	7-9	참드릅
Astragalus sinicus*	자운영	콩과	전답에서 재배	월년초	4-6	연화
Bidens bipinnata	도깨비바늘	국화과	공터나 강변	1년초	8-10	
Brassica napus*	유채	십자화과	전답에서 재배	1년초	3-4	
Calamintha nepeta	칼라민타	꿀풀과	공원이나 가로수	다년초	8-9	
Camellia japonica**	동백나무	차나무과	공원이나 가로수	상록소교목	2-4	
Camellia sasanqua	애기동백	차나무과	공터나 강변	상록소교목	10-12	산다화(山茶花)
Camellia spp.	동백나무류	차나무과	공원이나 가로수	상록소교목	2-4	
Carthamus tinctorius	잇꽃	국화과	전답에서 재배	1년초	7-8	홍화
Castanea crenata**	밤나무	너도밤나무과	전답에서 재배	낙엽활엽교목	5-6	
Cayratia japonica	거지덩굴	포도과	산과 들	덩굴성다년초	7-8	풀머루덩굴
Cedrela sinensis**	참죽나무	멀구슬나무과	산과 들	낙엽활엽교목	6	
Cerasus campanulata	붉은겨울벗꽃	장미과	공원이나 가로수	낙엽활엽교목	1-3	종꽃벗꽃

Cerasus speciosa	오시마벗꽃	장미과	공원이나 가로수	낙엽활엽교목	3-4	
Cirsium japonicum*	엉겅퀴	국화과	산과 들	다년초	7-8	
Citrus japonica	금귤	운향과	공원이나 가로수	상록관목	8	낑깡
Clethra barbinervis	매화오리나무	매화오리나무과	공원이나 가로수	낙엽활엽교목	6-8	
Coreopsis alterniflaria	나래가막사리	국화과	공원이나 가로수	다년초	8-9	
Coreopsis drummondii	금계국	국화과	공원이나 가로수	다년초	6-9	
Cornus controversa**	층층나무	층층나무과	공원이나 가로수	낙엽활엽교목	5	
Cornus kousa**	산딸나무	층층나무과	산과 들	낙엽활엽교목	6	박달나무
Bidens bipinnata	코스모스	국화과	공원이나 강변	1년초	8-9	
Cucurbita moschata*	호박	박과	전답에서 재배	1년초	6-10	
Dendropanax morbiferus**	황칠나무	두릅나무과	산과 들	낙엽활엽교목	6	노란옻나무
Elsholtzia ciliata	향유	꿀풀과	산과 들	다년초	8-10	
Epilobium angustifolium	분홍바늘꽃	바늘꽃과	산과 들	다년초	6-8	
Eriobotrya japonica	사과나무	장미과	산과 해안	상록소교목		
Erica vulgaris	에리카	진달래과	공원이나 가로수	상록소관목	4-11	헤더(heath)
Euonymus japonicu	사철나무	노박덩굴과	공원이나 가로수	상록활엽교목	6-7	동청뫼
Evodia daniellii**	쉬나무	운향과	공원이나 가로수	낙엽활엽교목	7-8	비비트리
Fagopyrum esculentum*	메밀	마디풀과	전답에서 재배	1년초	7-10	
Foeniculum vulgare	회향풀	산형과	공원이나 가로수	다년초	7-8	펜넬
Gleditsia japonica	주엽나무	콩과	공원이나 가로수	낙엽활엽교목	6	쥐엄나무
Hedera japonica	송악	두릅나무과	공원이나 가로수	상록덩굴/목본	10	담장나무
Helianthus annuus*	해바라기	국화과	전답에서 재배	1년초	8-9	
Hovenia dulcis**	헛개나무	갈매나무과	산과 들	낙엽활엽교목	7	
Ilex integra	감탕나무	감탕나무과	공원이나 가로수	상록소교목	3-5	떡가지나무
Ilex pedunculosa	동청나무	감탕나무과	공원이나 가로수	상록활엽관목	5-6	동청목
Ilex rotunda	먼나무	감탕나무과	공원이나 가로수	낙엽활엽교목	5-6	좀감탕나무
Kalopanax septemlobus**	음나무	두릅나무과	산과 들	낙엽활엽교목	5-8	엄나무
Koelreuteria paniculata**	모감주나무	단풍나무과	공원이나 가로수	낙엽활엽소교목	7	염주나무
Lagerstroemia indica	배롱나무	부처꽃과	공원이나 가로수	낙엽활엽관목	7-9	백일홍나무
Lavandula angustifolia	라벤더	꿀풀과	공원이나 가로수	다년초	6	
Lespedeza bicolor	싸리	콩과	산과 들	낙엽활엽관목	7-8	
Ligustrum obtusifolium**	쥐똥나무	물푸레나무과	공원이나 가로수	낙엽활엽관목	5-6	
Liriodenddron tulipifera**	백합나무	목련과	공원이나 가로수	낙엽활엽교목	5-6	튤립나무
Lycium chinense	구기자나무	가지과	공터나 강변	낙엽관목	8-10	
Maackia amurensis	다릅나무	콩과	공원이나 가로수	낙엽교목		개물푸레나무
Malus pumila	비파나무	장미과	전답에서 재배	낙엽활엽교목	4-5	
Medicago sativa	알팔파	콩과	전답에서 재배	초본	7-8	자주개자리
Meliosma myriantha	나도밤나무	나도밤나무과	산과 들	낙엽소관목	6	나도합다리나무
Mentha arvensis	박하	꿀풀과	공원이나 가로수	다년초	7-8	민트
Mimosa pudica	미모사	콩과	공터나 강변	1년초	6-9	신경초
Oenothera biennis	달맞이꽃	바늘꽃과	공터나 강변	다년초	6-8	월견초
Orychophragmus violaceus	소래풀	십자화과	공원이나 가로수	다년초	3-5	제갈채, 보라유채
Papaver rhoeas*	개양귀비	양귀비과	공터나 강변	2년초	6	
Parthenocissus tricuspidata	담쟁이덩굴	포도과	공원이나 가로수	낙엽덩굴목본	6-7	돌담장이
Pauronia coreana**	오동나무	현삼과	공원이나 가로수	낙엽활엽교목	5-6	
Perilla frutescens*	들깨	꿀풀과	전답에서 재배	1년초	7-9	
Phellodendron amurense**	황벽나무	운향과	산과 들	낙엽활엽교목	5-6	황경나무
Phyla canescens	립피아	마편초과	공터나 강변	다년초	7-9	Lippia
Plantago asiatica*	질경이	질경이과	공터나 강변	다년초	6-8	
Platycodon grandiflorum*	도라지	초롱꽃과	전답에서 재배	다년초	7-8	

Polygonum capitatum	개모밀	마디풀과	산과 들	다년초	8	메밀여뀌
Poncirus trifoliata	탱자나무	운향과	공원이나 가로수	낙엽소교목	3-5	
Prunella vulgaris*	꿀풀	꿀풀과	산과 들	다년초	5-7	
Prunus avium	양벗나무	장미과	공원이나 가로수	낙엽활엽교목	4-5	
Prunus grayana	귀룽나무	장미과	산과 들	목본	4-5	
Prunus mume	매실나무	장미과	전답에서 재배	낙엽활엽관목	2-4	매화나무
Prunus pauciflora	버찌	장미과	공원이나 가로수	낙엽활엽교목	4-5	
Prunus sargentii	산벚나무	장미과	산과 들	낙엽활엽교목	5	벚나무
Prunus spp.**	벚나무류	장미과	공원이나 가로수	낙엽활엽교목	4-5	
Prunus yedoensis	왕벚나무	장미과	공원이나 가로수	낙엽활엽교목	4-5	
Prunus zippeliana	비란수	장미과	공원이나 가로수	낙엽활엽관목		
Pterostyrax hispida	나래쪽동백	때죽나무과	공원이나 가로수	낙엽소교목	6	때죽나무와 유사함
Reynoutria japonica	호장근	마디풀과	공터나 강변	다년초	6-8	감제풀
Rhus javanica**	붉나무	옻나무과	산과 들	낙엽활엽교목	8-9	
Rhus succedanea	검양옻나무	옻나무과	산과 들	낙엽소교목	6-7	산검양옻나무
Rhus verniciflua**	옻나무	옻나무과	산과 들	낙엽활엽관목	5-6	
Ribes mandshuricum	까치밥나무	범의귀과	공원이나 가로수	낙엽관목	5-6	
Robinia pseudoacacia**	아까시나무	콩과	산과 들	낙엽활엽교목	5-6	
Rosa koreana	흰인가목	장미과	공원이나 가로수	낙엽활엽관목	5-7	야생장미와 비슷함
Rosa multiflora	찔레나무	장미과	공원이나 가로수	낙엽관목	5-6	
Rosmarinus officinalis	로즈마리	꿀풀과	공원이나 가로수	다년생초본	5-7	
Rubus hirsutus	장딸기	장미과	공터나 강변	낙엽반관목	4-6	땃딸기
Rubus idaeus	나무딸기	장미과	공원이나 가로수	낙엽관목	5-6	라즈베리raspberry
Rubus occidentalis	블랙베리	장미과	공원이나 가로수	낙엽활엽교목	5-6	
Salix gilgiana	내버들	버드나무과	공터나 강변	낙엽관목	4	냇버들
Salix gracilistyla	갯버들	버드나무과	공터나 강변	낙엽관목	3-4	
Salvia spp.	샐비어류	꿀풀과	공원이나 가로수	다년초	8-9	세이지, 깨꽃
Sesamum indicum*	참깨	참깨과	전답에서 재배	1년초	7-8	
Sicyos angulatus	가시박	박과	산과 들	목본	8-10	
Sophora japonica	회화나무	콩과	공원이나 가로수	낙엽활엽교목	7-8	학자수
Sorbus commixta**	마가목	장미과	공원이나 가로수	낙엽활엽소교목	5-6	
Styrax japonica**	때죽나무	때죽나무과	산과 들	낙엽활엽소교목	5-6	족나무
Styrax obassia	쪽동백나무	때죽나무과	공원이나 가로수	목본	5-6	때죽나무
Syringa reticulata	개회나무	물푸레나무과	산과 들	낙엽소교목/관목	6	
Taraxacum platycarpum	민들레	국화과	산과 들	다년초	4-5	
Thymus quinquecostatus	백리향	꿀풀과	공원이나 가로수	낙엽소관목	7-8	타임
Tilia amurensis**	피나무	피나무과	산과 들	낙엽활엽교목	6	달피나무
Trifolium incarnatum	진홍토끼풀	콩과	전답에서 재배	1년초	4-7	크림손클로버
Trifolium repens*	토끼풀	콩과	공터나 강변	다년초	4-7	클로버
Vaccinium oldhamii	정금나무	진달래과	공원이나 가로수	낙엽관목	5-7	
Vernicia montana	유동나무	대극과	공원이나 가로수	낙엽활엽교목	5	기름오동나무
Veronica persica	큰개불알풀	질경이과	산과 들	2년초	3-6	
Vicia cracca	등갈퀴나물	콩과	전답에서 재배	1년초	5-6	등갈퀴덩굴
Vicia villosa*	헤어리베치	콩과	산과 들	월년초	5-6	털갈퀴덩굴
Zanthoxylum ailanthoides	머귀나무	운향과	산과 들	낙엽활엽교목	6-8	
Zanthoxylum schinifolium**	산초나무	운향과	공원이나 가로수	낙엽활엽교목	9	
Zea mays*	옥수수	화본과	전답에서 재배	1년초	7-8	
Ziziphus jujuba	대추나무	갈매나무과	전답에서 재배	낙엽교목	6	

*별표는 초본식물(*), 목본식물(**)로 한국의 양봉산업법에 명기된 밀원식물임

▲ 바로아응애 모습

제12장
꿀벌의 병충해와 방제 대책

우리나라에서 법정전염병으로 관리되는 병해충은 미국부저병, 유럽 부저병, 낭충봉아부패병으로 3종이고 그 외에 백묵병, 바로아응애, 작은벌집딱정벌레 등 신고전염병이 있다. 국제간 공조와 소각 등의 강력한 방제 대책이 필요하다. 병충해는 좋지 않은 환경과 고병원성인 원인균, 사육 기술에 따라 피해의 정도가 달라진다. 응애 등 꿀벌의 질병에 대한 실험실 검사는 농림축산검역본부 꿀벌질병관리센터 또는 각 시·도 동물위생시험소로 문의하면 된다(234페이지 참조).

제1절 꿀벌의 병충해

꿀벌은 법령상 가축으로 취급된다. 같은 봉군 내나 다른 양봉장에 피해를 주지 않기 위해서라도 질병 감염을 조심해야 한다. 이는 평소 꿀벌의 생육에 맞는 온습도와 물, 먹이 등의 환경 조절, 주기적인 내검, 신중한 관리와 초기 증상에 신속한 대응으로 대부분 예방하고 방제할 수 있다. 이를 효과적으로 수행하기 위해서는 평소 꿀벌의 병에 대한 병징을 잘 파악하고 적절히 대처할 수 있어야 한다.

1. 꿀벌의 질병 예방에 대한 책임과 의무

작은 곤충인 꿀벌도 소나 닭과 같이 우리는 한 마리, 두 마리로 세지만 이를 한자로 표현할 때는 1두(1頭), 2두(2頭)로 세는 것은 꿀벌이 법으로는 가축으로 취급되기 때문이다. 꿀벌을 사육할 때는 관할 지자체에 신고하는 것이 의무화되어 있는데 이는 한국의 양봉산업법(2020년 8월 27일 시행)에 따라 양봉업 등록제가 의무화되었기 때문이다(224~232페이지 참조). 이때 양봉농가 의무 신고 대상으로 토종벌(한봉)은 10군 이상, 서양벌(양봉)은 30군 이상이다. 등록을 하지 않고 꿀벌 또는 양봉산물을 생산하고 판매하면 과태료 처분을 받게 된다.

그리고 양봉업의 지위를 승계한 자도 승계한 날부터 30일 이내에 시장·군수·구청장에게 그 사실을 신고해야 한다. 승계신고 대상자는 ① 기존 양봉업자가 사망한 경우 그 상속인 ② 기존 양봉업자가 영업을 양도한 경우 그 양수인 ③ 법인인 양봉업자가 합병한 경우 합병 후 존속하는 법인이나 합병으로 설립되는 법인 등이다. 이를 이행하지 않은 경우로 ① 등록을 하지 아니하고 꿀벌 또는 양봉산물을 생산하고 판매한 자 ② 변경신고를 하지 아니한 자 ③ 영업자 지위 승계 신고를 하지 아니한 자 등은 30만 원 이하의 과태료 처분을 받게 된다.

꿀벌의 질병은 가축전염병 예방법으로 관리되며 법정전염병 외에 신고 전염병이 있다. 저자의 양봉장이 있는 사이타마(埼玉)현에서는 1년에 한 번 법정전염병인 부저병(腐蛆病)의 출입 검사가 이루어지고 있다(209페이지 참조). 꿀벌의 질병도 그 종류와 시기에 따라 다른데 낭충봉아부패병은 토종벌의 봉아가 걸리는 질병으로 나누어지는 데 각각 걸리기 쉬운 환경조건이나 특유한 증상이 있으므로 양봉가는 잘 파악하고 예방이나 초기 방제를 해야 한다. 이는 해충이나 외적에 대해서도 마찬가지이다. 초기 증상일 때 간과하고 있다가 적절한 처치를 하지 않으면 채밀이나 봉군 증식 등으로 전파되면 나중에는 봉군 전체에까지 영향을 미칠 수 있다.

✓ 꿀벌 건강 점검표

- ☐ 벌통(벌집) 안에 이상한 냄새가 나지 않는가?
- ☐ 날개가 곱슬곱슬한 벌이 없나?
- ☐ 벌통(벌집) 주위를 배회하고 있는 벌이 없나?
- ☐ 벌통(벌집) 소문밖에 벌의 사체가 없나?
- ☐ 벌통(벌집) 소문밖에 유충의 시체가 버려져 있지 않은가?
- ☐ 벌통(벌집) 뚜껑이 우그러지지 않았는가?
- ☐ 유충이 변색하여 죽지는 않았나?
- ☐ 번데기가 썩지 않았나?
- ☐ 유개봉아(蜂兒)가 실타래처럼 되어 있지 않았나?
- ☐ 벌이 설사를 하지 않았나?
- ☐ 벌통(벌집)에 개미나 거미가 침입하지 않았나?

2. 병충해와 외부침입자(外敵) 대책

질병을 예방하기 위해서는 무엇보다도 봉군의 활기를 유지하고 저항력을 키우는 것이 가장 좋은 대책이다. 따라서 꿀벌에게 너무 온도 스트레스를 주지 않도록 더위와 추위를 막아주는 조치를 하고 초기 증상을 놓치지 않도록 하는 등 평소의 세심한 관리가 그대로 질병 예방에도 직결된다. 저자의 양봉장에서는 내검(內檢) 때 소비(벌집틀)에 전해수를 약간 뿌리고 있는데, 이것도 널리 질병을 예방하는 습관 중 하나이다. 감염을 피하게 하려면 함부로 벌을 대하지 않는 것도 중요할 것이다. 해충이나 외적(外敵)을 막기 위해서는 벌통이나 주위를 청결하게 유지하도록 유의해야 한다. 벌통의 소문 근처에서 꿀벌의 사체를 발견하면 방치하지 말고 바로 치운다. 정기적으로 제초와 주변 청소를 잘해 두어야 한다. 그렇게 하려면 자주 순찰을 하는 것도 중요하다.

제2절 꿀벌의 주요 병해

꿀벌의 병해로 원생동물성인 노제마병, 세균성 부저병, 진균성인 백묵병과 바이러스성인 낭충봉아부패병이 있다.

1. 노제마병(Nosema disease)

진균도 세균도 아닌 원생동물(protozoa)에 의해 처음으로 보고된 성충벌의 질병으로 이 병에 걸린 꿀벌의 수명은 약 40% 감소하며 정상적인 활동을 하지 못한다. 원인체는 단세포 원생동물인 노제마 아피스(Nosema apis)이며 포자는 먹이와 함께 내장 위벽에 들어가 증식되면서 발병이 시작된다. 노제마병의 전염은 위장에서 발아, 증식하면서 생활환을 되풀이하고 일부 포자는 배설물과 함께 체외로 나와 또 다른 전염원이 되어 다른 꿀벌에 옮겨간다. 그밖에 도봉의 활동이나 오염된 기구의 사용 또는 야외에서 오염된 물에 의하여 전염, 전파된다. 포자는 30℃에서 증식이 가장 잘 되고 어린 유봉보다는 성봉에 피해가 크다.

1) 증상(症狀)

포자가 꿀벌의 위(胃)에 들어가면 보통 30분 이내에 위벽에 정착하므로 설사와 같은 증상이 나타난다. 위장은 부푼 모양에다 유백색을 띤다(건강한 꿀벌의 위장은 담갈색). 평소에 깨끗한 것을 좋아해서 밖에서만 대변을 보는 벌이 벌통 안에도 대변으로 심하게 더럽히게 되면 이 질병에 감염된 것일 수 있다. 즉 일벌들이 소문 앞 근처에서 자주 눈에 띠는데 마치 마비병, 굶주림, 농약중독과 간혹 혼동하는 일이 많다. 이 병에 걸린 일벌은 배가 부풀고 벌침은 신축성을 잃으며 날개는 시구가 흩어져 앞뒤 날개가 따로따로 떨어져 날지 못하게 되고 벌통 주변을 배회하게 된다. 결국 기어다니는 것도 어렵게 되어 소문(벌집 문) 밖으로 기어 나와 죽고 만다. 여왕벌은 산란력을 잃고 일벌들은 월동 봉구 형성에 적극적으로 가담치 못하며 육아양성 능력이 저하된다.

2) 대처법(對處法)

계절로 따지면 초봄, 한랭지역에서 발생하기 쉬운 질병이므로 온도관리에 신경을 쓰고 습기를 날려 습도를 낮추도록 하여 예방에 힘쓴다. 질이 나쁜 꿀을 주는 것도 발병의 요인 중 하나라고 생각되기 때문에 양질의 먹이를 주도록 해야 한다. 저자의 양봉장에서 노제마병 증상이 나타나는 것은 아니지만 축산농가에서 소독을 위해 자주 사용되는 석회를 벌통(벌집)의 소문이나 벌통 안, 그리고 부근에 뿌리면 효과가 있다. 항생물질인 퓨마길린(fumagillin)이 있으며, 이는 노제바병균의 증식을 막는데 유효하게 쓰이는 약제이다.

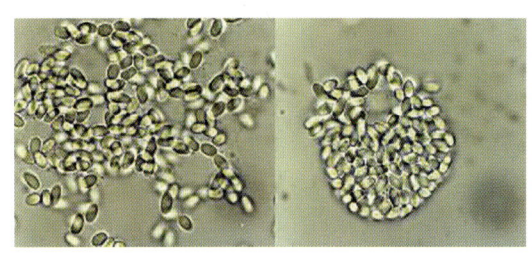

▲ 감염된 꿀벌의 위에 있는 노제마 포자(자료: 농림축산식품부)

🐝 법정전염병과 신고전염병

매년 제출이 의무화된 꿀벌사육신고에 근거하여 각 도와 시군구에는 전염병의 만연을 방지하는 목적으로 법정전염병(法定傳染病)인 부저병과 낭충봉아부패병의 감염을 조사, 검사 등을 실시하고 있다. 검사에서 감염으로 판명되면 나중에 소각처분명령이 내려진다. 법정전염병인 부저병 외에 신고전염병(申告傳染病)으로 지정된 석회병과 노제마병, 바로아병, 작은벌집딱정벌레 등이 있다. 이들에 감염된 경우, 해당지역 동물위생사업소나 농업기술센터에 즉시 신고 후, 이동을 금하고 소각여부 등 후속조치에 따른다.

[법정전염병]
☐ 미국 부저병
☐ 유럽 부저병
☐ 낭충봉아부패병
▶ 한국은 가축전염병 예방법에서 제3종 가축전염병으로 규정하고 있음

[신고전염병]
☐ 백묵병(chalk brood)
☐ 바로아응애(Varroa destructor)
☐ 노제마병(Nosema apis)
☐ 기문응애(Acarapis woodi) (※주로 토종 꿀벌에 기생)
☐ 작은벌집딱정벌레 (Aethina tumida)

2. 부저병(腐蛆病, Foulbrood)

이 병은 세균성 질병(bacterial disease)으로 벌집 방의 밀랍 뚜껑이 아래로 꺼지고 그 안을 쿡쿡 찌르면 끈적거리고, 악취가 난다. 꿀벌의 유충이 발육 도중에 죽어서 썩게 되는 전염병으로서 법정전염병이다. 부저병은 병원균에 따라 미국 부저병(*Paenibacillus larvae*), 유럽 부저병(*Melissococcus pluton*), 파라 부저병(*Bacillus para-alvei*) 등이 있다. 우리나라(한국)에서 주로 발생하는 미국 부저병은 1877년 뉴질랜드에서 처음 기록되었고 전 세계적인 세균성으로 가장 많이 발생되는 병이다. 현재 우리나라도 전국일원에서 지속적으로 발병되고 있다. 서양 꿀벌(*Apis mellifera*)에만 국한되어 발생한다. 성봉의 경우 많은 포자가 존재하는 환경에서도 거의 발병되지 않고 부화 후 1일 정도 된 유충은 감염이 잘 되고 발병이 심하나 2일 이상 경과된 유충은 발병이 적어지고 부화된 지 53시간이 지난 유충은 거의 감염되지 않는다. 내열성 및 화학살균제에 대한 저항성이 강하여 건조상태에서는 35년간이나 감염력을 보유하는 것으로 알려져 있다.

1) 증상(症狀)

봉군(蜂群)의 이동기에 주로 빈발한다. 병증은 병원균에 따라 다르나 유충이 죽으면 대부분이 황백색으로 되고 액화되거나 흑갈색으로 되며 악취가 난다. 봉아가 들어있는 벌집 방의 뚜껑이, 통상은 부풀어 있지만 조금 패인 것처럼 패여 있으면 감염이 의심된다. 이쑤시개 등으로 쿡쿡 찔러보고 초콜릿색의 끈적끈적한 액체가 실 줄처럼 되면 미국 부저병에 걸린 것이다. 독특한 신 냄새가 풍기므로 코가 예민한 사람은 그 악취로 감염 여부를 알 수 있다.

2) 대처법(對處法)

부저병에 대한 예방적 대책으로는 도봉방지, 오염된 벌꿀의 사양금지, 오염 봉군이나 소비의 소각, 오염된 양봉기구의 소독을 하고 저항성 종봉을 구입하는 방법들이 있다. 오염원의 근절을 위해서는 병에 걸린 봉군을 발견하는 대로 불에 태워 버리는 일과 나머지 양봉기구는 철저히 소독을 실시한다. 다른 벌통에 옮기지 않게 하기 위해서도 발견 즉시 소비(벌집틀)를 태워 처리하는 것이 좋다. 법정전염병(法定傳染病)이기 때문에 감염의 의심이 되면 234페이지의 지역별 방역기관(일본은 가축위생보건소)에 연락을 취하고 전문가에게 증상을 보여주고 진단을 받는다.

치료제로는 항생제를 사용하는데 그중 소디움설파디아졸(sodium sulphadiazole)이나 옥시테트라싸이클린(oxytetracycline)을 사용하는데 항생제의 벌꿀 내 잔류성에 주의하여야 한다. 급여시기는 월동 직후 육아 개시 시기를 택하는 것이 좋다. 그러나 이들 약제를 이용한 완전한 치료는 어려우며 포자까지는 멸균이 되지 않으므로 예방적 차원에서 철저한 봉군 관리가 필요하다.

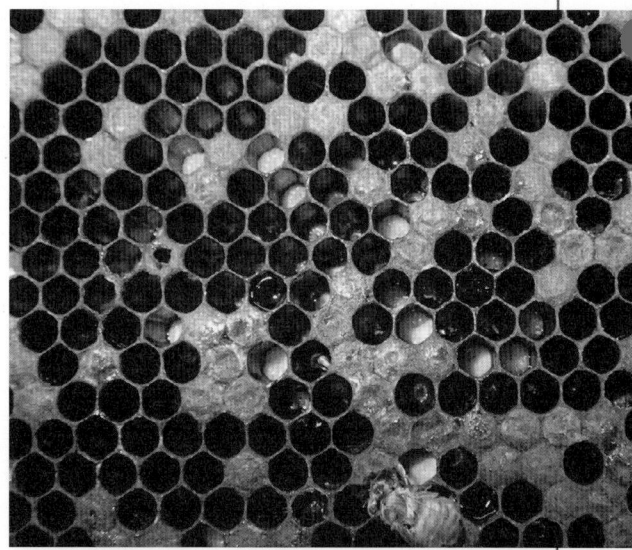

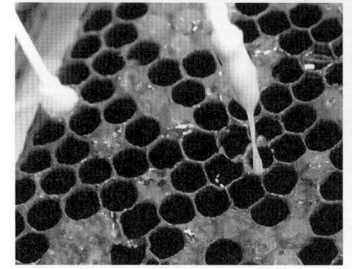 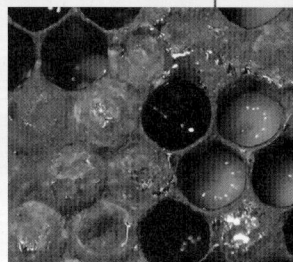

3. 백묵병(Chalk brood)

병원균은 아스코스패라 아피스(*Ascosphaera apis*)는 곰팡이성(fungal disease)이므로 습기가 많은 30℃ 이하의 환경에서 번식하기 쉽다. 봄과 여름, 특히 장마기에 발생하기 쉬운 질환이다. 균사가 자라면서 유충의 체액이 말라 백묵과 같이 굳어지는 질병으로 늦은 봄이나 초여름 사이에 벌통의 출입구나 벌통 내의 바닥, 소방 그리고 벌통 주변에서 감염된 것들을 흔히 볼 수 있는 질병이다. 유충이 이 병에 걸리면 봉개 후 죽게된다. 병원균은 유충의 먹이와 함께 장내에 들어가 장내에서 발아하여 균사가 자라면서 포자를 형성한다. 감염 적온은 약 30℃ 전후이지만 서늘하고 다습한 조건에서 발생하기 쉬우며 강군보다 약군에서 발생하기 쉽다. 이 병은 세계적으로 널리 분포되어 있고 우리나라에서는 1984년도 발생하여 현재는 전국 모든 양봉장에서 발생되고 있다. 증상이 비슷한 석고병(stone brood)는 병원균이 아스페르길루스 푸미가투스(*Aspergillus fumigatus*)로 더 딱딱하고 녹색이 비치기도 한다.

▲ 백묵병에 걸려 하얗게 미라화하고 소문 밖으로 나온 유충

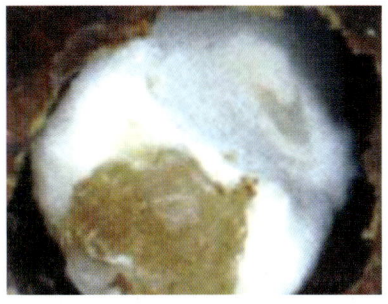
▲ 백묵병의 병징인 황색 머리 부분을 가진 미라

1) 증상(症狀)

부저병처럼 소방 뚜껑이 쭈글쭈글해지고 벌통(벌집) 소문 앞에 하얀 쌀알 부족 같은 애벌레의 시체가 흩어졌다면 백묵병 감염이 의심을 받는다. 유충이 벌집 굴속으로 하얗게 굳어 미라화하고 백묵처럼 생긴 것으로부터 그렇게 불린다.

이 병으로 죽은 유충의 시체는 처음에는 솜처럼 다소 팽대되어 죽으나 균사가 차차 자라면서 유충의 체액이 말라 나중에는 백묵과 같이 딱딱하게 굳는다. 말라 죽은 시체는 일반적으로 백색을 띠지만 때로는 청회색 또는 흑색을 띠는 것도 있다.

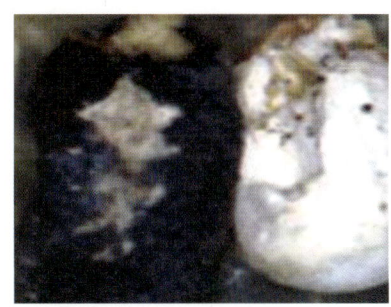
▲ 흔들기만 해도 분리가 잘 되는 백묵병의 미라 (농림축산식품부 자료)

2) 대처법(對處法)

이 질병에 대한 전문 치료약이 없어 철저한 사양관리를 통한 예방이 최선책이다. 냉기가 발병의 원인이 되므로, 단열 시트와 담요 등으로 대책을 강구하면 10일부터 15일 정도면 좋아진다는 보고가 많다. 예방에는 아스코스패라(*Ascosphaera*)의 살균에 좋다는 전기분해수(電氣分解水)도 유효하다. 저자의 양봉장에서는 백묵병(초크병)에는 검은색 사탕도 쓰고 있다. 개포(삼베)를 벗겨 창살 3줄 정도에 걸쳐 20개 가까이 검정 엿을 늘어놓고 4~5일 핥는 것이 끝나면, 또 같은 방법으로 제공하며 관찰한다.

4. 낭충봉아부패병(Sacbrood)

주로 토종 꿀벌의 유충에서 발생하는 바이러스성(viral disease) 질병으로 법정전염병으로는 2011년에 지정되었다. 최근 발생건수는 최근 절반 이하로 줄어들긴 해도 주의해야 하는 병이다.

낭충봉아부패병은 꿀벌의 애벌레가 낭충봉아부패병 바이러스에 감염되어 짓무르게 되고 번데기로 변태되지 못하고 부패하게 되는 꿀벌의 바이러스성 전염병이다. 낭충봉아부패병 바이러스는 동양형, 서양형, 남아공형 등 3가지 종류가 있다. 낭충봉아부패병은 부저병의 증상이 비슷하여 간혹 부저병과 혼동하여 잘못 처리하는 경우가 많다. 하지만 낭충봉아부패병은 부저병에 비하여 병상이 가볍다.

낭충봉아부패병의 원인체는 직경 20nm 정도 크기의 공모양의 삭브로드 바이러스(Sacbrood virus, SBV)이다. 낭충봉아부패병은 서양꿀벌에서 흔하게 발병하는 바이러스성 질병이지만 토종벌에서도 많이 발병하고 최근 우리나라에서는 2010년 봄부터 발생하기 시작하여 전국적으로 확산되어 그 피해가 심각한 실정이다. 이 바이러스는 아시아 대륙에서도 토착하여 오랜 세월을 토종벌과 함께 해온 것으로 보인다.

태국에서는 1981년에 발견된 이래 거의 모든 아시아 국가에서 토종벌과 함께 발견되고 있다. 로열젤리를 주거나 먹이(꿀과 화분)를 먹여주는 모든 육아 활동을 담당하는 일벌의 분비선에서 나오는 분비물을 통해 애벌레에게 감염된다.

1) 증상(症狀)

유충의 발생초기인 봄철에 발병이 심한데 유밀이 왕성해지면 차차 병세가 약해진다. 병의 증세는 병상의 정도에 따라 다르나 대개 약간 불규칙적으로 2~3개의 소방이 여기저기 감염되며 봉개의 표면에 일벌들에 의해 한둘의 작은 구멍이 나 있다. 이 구멍을 통해 안쪽을 들여다보면 소방 안에 병에 걸려 죽은 흑갈색으로 변한 유충의 시체를 볼 수 있다. 유충은 봉개 이전에 발병하면 봉개 이후에는 죽는다. 병에 걸린 유충은 처음에는 백색에서 회황색으로 변하고 병세가 진행됨에 따라 머리에서부터 갈색~회갈색으로 변하며 맨 나중에는 암갈색으로 되어 차차 말라간다. 처음에 병에 걸려 죽은 유충은 마치 물주머니와 같이 되어 부패해 가는 증상때문에 낭충봉아부패병이이 되었다.

2) 대처법(對處法)

바이러스성이라 치료제나 예방약은 없으며 철저한 사양관리를 통한 예방이 최선이다. 우선 감염된 봉군은 철저히 격리하여 소각처리하고 더 이상 감염을 시키지 않도록 한다. 건강한 봉군은 주변과 벌통 바깥 및 봉기구들에 소독을 철저히 하고 꿀벌에게는 사료용 비타민, 미네랄 합제, 프로폴리스, 화분 등을 당액이나 꿀물에 타서 벌에게 직접 분무하여 영양분을 공급해준다. 티몰제나 이산화염소수를 식초와 홍삼엑기스에 섞어서 투여한다.

〈전체적으로 부어있는 애벌레의 모습〉 〈암적색 애벌레〉 〈병의 중기 증상〉함) 〈병의 후기 증상: 두부가 흑색으로 변함〉

 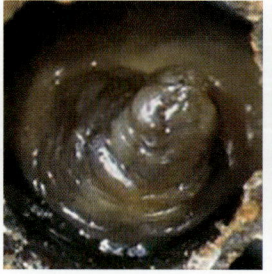  

▲ 낭충봉아부패병에 걸린 유충(자료: 농림축산식품부)

제3절 꿀벌의 주요 해충

꿀벌을 괴롭히는 충해로 바로아응애, 가시응애, 기문응애와 작은벌집딱정벌레가 꿀벌의 몸체에 기생하여 피해를 주고 소충(벌집벌레)은 소비를 가해하며 말벌과 거미, 두꺼비와 제비 등은 직접 꿀벌을 잡아먹어 피해를 준다. 우리가 일반적으로 말하는 진드기는 동물에 기생하는 응애(mite)를 말하고 식물에서도 응애류의 피해가 심하다. 이 응애는 꿀벌과는 다른 곤충이 아닌 거미류에 속하는 것으로 일반적인 살충제가 아닌 응애제(miticide)로 방제를 해야 한다. 식물에 주로 피해를 입히는 진딧물(aphid)은 응애와는 다른 해충이다.

1. 바로아응애(Varroa mite, 진드기)

이 바로애응애(*Varroa destructor*)는 주로 벌의 몸에 붙어산다. 곤충과는 달라서 거미로 분류한다. 방제약 제도 일반적인 살충제와 다른 응애약(miticide)을 사용해야 한다. 바로아응애는 유충이 알에서 깨어나서 4~6일이 될 때 이때 응애가 침투하여 산란을 하고 벌방이 봉해지기 시작할 때 응애가 알에서 깨어나 일벌의 체액을 빨아먹고 자란다. 가시응애(*Tropilalap sclareae*)는 바로아응애의 1/3 정도 크기로 생활상은 바로아응애와 비슷하다.

▲ 벌통 밑에 떨어진 바로아응애

▲ 응애가 기생하여 날개가 곱슬곱슬해졌다. 화살표의 끝이 응애이고 적색을 띤다.

▲ 응애에 감염된 수벌. 날개가 곱슬곱슬해지는 것을 알 수 있다.

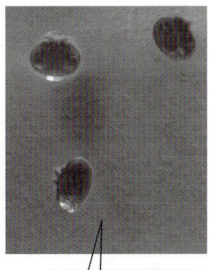
▶ 바로아 응애 사진

1) 증상(症狀)

바로아병 이름은 생소해도 꿀벌 응애에 의한 기생충병이라고 들으면 아는 사람이 많을지도 모른다. 붉은색의 작은 응애에 우화 전에 기생되어 번데기 때 체액을 흡입하면 날개가 곱슬곱슬해지는 등 벌이 기형으로 태어난다. 피해가 큰 것은 서양 꿀벌이며, 토종 꿀벌은 그루밍(grooming)으로 격퇴할 수 있다. 응애는 번데기 기간이 긴 수컷에 집중되어 기생하는 경향이 있다.

2) 대처법(對處法)

채취 기간을 제외한 시기에 아피스탄(Aspitan)이나 아피발(Apivar)을 사용해 구제한다. 또 5~7월경에는 태어나는 수벌에 기생이 집중되므로 수벌틀(소비)을 사용해 응애를 모으고 수컷의 우화 직전에 수벌과 함께 기생한 응애를 일소하는 구제법이 효과적이다. 서양의 유기농 양봉장 등에서는 강산성의 포름산(개미산)을 사용하기도 한다.

2. 가시응애(Thorn mite)

▲ 가시응애의 모습

가시응애(*Tropilaelaps clareae*)는 성충벌에는 적고 주로 유충에 기생하여 체액을 빨아먹음으로 성충벌의 수밀력이 약해지며 수명도 짧아진다. 몸집의 크기는 꿀벌응애의 1/3~1/4 정도이며, 전신에 강한 털이 빽빽하고 동작이 민첩하여 발견하기 어렵고, 수명은 17~18일 정도이다. 최근 중국가시응애가 큰 타격을 주고 있다. 바이러스 및 세균성 질병 등 각종 병원균을 옮기는 매개체로 작용하며 꿀벌날개불구병을 비롯하여 여러 질병을 유발한다.

1) 증상(症狀)

바로아응애와 다르게, 중국가시응애는 성충 벌을 섭취할 수 없는데 이는 중국가시응애의 구기가 벌의 몸의 벽의 막을 침투할 수 없기 때문이다. 중국가시응애로 인해 꿀벌이 비정상적으로 발육하거나 각종 원인균에 노출되는 까닭에 성봉이 돼서도 그 역할을 제대로 못 하는 등의 증상이 나타나게 된다. 꿀벌의 월동 준비 시 세력이 약해지고 꿀벌이 소실되며, 심할 경우 농약 피해를 본 것처럼 꿀벌이 무더기로 죽기도 한다. 벌집의 봉개된 부분이 오목하게 파여 있거나 꿀벌들이 물어뜯은 흔적은 있지만, 부저병과 달리 썩은 냄새가 없다는 게 중국가시응애의 주요 특징으로 증상이 애벌레가 썩는 부저병과 비슷한 까닭에 적기에 올바른 약품을 사용하지 못해 피해가 크다.

꿀벌끼리 접촉이나 꽃을 통해 간접적으로도 감염된다. 진단은 소비를 직접 내검하는 방법과 벌통 안에 끈끈이 종이(시트지)를 깔아 놓고 24시간 후 종이를 밖으로 꺼내어 확대경으로 관찰하여 응애 유무를 판단한다. 가시응애는 고배율 확대경(6배 이상)을 사용해야 관찰이 가능하다.

2) 대처법(對處法)

개미산, 옥살산과 같은 친환경 약품으로 방제하고 기존 약품들을 사용하면 내성을 방지하기 위해 다른 성분의 약품을 순환식으로 사용하는 것이 좋다. 피해 예방은 월동 전 방제처리를 못한 경우 1월 중순부터 3월 초순사이 봄 번식 시작 시 1회 정도 방제를 해야 한다. 유럽은 한 해에 한 번만 약제를 살포하도록 제한하고 있으며, 미국에서는 아피스탄(Apistan) 한 종류만을 꿀벌응애에 대한 공식 약제로 인정해 주고 있다. 개미산(formic acid)의 경우 약제가 봉개된 소방 안으로까지 침투하는 능력이 있어서 선호되었으나 방제 효과는 낮은 것으로 알려져 최근에는 티몰(thymol) 제재 등이 사용되고 있다.

국내에서는 피투라는 약제가 많이 사용되는데 시기는 이른 봄 1차 내검 시부터 월동 포장 직전까지 즉 2월부터 11월까지 꿀벌의 활동기간에는 항상 사용할 수 있으며 될 수 있는 대로 기온이 10℃ 이상 시 사용해야 하며 유밀기에는 사용하면 안 된다. 이 플루발리네이트(Fluvalinate) 제재를 국내에서 장기간 사용한 결과 내성이 생겨 사용량과 사용횟수를 늘려야만 효과가 나타나는 경우가 많아졌다. 내성으로 약효가 떨어질 때는 3~4년간 사용을 중지하여 내성 응애가 없어지도록 기다리는 것이 좋고 이 기간에는 내성이 생기지 않은 다른 약제를 사용하여 응애를 구제한다. 근래에 들어서는 벌의 월동 전과 월동 직후, 아카시아꿀 채취 직후 등 1년에 3회 이상 처리하지 않는 경우 번식력인 강한 응애의 기생으로 인한 양봉 피해가 심각한 실정이므로 연 3회 이상 구제를 권장한다. 인체에 미치는 영향이나 감염 사실은 없다.

◀ 소비를 절단해서 관찰한 감염 유충에 기생하고 있는 가시응애

◀ 번데기에 기생한 가시응애 사진

3. 기문(氣門)응애(Tracheal mite)

▲ 토종 꿀벌의 기문응애 대책에는 박하(mint)의 생약이 유효하다.

기문응애(Acarine disease)는 주로 토종 꿀벌에 보이는 기생병이다. 기문응애는 먼지 진드기의 일종(*Acarapis woodi*)으로 봄부터 가을까지 일벌의 기관(氣管)에 기생하고 증식하는 것으로 발병하고 겨울에 증상이 위독하게 된다. 기문응애는 꿀벌의 기문(곤충이 숨을 쉬는 숨문) 내에 산다. 기문응애는 너무 작아 현미경으로만 볼 수 있다. 따라서 일반 양봉가의 경우 육안으로 관찰할 수가 없다.

1) 증상(症狀)

이 응애는 다 자란 꿀벌의 기관 내에 기생하여 꿀벌의 호흡기 질병을 일으킨다. 기문 응애는 첫 번째 기문을 통해 들어가 가관벽에 기생하여 꿀벌의 체액을 빨아먹으면서 계속 산란하므로 꿀벌을 죽게 한다. 몇마리 정도가 기생할 때는 별로 뚜렷한 증상이 나타나지 않으나 계속 산란을 하여 기생 개체가 늘어나면 꿀벌은 정상적인 호흡을 하지 못하고 꿀벌은 약해져 활동을 할 수 없게 된다. 아직까지 우리나라(한국)에는 유입이 확인된 바 없으나 외래성으로 들어올 수 있는 확률이 가장 큰 꿀벌기생충이며 전파속도가 굉장히 빠르다. 중증이 되면 벌이 날 수 없어 벌통 주변을 비틀거리며 배회하다가 마침내 죽어버린다. 일본에서는 2010년에 처음 감염이 확인되었다.

2) 대처법(對處法)

바로아 대책에도 사용된 퇴치제(아피발 등)이나 개미산(포름산)이 기문응애에도 효과를 발휘한다는 보고가 있다. 박하의 성분인 멘톨(menthol)은 한 개의 고리로 이루어진 모노테르펜에 속하는 알코올이며 박하의 잎이나 줄기를 수증기 증류하여 얻는다. 이 성분을 포함한 박하(mint) 잎을 두거나 마가린과 설탕을 반죽한 것을 벌에게 주면, 그 유지분이 벌의 몸에 부착되어 진드기 예방이 될 것이라고 말하는 양봉가도 있다.

4. 거미(Spider)

아침 일찍 화밀이나 화분을 모으러 나가는 일벌은 주변의 거미줄에 걸리기 쉬우므로 이른 아침 양봉장을 순찰할 때 거미줄을 발견하면 그때그때 제거하도록 한다. 거미에는 여러 종류가 있어서 거미줄을 치지도 않고 벌통 주변을 배회하거나 벌통(벌집) 소문을 통해 침입하여 일벌을 잡아먹는 것도 있다. 이러한 거미가 발견이 되면 즉시 제거하도록 한다.

5. 작은벌집딱정벌레(Small Hive Beetle, SHB)

작은벌집딱정벌레(Aethina tumida)가 국내에서 2016년 9월에 확인되었고 발생 양봉장은 이 해충의 감염으로 폐봉 위기에 이르렀다. 남아프리카가 원산인 이 작은 벌레는 아프리카 대륙 이외 지역으로 1996년에 미국으로 그 피해가 보고되었고 전 세계로 퍼지고 있다. 현재는 세계동물보건기구(OIE)의 관리 대상 질병이다.

▲ 작은벌집딱정벌레의 등쪽(왼쪽사진)과 복부(우측사진)의 모습
(출처: 세계동물보건기구)

▲ 일벌 사이에 있는 작은벌집딱정벌레의 모습(출처: 경남도민신문)

1) 증상(症狀)

작은벌집딱정벌레의 애벌레가 봉개나 소비를 뚫어버리고 알을 죽이는 등 봉군을 궤멸시킨다. 미국, 이집트, 호주, 이탈리아, 브라질 등 온난하고 습도가 높은 지역에서 피해를 일으킨다. 작은벌집딱정벌레는 여왕벌 관리, 양봉 산물의 생산, 화분 매개 등 양봉 전반에 걸쳐 피해를 주고 있다.

▲ 작은벌집딱정벌레의 유충 사진
▲ 점액성이 있어 번들거리는 소비의 모습

2) 대처법(對處法)

이 작은 해충을 방제하기 위한 특효약은 없고 적절한 사양관리와 화학적 방제를 병행처리한다.

① 해충종합방제(IPM)는 모든 것을 고려하여 최적의 방제를 한다. 즉 벌통 안에 살포되는 것을 포함한 양봉장에서의 화학물질 사용이 줄어들게 하여 전체적으로 건강한 양봉 방제시스템이 된다.

② 트랩을 이용해 작은벌집딱정벌레 성충을 지속적으로 제거해준다. 트랩은 늦은 가을이 되면 제거하고 다시 봄이 되면 재설치를 해준다.

③ 양봉장과 봉군내 화학적 살충제의 사용은 유용하기는 하지만 제한적으로 사용할 필요가 있다. 살충제 대부분은 밀랍에 녹아 소비와 저장화분, 꿀 등에 잔류하게 된다. 반복적인 사용은 해충의 약제 내성을 유발하여 방제 효과를 약화시킨다.

6. 소충(벌집벌레)

◀ 벌집벌레 유충

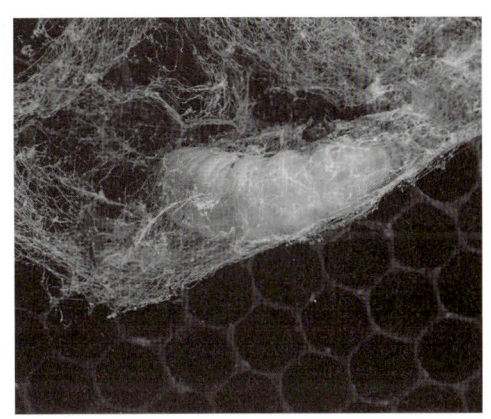
▶ 소충이 흰실을 토하고 고치를 만들어 번데기가 되고 있는 (용화) 모습

소비(巢脾)를 먹어 해를 입히는 유충을 총칭하여 "소충(벌집벌레)"이라고 부른다. 좀 더 구체적으로 말하자면 꿀벌부채명나방(*Galleria mellonella*)류의 유충을 말하는 것이다. 성충(나방)이 알을 낳기 쉬운 것은 주로 벌통에서 꺼낸 소비이므로 특히 더운 시기에 회수한 꿀소비는 냉장관리를 하거나 결정 단백질을 생산하는 미생물에 방제약을 뿌려 밀폐 보존하는 등 제대로 관리해야 한다. 소충(벌집벌레)은 소비의 꽃가루 등 단백질을 포함한 잔존물을 즐겨 먹다가 결국에는 테두리를 너덜너덜하게 만들어 버린다. 이 해충의 주요 발생과 번식 시기는 봄과 여름이며 북풍이 불게 되면 발생하지 않게 된다.

7. 말벌(Wasp)

꿀벌을 습격해 오는 외적 중에 가장 골칫거리가 바로 말벌이다. 그중에서도 주의해야 할 것은 봉군을 괴멸시키는 힘을 가진 큰 말벌이다. 벌통(벌집)을 찾아내어 일소하고 구제(驅除)하는 것까지는 하지 않지만 매일 부지런히 순찰하며 양봉장으로 날아온 말벌은 발견하는 즉시 그물로 포획한다. 말벌 대책용 기구도 효과적이다(142~145페이지 참조). 노랑말벌은 벌통(벌집) 앞에서 매복하여 비상(飛翔) 속도가 떨어진 벌을 살짝 잡지만 피해는 적기 때문에 별로 걱정할 필요는 없다.

최근 등검은말벌(*Vespa velutina nigrithorax*)은 중국 남부와 베트남, 인도 등 동남아의 아열대 지역에 서식하는 길이 2~3㎝의 말벌로 우리나라(한국)에서 보는 다른 말벌과 달리 가슴등판 모두와 머리 뒷 가장자리가 검은빛이다. 문제는 이 말벌로 인한 피해가 양봉 농가에 그치지 않고 도시에서 개체수가 급속히 늘어나고 있다. 2010년 부산 금정구에서 말벌 피해 신고를 받아 119구조대가 출동한 횟수의 41%가 등검은말벌 때문이었다.

▲ 최근 문제가 되고 있는 등검은말벌의 모습

▲ 말벌 대책은 양봉관리에서 필수적이다.

제4절 꿀벌을 해하는 동물

저자의 양봉장에서는 설치한 덫에 고양이가 걸리거나 멧돼지가 오기도 하지만 양봉장이 털린 적은 없다. 벌통 주변의 손질이 잘되면 제비를 제외한 대부분 피해를 막을 수 있다. 곰이 있는 지역은 주의가 필요하다.

1. 개구리(Frog)와 두꺼비(Toad)

꿀벌에게 피해를 주는 두꺼비나 개구리는 그렇게 민첩한 생물이 아닌데 어떻게 벌을 잡아먹는지 신기할 것이다. 벌통(벌집) 소문 앞에서 매복하고 있다가 나오는 벌을 한쪽 끝에서 할짝할짝 혀로 잡는데 끝없이 계속 잡아먹는다. 개구리와 두꺼비를 가까이 두지 않기 위한 예방책으로는 습지에 벌통을 두지 말아야 한다. 땅바닥에 직접 벌통(벌집)을 놓지 말고 받침대 위에 올려놓는 것 등이 대책의 하나이다.

2. 곰(Bear)과 소(Cattle)

곰은 꿀을 매우 좋아하기 때문에 발견되면 벌통(벌집)은 파괴되고 꿀도 벌도 통째로 먹어버린다. 저자의 양봉장에는 곰이 출몰하지 않지만, 최근에는 산간 지역의 환경 변화로 먹이를 찾아 마을로 내려오는 곰도 늘고 있는 것 같다. 예방책으로는 단맛이 나는 것을 밖에 두지 않는 것이 좋다. 채밀을 야외에서 하면 곰이 달콤한 냄새를 맡을 가능성도 높아진다.

대가축인 소도 우리나라에서는 피해가 크지 않지만 외국에서는 자주 피해가 보고되고 있다.

3. 제비(Barn Swallow)

참새목 제비과의 조류로 몸길이 약 18cm이다. 제비집은 재수가 좋다고 알려져 있지만 꿀벌에게 있어서 제비는 천적(天敵)이다. 특히 교미비행에 나선 여왕벌의 귀환이 줄어드는 것은 제비의 육아와 겹치는 시기이기 때문이다. 제비는 벌통 위를 선회하고 있다가 다른 일벌보다 눈에 띄는 큰 덩치의 여왕벌을 차례차례 잡아 먹어버린다. 한 번 기억하면 몇 번이라도 찾아오기 때문에 정말 골치덩어리다.

제13장

부록

꿀의 등급판정과 기준, 양봉 자재 구입처, 참고문헌, 양봉진흥법과 시행규칙을 알아보고 한영, 영한 색인과 저자와 역자를 소개한다. 위의 사진은 역자가 키우고 있는 2층 계상의 벌통 모습이다.

제1절 한국의 꿀 등급판정 기준 및 방법

1. 식품의약품안전처(2019. 10. 14 고시)

1) 식품의약품안전처의 꿀 등급판정 항목별 기준 및 설명

유형 항목	벌꿀[1]	정의 및 설명
① 수분	20.0% 이하 (벌집꿀[2]인 경우는 23.0% 이하)	수분을 제외하면 당류(포도당, 과당)가 80% 내외로 대부분을 차지한다.
② 물불용물	0.5% 이하	물불용물은 화분으로 꽃가루 등 이물질이 없어야 한다.
③ 산도	40.0meq/kg 이하	꿀 속의 유기산 함량으로 산패나 변패 시에 증가한다. 농축을 하면 산도는 낮아지나 효소가 없어질 수 있다.
④ 전화당	60.0% 이상	전화당은 자당(설탕)을 가수분해하여 얻은 포도당과 과당의 등량 혼합물로 평균 95% 정도이다.
⑤ 자당	7.0% 이하	벌이 화밀을 가져와 저밀하는 과정에서 대부분 과당과 포도당으로 바뀌므로 자당(설탕) 함량이 낮아야 한다.
⑥ 히드록시메틸푸르푸랄(HMF)	80.0mg/kg 이하	히드록시메틸푸르푸랄(hydroxymethyfurfural)은 시간이 지나면 증가한다. 채밀 후 2년 이내 정도의 꿀이어야 가능하다.
⑦ 타르색소	검출되면 안 됨	인위적인 식용색소인 타르색소가 없어야 한다.
⑧ 사카린나트륨	검출되면 안 됨	단맛을 내는 사카린나트륨(사카린)이 검출되면 안 된다.
⑨ 이성화당	음성이어야 함	이성질화당(isomerized sugar)은 올리고당, 과당 등 인공감미료가 없어야 한다. 물엿, 설탕 등을 넣지 않으면 음성이다.
⑩ 탄소동위원소비율(분별값)	−22.5‰ 이하 (사양벌꿀[3]은 −22.5‰ 초과)	탄소동위원소 $\delta^{13}C$ 값으로 C_3식물은 −30‰ 내외, C_4식물은 −15‰ 내외로 설탕을 생산하는 사탕수수 등은 C_4식물이므로 설탕의 존재 여부를 알 수 있다.

〈용어 정의〉
[1] 벌꿀: 꿀벌들이 꽃꿀, 수액 등 자연물을 채집하여 벌집에 저장한 것을 채밀, 숙성시킨 것을 말한다.
[2] 벌집꿀: 꿀벌들이 꽃꿀, 수액 등 자연물을 채집하여 벌집 속에 저장한 후 벌집의 전체 또는 일부를 밀봉한 것 또는 이에 벌꿀을 가한 것으로 벌집 고유의 형태를 유지하고 있는 것을 말한다.
[3] 사양벌꿀: 꿀벌을 설탕으로 사양한 후 채밀, 숙성시킨 것을 말한다.
* 여기서 서양 꿀벌이 수집한 꿀(벌꿀)에 대한 기준으로는 적합하나 토종 꿀벌이 모은 벌집꿀에는 이 기준을 획일적으로 적용하기는 어렵다.

2. 축산물품질평가원(2013. 12. 30 공고)

제1조(목적) 이 공고는 꿀의 품질을 객관적이고 공정하게 판정하기 위한 기준 및 방법을 정하는 것을 목적으로 한다.

제2조(정의) 이 공고에서 사용하는 용어의 정의는 다음 각 호와 같다.
1. "품질검사기관"이라 함은 이 공고에 따라 꿀 등급판정을 위해 「식품위생법」 제14조(식품 등의 공전)의 규정과 「식품 등의 기준 및 규격」(식품의약품안전처 고시)에 의해 분석 및 검사를 할 수 있는 기관을 말한다.
2. "드럼통"이라 함은 꿀 등급판정을 위해 신청인이 채밀한 꿀을 담는 용기를 말한다.
3. "꿀"이란 「축산법」 제2조제1호 및 동법시행규칙 제2조의 가축(꿀벌)에서 생산된 동법 제2조제3호의 축산물 중 꿀을 말한다.
4. "채밀"이란 벌집에 저장된 꿀을 뜨는 것을 말한다.
5. "소분"이란 등급판정이 완료된 후 꿀을 일정 크기의 용기에 담는 것을 말한다.
6. "신청인"이란 꿀 등급판정을 받기 희망하는 시행업체 경영자를 말한다.

7. "표준화된 분석 장비"란 축산물품질평가사가 요구한 장비의 표준화 기준에 따라 분석이 가능한 장비를 말한다.

제3조(등급판정 신청 및 실시)

① 꿀 등급판정을 받고자 하는 자(이하 "신청인"이라 한다)는 별지 제1호 서식의 "축산물(꿀) 등급판정 신청서"를 작성하여 품질검사기관장을 경유하여 축산물품질평가사(이하 "품질평가사"라 한다)에게 제출하여야 한다.

② 제1항의 규정에 따라 품질검사기관은 별표1의 등급판정 항목 중 꿀 성분규격(수분, 과당/포도당 비, 히드록시메틸푸르푸랄(hydroxymethylfurfural))을 분석한 후 그 결과를 품질평가사에게 제시하여야 하며, 신청인은 해당 제품에 대한 등급판정이 완료된 후에 소분 및 출고하여야 한다.

③ 품질평가사는 제1항의 규정에 따라 신청을 받은 때에는 제5조, 제6조에 따라 등급판정을 실시하여야 한다.

제4조(등급판정 대상 꿀) 등급판정 대상 꿀은 다음 각 호의 최소기준에 부합되어야 한다.

1. 식품위생법 제14조(식품등의 공전)의 방법으로 품질검사기관에서 분석하여 검사한 결과에 합격된 꿀이어야 한다. 다만, 수분항목은 예외로 한다.
2. 탄소동위원소비는 −23.5‰이하여야 한다.
3. 드럼통에는 고유식별번호가 표시되어야 한다.

제5조(꿀의 등급판정 방법)

① 꿀의 등급판정 방법은 제3조제2항에 따라 품질검사기관에서 제출한 꿀 분석 결과를 확인하고, 별표 1의 등급판정 기준에 따라 등급판정을 실시한다.

② 꿀의 등급판정은 제1항의 규정에 따르는 것을 원칙으로 하되 품질평가사가 필요하다고 판단한 경우에는 별표 1의 항목 중 꿀 성분규격 대하여 재분석을 할 수 있다.

③ 제2항의 규정에 따라 재분석한 결과, 해당 꿀이 등급판정 기준에 미달되는 경우에는 등급판정을 보류하고 그 사실을 신청인에게 통보하여야 한다.

제6조(꿀의 등급판정 기준)

꿀의 등급판정 기준은 수분, 과당/포도당 비, 히드록시메틸푸르푸랄, 향미, 색도, 결함으로 하고, 항목별 기준적용은 별표 1과 같이 적용하고 품질은 1^+(Premium)등급, 1(Special)등급, 2(Standard)등급으로 구분한다.

제7조(꿀의 등급판정 재신청)

① 신청인은 제5조제3항의 규정에 따라 등급부여가 보류되었을 경우 별표 1의 등급판정기준에 적합한지 확인 후 등급판정을 재신청할 수 있다.

② 제1항의 규정에 의해 재신청된 꿀은 등급판정 기준에 미달되는 항목을 3회 이상 검사 후 최저결과를 적용하여 등급판정을 실시하여야 한다.

제8조(꿀의 등급표시)

① 등급표시는 제5조제1항에 따른 품질등급 결과를 1^+(Premium), 1(Special), 2(Standard)로 구분하여 숫자와 문자를 병기하여 표시하여야 한다.

② 등급표시방법은 제1항에 의한 구분방법에 따른 품질등급, 등급판정기관명, 위변조방지코드, 고유식별번호를 소분 용기에 맞게 223페이지와 같은 등급표시 스티커로 표시하여야 한다.

제9조(축산물등급판정확인서의 발급)

품질평가사는 제5조의 규정에 따라 등급판정을 받은 꿀에 대해서는 별지 제2호 서식의 "축산물(꿀) 등급판정 확인서"를 발급한다. (이하 생략)

1) 축산물품질평가원의 등급판정 항목별 기준 및 품질등급 구분

(1) 등급판정항목

등급판정 항목	품질등급		
	1⁺(Premium) 등급	1(Special) 등급	2(Standard) 등급
① 수분(%)	20% 이하	20% 초과~25% 이하	25% 초과
	(단, 소분 판매 시에는 20% 이하로 적용)		
② 과당/포도당 비	• 아카시, 밤꿀: 1.5 이상 • 잡화: 1.3 이상	• 아카시, 밤꿀: 1.3 이상 ~1.5 미만 • 잡화: 1.1 이상 ~ 1.3 미만	• 아카시, 밤꿀: 1.3미만 • 잡화: 1.1미만
③ 히드록시메틸푸르푸랄 (Hydroxymethylfurfural) (mg/kg)	3 이하	3 초과 ~ 30 이하	30 초과
④ 향미	밀원의 일반적인 향미를 갖고 있으며 발효, 화학물질 등 다른 원인으로 인한 불쾌한 향이 없는 꿀	밀원의 일반적인 향미를 갖고 있으며 발효, 화학물질 등 다른 원인으로 인한 불쾌한 향이 거의 없는 꿀	1⁺, 1등급에 해당되지 않은 꿀 (단, 아카시 및 밤꿀의 경우 색도의 범위에 포함되지 않을 경우 밀원을 잡화로 변경하여 신청할 수 있다.)
⑤ 결함	품질에 영향을 줄 수 있는 결함이 전혀 없는 꿀	어느 정도의 결함이 있지만 품질에 영향을 주지 않는 꿀	
⑥ 색도 *아래의 색도기준 차트 참조	밀원 고유의 색을 가지고 있는 꿀 • 아카시 : No.1~No.2 • 밤꿀 : No.9, No.10 • 잡화 : No.1~No.10	밀원 색을 가지고 있으나 고유의 색보다 옅거나 짙은꿀 • 아카시 : No.3~No.4 • 밤꿀 : No.8 • 잡화 : No.1 ~ No.10	

(2) 꿀 색도기준 차트

번호	No.1	No.2	No.3	No.4	No.5	No.6	No.7	No.8	No.9	No.10
칼라 차트										
대표적인 꿀	아까시꿀	귤꿀	유채꿀	토끼풀꿀	사과꿀	잡화꿀	벗나무꿀	밤꿀	회화나무꿀	메밀꿀

* 꿀의 색과 향(200페이지) 참조

2) 축산물품질평가원의 등급판정 등급표시 스티커의 규격

(1) 필수와 일반표시사항

항목	표시 항목	표시 방법	규 격
필수 표시 사항	① 품질등급	1⁺ Premium (육각형)	• 숫자 : 26포인트 이상 • 영문 : 5포인트 이상
	② 등급판정기관명	한글	15포인트 이상
	③ 위변조방지코드	QR코드	15mm×15mm(가로×세로) 이상
	④ 고유식별번호	숫자	11포인트 이상
일반 표시 사항	⑤ 품질등급	한글	18포인트 이상
	⑥ 축산물품질평가원이 품질을 평가한 제품입니다.	한글	6포인트 이상
	⑦ (KAPE 로고)	도안사용	10mm×10mm(가로×세로) 이상

(2) 등급표시 스티커

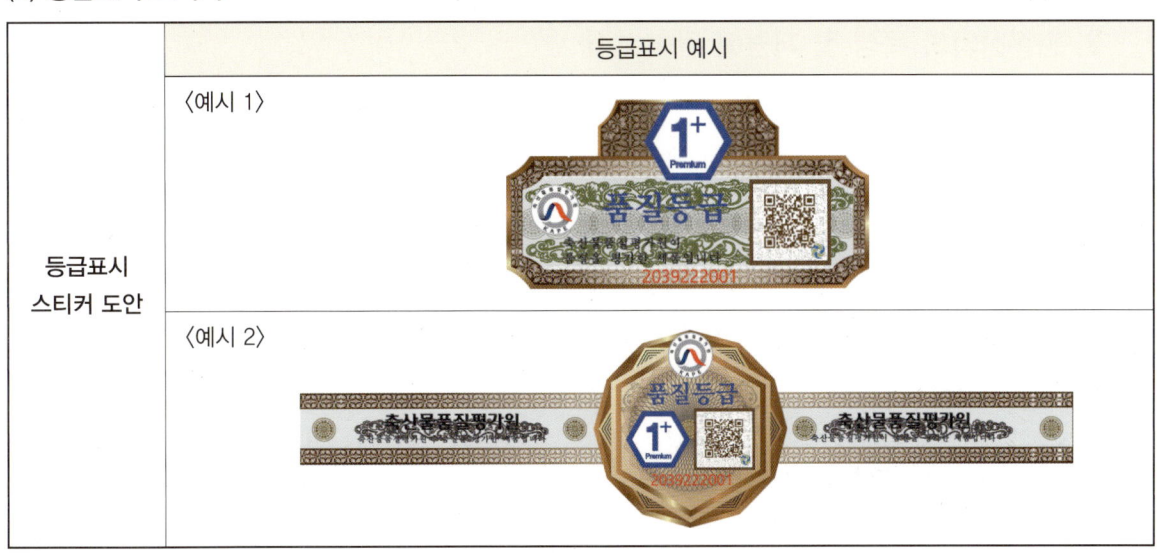

제2절 양봉산업의 육성 및 지원에 관한 법률(양봉산업법)

1. 양봉산업법의 개요와 상하위 법령체계

1) 한국의 양봉산업법 개요

'양봉산업법'은 생태계의 유지 및 보전과 높은 공익적 가치를 지닌 꿀벌을 보호, 관리하고 양봉산업의 안정적이고 지속적인 성장을 위해 육성 및 지원에 필요한 사항을 법으로 규정함으로써 양봉농가의 소득증대를 도모하고 국민의 건강증진과 국가 경제발전에 이바지함을 목적으로 하고 있다.

이러한 목적을 달성하기 위해 종합적인 계획과 시행을 국가와 지방자치단체의 책무로 규정하고 있다.

즉 양봉산업 육성을 위해 ① 종합계획 및 시행계획 수립 ② 양봉산업 실태조사 ③ 전문인력 양성 ④ 양봉농가와 양봉산업 지원 ⑤ 꿀벌의 신품종육성 연구 및 기술개발 ⑥ 양봉 농가의 등록의무 ⑦ 밀원식물 조성 ⑧ 국제협력 및 해외시장 진출 지원 등을 법률에 명시해 양봉산업을 육성하고 양봉 농가를 지원하도록 하고 있다.

2) 양봉산업법의 상하위 법령체계

(1) 법률: 양봉산업의 육성 및 지원에 관한 법률 [시행 2020. 8. 28.] [법률 제16547호, 2019. 8. 27., 제정]
(2) 시행령: 양봉산업의 육성 및 지원에 관한 법률 시행령 [시행 2020. 8. 28.] [대통령령 제30982호, 2020. 8. 28., 제정]
(3) 시행규칙: 양봉산업의 육성 및 지원에 관한 법률 시행규칙 [시행 2020. 9. 17.] [농림축산식품부령 제448호, 2020. 9. 17., 제정]
(4) 고시: 꿀벌 우수품종 지정 및 공급요령 [시행 2020. 12. 23.] [고시 제2020-42호, 2020. 12. 23., 제정]

2. 양봉산업의 육성 및 지원에 관한 법률

[시행 2020. 8. 28.] [법률 제16547호, 2019. 8. 27., 제정]

제1조(목적)
이 법은 생태계의 유지·보전과 관련하여 높은 공익적 가치를 지닌 꿀벌을 보호·관리하고, 양봉산업의 안정적이고 지속적인 성장을 위하여 육성 및 지원에 필요한 사항을 정함으로써 양봉농가의 소득증대를 도모하고 국민건강 증진과 국가 경제발전에 이바지함을 목적으로 한다.

제2조(정의)
이 법에서 사용하는 용어의 뜻은 다음과 같다.
1. "양봉산업"이란 꿀벌을 사육하여 판매하거나 다음 각 목에 해당하는 양봉의 산물 또는 부산물을 생산·가공·유통·판매하는 사업을 말한다.

가. 꿀벌을 사육·관리하여 얻어지는 벌꿀
  나. 꿀벌로부터 얻어지는 로열젤리·화분·봉독·프로폴리스·밀랍 및 수벌의 번데기와 그 밖에 대통령령으로 정하는 양봉의 부산물
2. "양봉농가"란 꿀벌을 사육하여 꿀벌 또는 양봉의 산물·부산물을 생산하고 판매하는 농가를 말한다.
3. "밀원식물"이란 꿀벌이 꽃꿀, 꽃가루와 수액의 수집을 위하여 찾아가는 식물로서 농림축산식품부령으로 정하는 것을 말한다.

제3조(국가와 지방자치단체의 책무)

① 국가와 지방자치단체는 양봉산업의 경쟁력 확보와 지속적인 성장을 위하여 필요한 종합적인 시책을 수립·시행하여야 한다.
② 국가와 지방자치단체는 밀원식물의 지속적인 확대를 위하여 밀원식물을 보호하고 육성·보급하여야 한다.

제4조(다른 법률과의 관계)

양봉산업의 육성 및 지원에 관하여 이 법에서 규정한 것을 제외하고는 관계 법률이 정하는 바에 따른다.

제5조(종합계획 및 시행계획의 수립)

① 농림축산식품부장관은 꿀벌의 공익적 기능과 가치를 높이고 양봉산업의 지속적인 성장 등을 위하여 5년마다 양봉산업의 육성 및 지원에 관한 종합계획(이하 "종합계획"이라 한다)을 수립하여야 한다.
② 종합계획에는 다음 각 호의 사항이 포함되어야 한다.
  1. 양봉산업의 현황과 전망
  2. 양봉산업의 지원 방향 및 목표
  3. 양봉산업 육성 및 지원을 위한 중장기 투자계획
  4. 양봉 기술교육 및 전문인력의 양성 방안
  5. 양봉농가의 안정적인 소득증대를 위한 연구개발 및 보급
  6. 꿀벌의 보전·복원 및 서식환경 보호에 관한 사항
  7. 꿀벌 질병 방역대책 및 지원계획
  8. 밀원식물의 조성 및 보급·관리 방안
  9. 양봉 산물 및 부산물의 해외 수출전략 및 홍보방안
  10. 벌꿀 생산 및 수급조절에 관한 사항
  11. 지방자치단체의 양봉 관련 지원방안
  12. 그 밖에 양봉산업의 육성 및 지원을 위하여 대통령령으로 정하는 사항
③ 농림축산식품부장관은 종합계획의 추진을 위하여 대통령령으로 정하는 바에 따라 관계 중앙행정기관의 장의 의견을 들어 매년 양봉산업의 육성 및 지원에 관한 시행계획(이하 "시행계획"이라 한다)을 수립·시행하고 그 추진실적을 평가하여야 한다.
④ 농림축산식품부장관은 종합계획 및 시행계획의 수립·시행, 시행계획의 추진실적 평가 등을 위하여 필요하다고 인정하는 경우 관계 기관의 장에게 자료의 제출을 요구할 수 있다. 이 경우 자료의 제출을 요구받은 관계 기관의 장은 특별한 사유가 없으면 이에 따라야 한다.
⑤ 그 밖에 종합계획 및 시행계획의 수립·시행과 추진실적의 평가에 필요한 사항은 대통령령으로 정한다.

제6조(실태조사)

① 농림축산식품부장관은 종합계획과 시행계획을 효율적으로 수립·추진하기 위하여 양봉산업의 현황 등에 관한 실태조사를 실시하여야 한다.
② 농림축산식품부장관은 제1항에 따른 실태조사를 위하여 필요한 경우에는 관계 중앙행정기관의 장, 지방자치단체의 장,「공공기관의 운영에 관한 법률」에 따른 공공기관(이하 "공공기관"이라 한다)의 장 또는 관련 단체의 장에게 관련 자료를 요청할 수 있다. 이 경우 자료를 요청받은 관계 중앙행정기관의 장 등은 특별한 사정이 없으면 이에 따라야 한다.
③ 제1항에 따른 실태조사의 범위와 방법에 관한 사항은 대통령령으로 정한다.

제7조(전문인력의 양성)

① 국가와 지방자치단체는 양봉산업의 육성 및 지원에 필요한 전문인력을 양성하여야 한다.
② 국가와 지방자치단체는 제1항에 따른 전문인력의 양성을 위하여「고등교육법」제2조에 따른 학교, 양봉에 관한 연구활동 등을 목적으로 설립된 연구소·기관 또는 단체를 전문인력 양성기관으로 지정하여 필요한 교육훈련을 실시하게 할 수 있다.
③ 국가와 지방자치단체는 제2항에 따라 지정된 전문인력 양성기관에 대하여 대통령령으로 정하는 바에 따라 교육훈련에 필요한 비용의 전부 또는 일부를 지원할 수 있다.
④ 국가와 지방자치단체는 제2항에 따라 지정된 전문인력 양성기관이 다음 각 호의 어느 하나에 해당하는 경우에는 지정을 취소하거나 시정을 명할 수 있다. 다만, 제1호에 해당하면 지정을 취소하여야 한다.
  1. 거짓이나 그 밖의 부정한 방법으로 지정을 받은 경우
  2. 지정요건에 적합하지 아니하게 된 경우
  3. 정당한 사유 없이 전문인력 양성을 시작하지 아니하거나 지연한 경우
  4. 정당한 사유 없이 1년 이상 계속하여 전문인력 양성업무를 하지 아니한 경우
  5. 그 밖에 대통령령으로 정하는 경우
⑤ 제2항에 따른 지정의 요건과 제4항에 따른 지정취소 또는 시정명령의 절차·방법 및 기준에 관한 사항은 대통령령으로 정한다.

제8조(꿀벌 신품종 육성 등)

농촌진흥청장은 꿀벌의 안정적 공급을 위하여 농림축산식품부령으로 정하는 바에 따라 우수한 꿀벌 품종개량 보급 등을 추진해야 한다.

제9조(연구 및 기술개발)

국가와 지방자치단체는 양봉산업 관련 기술의 개발을 촉진하기 위하여 다음 각 호의 사항을 적극적으로 수행하여야 한다.
  1. 양봉산업 관련 기술의 동향 및 수요조사
  2. 꿀벌 품종개량 관련 연구
  3. 양봉 산물·부산물 제품개발 등 양봉산업의 가치 향상 연구
  4. 꿀벌 사육·관리 기술 개발
  5. 꿀벌 병해충의 관리 기술 개발
  6. 꿀벌 질병의 방역·방제 기술 개발

        7. 기후변화 등에 따른 꿀벌의 서식환경 조사·연구
        8. 밀원식물의 선발 및 품종개량 연구
        9. 개발된 기술의 보급·권리확보 및 실용화
        10. 양봉산업 관련 기술의 국제협력 및 교류
        11. 그 밖에 양봉산업 관련 연구 및 기술개발에 필요한 사항

제10조(밀원식물의 조성)

① 국가와 지방자치단체는 국공유림을 조성하거나 국공유림의 수종(樹種)을 갱신할 경우 지역적 특성을 고려하여 밀원식물을 확충하도록 노력하여야 한다.
② 양봉농가는 양봉장 주변 등에 밀원식물을 적극 식재하여야 한다.
③ 국가와 지방자치단체는 밀원식물의 선발·증식 및 보호·관리에 필요한 사업비의 전부나 일부를 예산의 범위에서 지원할 수 있다.
④ 제1항부터 제3항까지에 따른 밀원식물의 조성에 필요한 사항은 농림축산식품부령으로 정한다.

제11조(국제협력의 촉진 등)

① 국가와 지방자치단체는 양봉산업의 국제적인 동향을 파악하고 국제협력을 촉진하여야 한다.
② 국가와 지방자치단체는 양봉산업의 국제협력 및 해외시장 진출을 촉진하기 위하여 양봉산업 관련 기술과 인력의 국제 교류 및 공동연구 등의 사업을 추진할 수 있다.

제12조(양봉농가와 양봉산업의 지원)

국가와 지방자치단체는 양봉농가의 소득증대와 양봉산업의 진흥을 위하여 다음 각 호에 대하여 필요한 지원을 할 수 있다.

        1. 양봉 관련 시설·기자재 및 양봉 산물·부산물 가공시설의 설치
        2. 꿀벌 신품종 육성·보급 사업
        3. 양봉농가의 경영안정에 필요한 사업
        4. 전통산업의 맥을 이어가는 토종벌산업 육성
        5. 꿀벌 및 양봉 산물·부산물의 유통·판매
        6. 그 밖에 농림축산식품부장관이 양봉농가의 소득증대와 양봉산업의 진흥에 필요하다고 인정하는 사업

제13조(양봉농가의 등록의무)

① 양봉농가는 해당 특별자치시장·특별자치도지사·시장·군수 또는 구청장(자치구의 구청장을 말한다. 이하 같다)에게 등록하여야 한다.
② 제1항에 따라 등록한 내용을 변경하려는 자는 해당 사업장의 소재지를 관할하는 특별자치시장·특별자치도지사·시장·군수·구청장(이하 "시장·군수·구청장"이라 한다)에게 변경신고를 하여야 한다. 다만, 농림축산식품부령으로 정하는 경미한 사항을 변경할 때에는 그러하지 아니하다.
③ 제1항에 따른 등록의 기준과 절차 및 방법에 관한 사항은 농림축산식품부령으로 정한다.

제14조(영업의 승계)

① 다음 각 호의 어느 하나에 해당하는 자는 제13조 제1항에 따른 등록을 한 자(이하 이 조에서 "영업자"라 한다)의 지위를 승계한다.

1. 영업자가 사망한 경우 그 상속인
   2. 영업자가 영업을 양도한 경우 그 양수인
   3. 법인인 영업자가 합병한 경우 합병 후 존속하는 법인이나 합병으로 설립되는 법인
② 제1항에 따라 영업자의 지위를 승계한 자는 농림축산식품부령으로 정하는 바에 따라 승계한 날부터 30일 이내에 시장·군수·구청장에게 그 사실을 신고하여야 한다.

제15조(청문)
국가와 지방자치단체는 제7조 제4항에 따라 전문인력 양성기관의 지정을 취소하려면 청문을 하여야 한다.

제16조(양봉경영 관련 정보의 등록)
농림축산식품부장관은 양봉농가의 육성·지원정책을 효율적으로 추진하기 위하여 양봉농가로 하여금 「농업·농촌 및 식품산업 기본법」 제40조 「농어업경영체 육성 및 지원에 관한 법률」 제4조 제1항에 따라 양봉경영 관련 정보를 등록하게 할 수 있다.

제17조(단체의 설립)
① 양봉농가와 양봉산업에 종사하는 자 등은 양봉산업의 지속적인 발전과 공동이익 등을 도모하기 위하여 농림축산식품부장관의 인가를 받아 단체를 설립할 수 있다.
② 제1항에 따른 단체는 법인으로 한다.
③ 제1항에 따라 설립된 단체는 꿀벌 및 양봉의 산물·부산물 생산 및 유통질서가 건전하게 유지될 수 있도록 노력하여야 한다.
④ 농림축산식품부장관은 양봉산업의 지속적인 발전을 위하여 필요하다고 인정하면 제1항에 따라 설립된 단체에 예산의 범위 내에서 지원할 수 있다.
⑤ 제1항에 따른 단체에 관하여 이 법에서 정한 사항을 제외하고는 「민법」중 사단법인에 관한 규정을 준용한다.

제18조(권한의 위임·위탁)
① 이 법에 따른 농림축산식품부장관의 권한은 그 일부를 대통령령으로 정하는 바에 따라 농촌진흥청장, 산림청장 또는 특별시장·광역시장·도지사 또는 시장·군수·구청장에게 위임할 수 있다.
② 이 법에 따른 농림축산식품부장관의 권한은 그 일부를 대통령령으로 정하는 바에 따라 제17조에 따라 설립된 단체에 위탁할 수 있다.

제19조(벌칙 적용에서 공무원 의제)
농림축산식품부장관이 제18조 제2항에 따라 위탁한 업무에 종사하는 단체의 임직원은 「형법」 제129조부터 제132조까지의 규정을 적용할 때에는 공무원으로 본다.

제20조(과태료)
① 다음 각 호의 어느 하나에 해당하는 자에게는 30만원 이하의 과태료를 부과한다.
   1. 제13조 제1항을 위반하여 등록을 하지 아니하고 꿀벌 또는 양봉의 산물·부산물을 생산하고 판매한 자
   2. 제13조 제2항에 따른 변경신고를 하지 아니한 자
   3. 제14조 제2항에 따른 영업자 지위 승계 신고를 하지 아니한 자
② 제1항에 따른 과태료는 대통령령으로 정하는 바에 따라 시장·군수·구청장이 부과·징수한다.

부칙〈법률 제16547호, 2019. 8. 27.〉

제1조(시행일)이 법은 공포 후 1년이 경과한 날부터 시행한다.

제2조(단체의 설립에 관한 경과조치)이 법 시행 당시 「민법」 제32조에 따라 설립된 사단법인이 제17조에 따른 단체에 해당하는 경우 이 법에 따라 설립된 것으로 본다.

3. 양봉산업의 육성 및 지원에 관한 법률 시행규칙

1) 양봉산업의 육성 및 지원에 관한 법률 시행규칙

[시행 2020. 9. 17.] [농림축산식품부령 제448호, 2020. 9. 17., 제정]
농림축산식품부(축산경영과), 044-201-2335

제1조(목적)
이 규칙은 「양봉산업의 육성 및 지원에 관한 법률」 및 같은 법 시행령에서 위임된 사항과 그 시행에 필요한 사항을 규정함을 목적으로 한다.

제2조(밀원식물의 범위)
「양봉산업의 육성 및 지원에 관한 법률」(이하 "법"이라 한다)제2조 제3호에서 "농림축산식품부령으로 정하는 것"이란 다음 각 호의 것을 말한다.
1. 초본식물: 개양귀비, 꿀풀, 도라지, 들깨, 메밀, 엉겅퀴, 옥수수, 유채, 자운영, 질경이, 참깨, 토끼풀, 해바라기, 헤어리베치, 호박
2. 목본식물: 동백나무, 두릅(민두릅을 포함한다), 때죽나무, 마가목, 매실나무, 모감주나무, 밤나무, 백합나무, 벚나무(산벚을 포함한다), 붉나무, 산딸나무, 산초나무, 쉬나무, 아까시나무, 오동나무, 옻나무, 음나무, 쥐똥나무, 참죽나무, 층층나무, 칠엽수, 피나무, 헛개나무, 황벽나무, 황칠나무
3. 그 밖에 양봉산업의 육성을 위해 조성할 필요가 있는 식물로서 농림축산식품부장관이 정하여 고시하는 식물

제3조(전문인력 양성기관 지정신청서 등)
① 「양봉산업의 육성 및 지원에 관한 법률 시행령」(이하 "영"이라 한다)제5조 제2항에 따른 전문인력 양성기관 지정신청서는 별지 제1호서식에 따른다.
② 제1항에 따른 지정신청서를 받은 담당 공무원은 「전자정부법」 제36조 제1항에 따른 행정정보의 공동이용을 통해 법인 등기사항증명서(법인인 경우로 한정한다) 또는 사업자등록증명을 확인해야 한다. 다만, 신청인이 사업자등록증명의 확인에 동의하지 않는 경우에는 해당 서류를 직접 제출해야 한다.

③ 영 제5조 제3항에 따른 전문인력 양성기관 지정서는 별지 제2호서식에 따른다.
④ 농촌진흥청장·산림청장, 특별시장·광역시장·도지사, 특별자치시장·특별자치도지사·시장·군수·구청장(자치구의 구청장을 말하며, 이하 "시장·군수·구청장"이라 한다)은 법 제7조 제2항에 따라 전문인력 양성기관을 지정한 경우에는 별지 제3호서식에 따른 발급대장에 그 사실을 적어 관리해야 한다.

제4조(우수한 꿀벌 품종개량 보급 등)

농촌진흥청장은 법 제8조에 따라 우수한 꿀벌 품종개량 보급 등을 추진하기 위해 다음 각 호의 사업을 실시해야 한다.
1. 꿀벌 유전자원의 보존사업
2. 원원종(原原種: 종자 증식의 기본이 되는 종자) 꿀벌의 생산 및 보급사업
3. 격리 품종개량장의 설치·운영 및 꿀벌 품종개량을 위한 연구개발사업
4. 그 밖에 꿀벌의 안정적 공급을 위해 농촌진흥청장이 필요하다고 인정하는 사업

제5조(양봉농가의 등록 기준 등)

① 법 제13조 제1항에 따른 양봉농가의 등록 기준은 별표와 같다.
② 법 제13조 제1항에 따라 등록을 하려는 양봉농가는 꿀벌을 사육하기 시작한 날부터 30일 이내에 별지 제4호서식에 따른 양봉농가 등록신청서(전자문서로 된 신청서를 포함한다)에 다음 각 호의 서류(전자문서를 포함한다)를 첨부하여 해당 사업장의 소재지를 관할하는 시장·군수·구청장에게 제출해야 한다.
1. 별표의 등록 기준을 갖추었음을 증명하는 서류 및 사진
2. 사업장(사육시설·장비를 포함한다) 도면 및 전경 사진
③ 제2항에 따른 등록신청서를 제출받은 담당 공무원은 「전자정부법」 제36조 제1항에 따른 행정정보의 공동이용을 통해 법인 등기사항증명서(법인이 아닌 경우에는 대표자의 주민등록표 등·초본을 말한다) 및 토지 등기사항증명서를 확인해야 한다. 다만, 신청인이 주민등록표 등·초본의 확인에 동의하지 않는 경우에는 그 서류를 신청인이 직접 첨부하도록 해야 한다.
④ 시장·군수·구청장은 제2항에 따른 등록신청서의 내용이 별표의 등록 기준을 갖춘 경우에는 신청인에게 별지 제5호서식에 따른 양봉농가 등록증을 발급하고, 해당 사업장의 소재지를 관할하는 시·군·구의 명칭, 꿀벌의 종류 및 등록증의 일련번호가 결합된 고유번호를 부여해야 한다.

제6조(양봉농가의 변경신고 등)

① 법 제13조 제2항본문에 따라 등록한 내용을 변경하려는 자는 변경된 날부터 30일 이내에 별지 제4호서식에 따른 변경신고서에 등록증과 그 변경내용을 증명하는 서류를 첨부하여 시장·군수·구청장에게 제출해야 한다.
② 제1항에 따른 변경신고서를 제출받은 담당 공무원은 「전자정부법」 제36조 제1항에 따른 행정정보의 공동이용을 통해 법인 등기사항증명서(법인이 아닌 경우에는 대표자의 주민등록표 등·초본을 말한다) 및 토지 등기사항증명서를 확인해야 한다. 다만, 신고인이 주민등록표 등·초본의 확인에 동의하지 않는 경우에는 그 서류를 신고인이 직접 첨부하도록 해야 한다.
③ 제1항에 따른 변경신고를 받은 시장·군수·구청장은 변경신고 사항을 별지 제5호서식에 따른 양봉농가

등록증에 적어 신고인에게 발급해야 한다.
④ 법 제13조 제2항단서에서 "농림축산식품부령으로 정하는 경미한 사항"이란 사업장 소재지의 변경(사업장의 소재지를 관할하는 등록관청의 변경이 없는 경우로 한정한다)을 말한다.
⑤ 시장·군수·구청장은법 제13조 제1항에 따라 양봉농가의 등록을 하거나 같은 조 제2항 본문에 따른 변경신고를 수리한 때에는별지 제6호서식에 따른 양봉농가 등록대장에 그 사실을 적어 관리해야 한다.

제7조(영업자의 지위승계 신고)

① 법 제14조 제2항에 따라 영업자의 지위승계를 신고하려는 자는 지위승계를 한 날부터 30일 이내에별지 제7호서식에 따른 영업자 지위승계 신고서에 상속·양도 등을 한 자의 등록증과 다음 각 호의 구분에 따른 서류를 첨부하여 시장·군수·구청장에게 제출해야 한다.
  1. 상속의 경우: 상속인임을 증명하는 서류(가족관계등록전산정보만으로 확인할 수 있는 경우는 제외한다)
  2. 영업양도의 경우: 다음 각 목의 서류
     가. 양도·양수를 증명하는 서류
     나. 양도인의 인감증명서나 「본인서명사실 확인 등에 관한 법률」 제2조 제3호에 따른 본인서명사실확인서 또는같은 법 제7조 제7항에 따른 전자본인서명확인서 발급증(양도인이 방문하여 본인확인을 하는 경우는 제출하지 않을 수 있다)
  3. 합병의 경우: 합병 후 존속하는 법인이나 합병으로 설립되는 법인임을 증명하는 서류
② 제1항에 따른 영업자 지위승계 신고서를 제출받은 담당 공무원은 「전자정부법」 제36조 제1항에 따른 행정정보의 공동이용을 통해 신고인의 가족관계등록전산정보(제1항제1호의 경우로 한정한다), 법인 등기사항증명서(법인이 아닌 경우에는 대표자의 주민등록표 등·초본을 말한다) 및 토지 등기사항증명서를 확인해야 한다. 다만, 신고인이 확인에 동의하지 않는 경우에는 관련 서류를 신고인이 직접 첨부하도록 해야 한다.
③ 제1항에 따른 영업자 지위승계 신고를 받은 시장·군수·구청장은 지위승계 사실이 확인되면 지위승계 사항을 별지 제5호서식에 따른 양봉농가 등록증에 적어 신고인에게 발급하고, 별지 제6호서식에 따른 양봉농가 등록대장에 그 사실을 적어 관리해야 한다.

부칙〈농림축산식품부령 제448호, 2020. 9. 17.〉

이 규칙은 공포한 날부터 시행한다.

4. 양봉농가의 등록 기준(제5조 제1항 관련)

1) 사업장 및 그 부지에 대한 소유권 또는 임차권 등 사용 권한을 확보할 것
2) 꿀벌의 사육 규모가 다음의 각 목의 구분에 따른 규모를 갖출 것
   가. 토종 꿀벌(큰길이가 9~11mm이고, 몸색깔이 검은색인 재래종 꿀벌을 말한다)만을 사육하는 경우: 10봉군(蜂群: 여왕벌 한 마리를 중심으로 활동하는 벌 무리를 말한다) 이상

나. 서양종 꿀벌(몸길이가 12~14mm이고, 몸색깔이 검은색 또는 노란색인 외래종 꿀벌을 말한다)만을 사육하는 경우: 30봉군 이상

다. 토종 꿀벌과 서양종 꿀벌을 함께 사육하는 경우: 토종 꿀벌과 서양종 꿀벌을 합한 규모가 30봉군 이상

3) 꿀벌의 사육을 위한 다음 각 목의 시설·장비 기준을 모두 갖출 것

가. 꿀벌의 병해충 방역에 사용할 수 있도록 사육장 입구에 꿀벌의 사육 규모에 적합한 소독시설·장비 및 소독약품을 갖추어 둘 것

나. 일반인에게 꿀벌 사육장에 대한 주의사항을 알리는 안내표지판 또는 안내표지를 사업장 입구 및 벌통의 설치장소 부근의 잘 보이는 곳에 설치하거나 게시할 것. 이 경우 주의사항을 알리는 문구는 식별이 용이한 적절한 크기의 글씨로 바탕색과 구별되는 색상을 사용해서 표기해야 한다.

4) 양봉의 산물·부산물의 생산·가공을 위한 다음 각 목의 시설·장비 기준을 모두 갖출 것. 다만, 가목 또는 나목의 업무를 위탁하여 수행하는 경우로서 업무의 위탁수행을 증명하는 때에는 관련 시설 또는 장비는 갖추지 않을 수 있다.

가. 양봉의 산물·부산물을 채취할 수 있는 장비와 양봉의 산물·부산물에 대한 오염원의 유입을 차단하는 시설·장비

나. 양봉의 산물·부산물을 보관·가공하는 경우에는 양봉 전용 비닐하우스, 텐트 등 오염원의 유입을 차단하는 시설·장비

5. 양봉 농업경영체 등록요건

1. [원칙] 꿀벌은 축산으로 분류되며「농업인확인서 발급규정」제4조 제2호 다목 (3)의 규정에 따라 ① 330㎡ 이상의 농작물경작지 또는 다년생 작물을 재배하는 농지[전·답·과수원 또는 농지로 인정되는 전·답·과수원이 아닌 토지]에 150㎡ 이상의 시설을 설치하여 10군[통] 이상을 사육하거나 ② 330㎡ 이상의 농작물경작지 또는 다년생 작물을 재배하는 농지[전·답·과수원 또는 농지로 인정되는 전·답·과수원이 아닌 토지]에 부속시설을 설치하여 10군[통] 이상을 사육하는 경우

2. [예외적으로 인정] 다만, 꿀벌을 농업경영체 등록요건에 충족하는 경우 꿀벌을 [신규·변경] 등록할 경우 꿀벌은 이동하며 사육하는 특성상 농지가 아닌 임야 등에서 사육하는 경우가 발생하여 농촌지역에 꿀벌을 사육할 경우는 예외적으로 시설 연관 지번 정보로 등록을 인정한다.

※ 총 군수는 가축사육시설 및 사육규모 현황 사육량에 입력

3. [예시] 200-1번지 전 500㎡에서 꿀벌 20군 사육하고 200-2번지 대지 150㎡에서 꿀벌 9군을 사육할 경우 200-1번지가 농업인확인서 발급규정에 충족하므로 200-1번지 29군 가축사육시설 및 사육규모 현황 사육량에 29군 등록, 200-2번지는 시설 연관지번 정보로 입력한다.

※ 200-2번지 대지 150㎡에서만 꿀벌 50군을 사육할 경우 농업인확인서 발급규정에 충족하지 않으므로 등록 불가, 산업곤충 & 양봉 창업 절차, 농업경영체 등록

제3절 한국 양봉통계(Statistics of Bees)

1. 연도별 꿀벌 통계

(단위: 꿀벌 군수)

항목 (연도)	사육 농가수 (Farms)	종류별 마리(Breed)				총계(Total)
		토종 꿀벌 (Native)	서양 꿀벌(Improved)			
			고정(Stationary)	이동(Movable)	소계(Total)	
2014	21,214	94,383	909,459	949,120	1,858,579	1,952,962
2015	22,533	109,818	1,002,088	851,083	1,853,171	1,962,989
2016	22,609	119,028	1,095,132	941,020	2,036,152	2,155,180
2017	24,629	165,718	1,248,684	973,835	2,222,519	2,388,237
2018	26,487	129,816	1,398,288	1,064,093	2,462,381	2,592,197
2019	29,026	131,530	1,534,294	1,078,317	2,612,611	2,744,141

2. 지역별 꿀벌 통계(2019년 기준)

(단위: 꿀벌 군수)

항목 (지역)	사육 농가수 (Farms)	종류별 마리(Breed)				총계(Total)
		토종 꿀벌 (Native)	서양 꿀벌(Improved)			
			고정(Stationary)	이동(Movable)	소계(Total)	
서울	57	0	587	5,150	5,737	5,737
부산	87	142	3,708	4,015	7,723	7,865
대구	391	1,060	25,825	28,230	54,055	55,115
인천	140	287	4,183	11,012	15,195	15,482
광주	299	0	17,310	17,461	34,771	34,771
대전	156	0	6,369	10,780	17,149	17,149
울산	611	3,125	21,898	9,564	31,462	34,587
세종	125	6	10,736	5,704	16,440	16,446
경기	2,716	7,912	163,671	64,747	228,418	236,330
강원	3,081	9,351	99,952	75,835	175,787	185,138
충북	2,799	12,501	146,652	108,132	254,784	267,285
충남	2,645	8,797	205,910	68,964	274,874	283,671
전북	2,269	8,732	121,201	156,346	277,547	286,279
전남	3,208	33,525	130,366	114,013	244,379	277,904
경북	6,391	28,748	369,788	195,622	565,410	594,158
경남	3,536	15,579	200,754	129,502	330,256	345,835
제주	515	1,765	5,384	73,240	78,624	80,389

자료: 축산정책국 통계청가축동향조사

제4절 지역별 방역기관 관할지역 및 연락처

자료: 농림축산검역본부(www.qia.go.kr)

지역	본·지소	관할지역	전화번호
서울	보건환경연구원	서울	02) 570-3439
부산	보건환경연구원	부산	051) 330-6132
대구	보건환경연구원	대구	053) 760-1307
인천	보건환경연구원	인천	032) 440-5644
광주	보건환경연구원	광주	062) 613-7651
대전	보건환경연구원	대전	042) 270-6892
울산	보건환경연구원	울산	052) 229-5245
세종	보건환경연구원	세종	044) 301-3826
경기	본소	수원, 안양, 부천, 안산, 과천, 시흥, 군포, 의왕, 김포, 성남, 오산, 화성, 광명	031) 8008-6312
경기	동부지소	하남, 여주, 광주, 이천, 양평	031) 635-3680
경기	남부지소	용인, 평택, 안성	031) 651-2037
경기	북부축위연	의정부, 동두천, 양주, 연천, 고양, 파주	031) 8008-6437
경기	북부지소	남양주, 구리, 가평, 포천	031) 593-4011
강원	본소	춘천, 철원, 화천, 양구	033) 248-6625
강원	동부지소	강릉, 동해, 삼척, 태백	033) 610-8705
강원	남부지소	원주, 홍천, 횡성	033) 737-6791
강원	중부지소	영월, 평창, 정선	033) 339-8855
강원	북부지소	인제, 고성, 속초, 양양	033) 634-8534
충북	본소	청주, 청원, 진천, 괴산, 증평	043) 220-6261~3
충북	북부지소	충주, 음성	043) 220-6311~3
충북	제천지소	제천, 단양	043) 220-6361~3
충북	남부지소	보은, 옥천, 영동	043) 220-6341~3
충남	본소	보령, 청양, 홍성	041) 631-3091, 4
충남	아산지소	천안, 아산	041) 548-2950
충남	공주지소	공주, 금산, 세종, 계룡	041) 881-0127, 8
충남	당진지소	예산, 당진	041) 352-4056
충남	부여지소	논산, 부여, 서천	041) 833-8610
충남	태안지소	서산, 태안	041) 675-4349
전북	본소	전주, 완주, 무주, 진안, 장수	063) 290-5400
전북	남원지소	남원, 임실, 순창	063) 290-6599
전북	서부지소	정읍, 고창, 부안	063) 290-6540
전북	북부지소	군산, 익산, 김제	063) 290-6530
전남	본소	나주, 화순, 장흥, 강진, 해남, 영암, 완도, 진도	061) 430-2114
전남	동부지소	순천, 여수, 광양, 보성, 구례, 곡성, 고흥	061) 759-4150
전남	서부지소	담양, 장성, 목포, 신안, 무안, 함평, 영광	061) 350-2100
경북	본소	구미, 칠곡, 군위, 성주, 고령, 경산, 영천, 청도	053) 326-0012~3
경북	북부지소	안동, 영주, 의성, 청송, 영양, 봉화	054) 850-3285
경북	동부지소	경주, 포항, 영덕, 울진, 울릉	054) 748-6624
경북	서부지소	김천, 상주, 문경, 예천	054) 533-1751~2
경남	본소	진주, 사천, 산청, 하동	055) 254-3013
경남	중부지소	창원, 김해, 함안	055) 254-3211
경남	동부지소	밀양, 양산, 창녕	055) 254-3381
경남	북부지소	의령, 함양, 거창, 합천	055) 254-3312
경남	남부지소	통영, 거제, 고성, 남해	055) 254-3351
제주	보건환경연구원	제주	064) 710-8531
전국	농림축산검역본부 기생충곤충질병연구실	전국(경북 김천 소재)	054) 912-0743~8

제5절 한국의 양봉용 의약품 목록

자료 : 한국동물약품협회 (www.kahpa.or.kr)

농약	병명	연번	품목명	성분명	업체명	연락처
살균제	노제마병	1	노제시드	살리실산나트륨, 베타-불가리스	비센 바이오(주)	1644-0542
		2	노노스	살리실산나트륨, 베타-불가리스	비센 바이오(주)	1644-0542
		3	노제로 플러스	살리실산나트륨, 베타-불가리스	㈜제이에스케이	031-911-5307
		4	후마린	푸마길린	㈜제이에스케이	031-911-5307
		5	후미딜 비	푸마길린	㈜고려비엔피	031-478-5560
		6	후마딜-비	푸마길린	㈜고려비엔피	031-478-5560
		7	녹수 후마길린	푸마길린	녹십자수의약품(주)	031-283-3423
		8	후마길씨	푸마길린	㈜유니바이오테크	02-585-1801
		9	후마길비	푸마길린	㈜유니바이오테크	02-585-1801
		10	후마길린-비	푸마길린	녹십자수의약품(주)	031-283-3423
	부저병	1	양봉용 네오테트라	옥시테트라싸이클린염산염, 네오마이신	㈜유니바이오테크	02-585-1801
	백묵병	1	메파티카	티몰	비센 바이오(주)	1644-0542
살비제	응애병	1	마이트-K	개미산	비센 바이오(주)	1644-0542
		2	폴벡스-VA	브롬모프로필레이트	㈜한풍산업	032-812-5525
		3	바로킬	시미아졸	㈜고려비엔피	031-478-5560
		4	바로킬-P	시미아졸	㈜고려비엔피	031-478-5560
		5	바로캇트훈연지	아미트라즈	에스비신일	031-465-2131
		6	대성속살-골드액	아미트라즈	㈜대성미생물연구소	031-461-0599
		7	아미키트	아미트라즈	㈜대성미생물연구소	031-461-0599
		8	코마-에이치	쿠마포스	비센 바이오(주)	1644-0542
		9	페리진	쿠마포스	바이엘코리아(주)	02-829-6600
		10	페리진-액	쿠마포스	바이엘코리아(주)	02-829-6600
		11	쿠마킹액	쿠마포스	대한뉴팜(주)	02-581-2333
		12	신등전훈연지	테트라디폰, 초산화칼륨	㈜성원	031-996-2621
		13	메파티카	티몰	비센 바이오(주)	1644-0542
		14	티모바	티몰	비센 바이오(주)	1644-0542
		15	대한안티섹	티몰	비센 바이오(주)	1644-0542
		16	포그마이트 액제	티몰	㈜고려비엔피	031-478-5560
		17	비-큐어 액제	티몰	㈜이-글벳	080-022-6644
		18	코미-비 티몰액	티몰	㈜코미팜	031-498-2121
		19	하니가드	티몰	㈜이엘티사이언스	070-4009-7541
		20	애드크린비플러스	티몰	㈜애드바이오텍	033-261-4907
		21	응애킬	구연산, 프로폴리스, 수크로즈, 에탄올	대한뉴팜(주)	02-581-2333
		22	아피가드	티몰	㈜비손에이에이치	02-3472-0484
		23	아시피카	티몰	㈜제이에스케이	031-911-5307
		24	응애멸	개미산, 구아검	대한뉴팜(주)	02-581-2333
		25	비넨볼	프로폴리스, 구연산	비센 바이오(주)	1644-0542
		26	비세노바	프로폴리스, 구연산	㈜제이에스케이	031-911-5307
		27	탑플루	플루메스린	㈜제이에스케이	031-911-5307
		28	무지개 만패	플루메스린	㈜제이에스케이	031-911-5307
		29	양봉용 바이바롤	플루메스린	바이엘코리아(주)	02-829-6600
		30	홍사방 스트립	플루발리네이트	대한뉴팜(주)	02-581-2333
		31	대성피투	플루발리네이트	㈜대성미생물연구소	031-461-0599
		32	중앙피투	플루발리네이트	㈜중앙바이오텍	031-493-1466
		33	한동피투	플루발리네이트	㈜한동	02-406-3511
		34	웨이펑 만푸골드	플루발리네이트	㈜대성미생물연구소	031-461-0599
		35	아시노바	플루발리네이트	㈜제이에스케이	031-911-5307
		36	왕스만푸리크	플루발리네이트	비센 바이오(주)	1644-0542
영양제	영양보조	1	하니비타 산	기타영양공급약	㈜삼우메디안	02-3661-3511
		2	멀티솔-G	기타영양공급약	㈜제일바이오	031-427-2861
		3	비타비타	기타영양공급약	㈜이엘티사이언스	070-4009-7541
		4	메나톨 주	비타민 K3	㈜한동	02-406-3511
		5	파워맥스-비 산	비타민공급약	㈜이엘티사이언스	070-4009-7541
		6	프로비타-비	비타민공급약	이화팜텍(주)	031-997-8661
기타	소독제	1	클로이-비	이산화소	㈜알앤엘애니멀헬스	031-227-7368
		2	라이프자켓	삼종염	㈜고려비엔피	031-478-5560

제6절 양봉용어

R물질(여왕벌 물질)
여왕벌을 키우는 로열젤리에 포함된 미지의 성분. 로열젤리의 머리글자를 따서 R물질로 불린다.

가축보건위생소(家畜保健衛生所)
각 자치단체에 있는 가축위생의 향상을 담당하는 공적기관으로 가축 전염병 예방과 가축 질병 진단 등을 실시한다. 우리나라는 사단법인 가축위생방역지원본부가 있다.

강군(强群)
벌의 수가 많고 여왕벌의 산란도 순조롭고, 저장된 꿀도 풍부한 충실한 강한 봉군이다. 상대어는 약군(약한 봉군)이다.

개포(蓋布)
벌이 쓸모없는 벌집을 만들지 않도록 벌통의 소비 위에 거는 광목이나 마포로 된 덮개 천, 또는 옷을 다림질할 때 까는 천. 담요나 원두커피 봉투를 잘라 사용해도 된다. 내피라고도 한다.

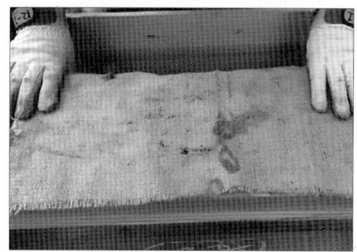

건세(建勢)
월동을 거치면서 벌 수가 줄어든 봉군을 다시 기세등등한 채밀군으로 재건하는 것을 말한다.

격리판(隔離板)
벌통이 소비로 다 차지 않을 때 공간이 생기는데 이 공간을 격리판으로 차단하여 봉군을 형성하게 하는 판이다. 이렇게 하면 벌이 바깥쪽에서 헛집을 짓지 않게 된다.

격왕판(隔王板)
채밀 계절 등으로 여왕벌의 이동을 제한하기 위해 넣는 격자모양의 판자. 계상 사이에 넣는 가로형과 벌통 안을 칸막이하는 세로형이 있다. 봉군 육성 시에도 사용한다.

결정밀(結晶蜜)
결정화된 꿀로 대부분은 액체이나 굳어서 고체화된 꿀을 말한다. 포도당의 함유량이 많은 유채꿀, 싸리꿀 등이 고체화되기 쉽다. 크림같은 고체 꿀의 맛을 좋아하는 사람도 많다.

계상(繼箱)
꿀벌의 수가 늘어나면 분봉열이 높아지게 되는데 이 분봉열도 낮추고 꿀도 많이 채밀하기 위해 벌통을 2층 이상으로 만들어 위층에는 꿀을 저장시키고 아래쪽에는 산란하게 하는 벌통을 말한다. 상대어는 단상으로 이 단상벌통을 포개놓은 것을 말한다.

공소비(空巢脾)
꿀이나 알, 유충이 없는 소비를 말하는데 빈소비라고도 한다.

교미비행(交尾飛行)
처녀왕이 공중에서 수벌과 교미하기 위해 짝짓기 여행을 하는 것을 말한다.

교미상(交尾箱)
처녀 여왕벌의 교미를 위해 만든 벌통으로 내부를 분리하거나 소형 벌통을 사용하기도 한다.

구왕(舊王)
구왕(舊王)로 노화 등으로 산란력이 쇠약해져 교대 시기를 맞이한 오래된 여왕벌이다.

국산천연꿀(国産天然蜜)
국내의 벌통에서 채밀하고 걸러내기만 하여 가공하지 않은 천연벌꿀을 말한다.

굴절당도계(refractometer)
빛의 굴절 현상을 이용하여 과즙의 당 함량을 측정하는 기구. 굴절 당도는 100g의 용액에 녹아 있는 자당의 그램 수를 기준(브릭스(Brix) 당도)으로 하지만 과실은 과즙에 녹아 있는 가용성 고형물 함량을 측정하여 당도로 표시한다. 꿀은 당도보다 수분함량이 더 중요하다.

급이(給餌)

봉군에게 식량을 제공하는 것으로 사양(飼養)이라고도 한다. 사양기(飼養器)에 붓는 설탕액(糖液) 외에도 시기에 따라 꿀소비나 화분(꽃가루) 소비를 더하거나 화분떡(대용 꽃가루)을 두는 등 봉군의 꿀 저장 부족을 보충해 활기를 북돋운다.

기문(氣門)

꿀벌의 가슴과 배의 측면에 호흡을 위해 공기가 들고나는 구멍을 말한다. 아카리병은 기문응애(*Acarapis woodi*)가 꿀벌의 전흉과 중흉 사이 첫 번째 기문 내부 기관의 내부벽에 기생, 체액을 빨아먹으면서 기관벽을 허물게 하여 발생하는 질병이다.

꿀벌춤(8자춤)

일벌은 밀원의 방향과 거리를 엉덩이를 흔들어 춤으로 동료들에게 전달하는 수단으로써의 춤이다. 이 춤은 벌통(벌집)의 소비 위에서 엉덩이 흔들기를 교대하면서 8자를 그리듯 춘다. 이때 꽃의 방향은 8자의 중심선 방향으로 꽃까지의 거리는 그 중심선을 지나갈 때 발음(發音, 발생하는 소리) 시간의 길이로 전달된다.

꿀소비(蜜巢脾)

꿀이 든 소비(벌집틀)로 채밀할 때 회수하여 꿀을 수확한다. 기온이 낮은 겨울이나 초봄에는 여기에서 먹이를 공급받기도 한다.

내검(內檢)

벌통 뚜껑을 열고 안에 있는 벌의 상태를 다양한 관점에서 점검하고 상황을 파악하는 내부검사를 말한다.

내역봉(內役峰)

벌통(벌집) 안에서 청소나 육아, 조소(造巢, 벌집 만들기), 꿀이나 꽃가루의 저장 등에 종사하는 내근(內勤, 내부 근무)을 하는 일벌로 젊은 벌이 임무를 수행한다.

단당류(単糖類)

더 이상 가수분해가 되지 않는 기초 당류로 포도당, 과당, 갈락토스가 여기에 해당한다. 벌꿀은 대부분 식물이 분비한 자당(2당류)을 일벌이 벌통에서 전화시킨 전화당으로 주로 포도당, 과당으로 구성되어 있다.

당도(糖度)

당의 농도. 전국 꿀 공정거래협의회의 규약에서는 국산 꿀의 수분 함유량은 23% 이하로 정해져 있다(굴절당도계 참조).

당액(糖液)

설탕을 뜨거운 물에 녹인 설탕물로 벌의 먹이통(給餌器) 즉 사양기(飼養器)에 넣어 둔다.

대용화분(代用花粉)

육아를 촉진하고 싶을 때 벌통(벌집) 안에 두는 꽃가루의 대용품이다. 대용화분은 천연 꽃가루에 가까운 영양소를 포함한 퍼티(putty)가 시판되고 있다. 꽃가루 대용품이다.

도봉(盜蜂)
강군의 벌이 약군이나 무왕군에게서 저장꿀을 빼앗기는 것으로 문자적 의미는 꿀을 훔치는 도둑벌이라는 뜻이다.

동봉산란(働蜂産卵)
무왕 상태가 오래 지속된 후, 일벌이 스스로 산란하기 시작하는 이상 산란. 일벌산란이라고도 하는데 무정란이므로 우화하면 모두 수벌이 된다.

라식(Langstroth)
랭스트로스식 벌통(벌집틀)을 말한다. 벌통(벌집)과 함께 그 규격은 근대 양봉의 표준이 되었다. 윗 창살(상잔)과 옆 창살(측잔)을 고정하는 쇠로 만든 장식이 붙어 있다. 상대적인 의미로 호식(244페이지)이 있다.

만군(滿軍)
벌통에 넣은 소비(벌집틀)가 모두 벌로 가득 찬 상태이다.

매선기(埋線器)
소광대에 소초를 붙일 때 소초 크기와 같은 널빤지(매선대)에 소초를 놓고 철선을 따라 적당히 뜨거워진 매선기로 밀어나가면 소초의 밀랍이 녹아 철선에 들러붙어 묻힌다. 매선기는 롤러 매선기, 인두 매선기, 전기 매선기 등이 있다.

무왕군(無王郡)
여왕벌이 없는 봉군을 말한다.

무정란(無精卵)
정자가 없는 미수정 알로 수벌은 무정란에서 태어난다. 상대어는 유정란이다.

무태소(無駄巢)
쓸모없는 벌통(벌집)으로 일벌의 조소열(造巢熱)이 왕성한 시기에 현재 벌통 이외의 장소에 만드는 벌집이다.

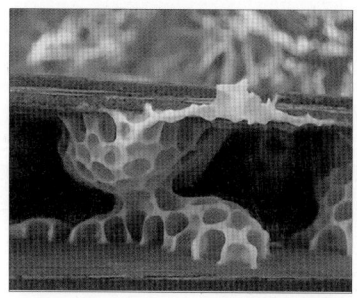

밀개(密蓋)
일벌이 꿀방을 꿀로 다 채우면 덮는 밀랍 뚜껑을 말한다.

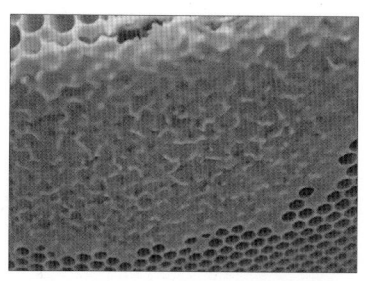

밀랍(Beeswax)
꿀벌들이 꽃으로부터 긁어모은 당을 효소 작용하여 체내에서 생성하는 물질로 고체성 지방이다. 좁게는 벌집에서 가열 압착법, 용제추출법 등으로 추출한다. 밀랍은 일벌의 배 아래에 있는 분비샘에서 분비되는 물질이다.

밀도(蜜刀)
꿀이 채워진 밀개(密蓋)를 자르는 칼을 말한다. 채밀할 때 뜨거운 물에 넣어 꿀을 빨리 녹여내고 소독도 한다.

밀원식물(蜜源植物)
벌이 주로 화밀(花蜜), 즉 꽃꿀 채취를 목적으로 방문하는 식물이다.

밀위(honey stomach)
꿀벌에서 꽃이나 물을 먹고 나르기에 적합하게 만들어진 배(abdomen)의 기관이다.

바로아응애(Varroa destructor)
꿀벌의 유충이나 번데기에 기생하면서 체액을 흡입하여 봉군을 약화시키는 몸길이 수 mm의 붉은 진드기이다.

벌집방(巢房)
빈틈없이 늘어선 육각형 벌집방으로 셀(cell)이라고도 한다.

벌통(巢箱)
꿀벌을 기르기 위한 용기(用器)로 안에 소비을 넣어 사용한다. 일명 소상(hive)이라고도 한다.

법정전염병(法定伝染病)
가축전염병 예방법에서 소각 처분 등의 강한 조치가 필요한 중대한 전염병을 말한다(신고전염병 참조).

변성왕대(變成王臺)
여왕벌이 갑자기 사라지면 부화 후 며칠 안된 유충이 있는 벌집을 일벌이 급히 개조해 만드는 왕대이다. 상대어는 자연왕대이다.

봉개(蜂蓋)
밀랍과 화분을 혼합해 소방을 덮은 것으로 꿀벌 유충이 번데기로 발육하는 소방(벌집방)을 덮는 덮개를 말한다.

봉교(propolis)
꿀벌이 나무의 싹이나 수액과 같은 식물로부터 수집하는 수지질(樹脂質)의 혼합물이다. 꿀벌들은 봉교를 벌집의 작은 틈을 메우는 데 사용하며, 이렇게 하여 해로운 미생물로부터 자신들을 보호한다. 프로폴리스라고도 한다.

봉구(蜂球)
벌이 모여 있는 둥근 덩어리(grouped bee-ball)로 벌들이 공처럼 몸을 맞대고 둥글게 밀집하는 것을 말한다. 주로 분봉(分蜂) 직후나 월동 때 만든다.

봉군(蜂群)
사회성 곤충이라고도 하는 꿀벌은 하나의 집단이 개체처럼 행동하기 때문에 무리 단위의 벌떼이다.

봉군분할(蜂群分割)
봉군을 인공적으로 나누어 증군(增群, 봉군 늘리기)하는 것을 말한다.

봉솔(bee brush)
채밀이나 내검할 때 벌을 쓸어내는 빗자루이다. 내검 시에 소비를 벌통에서 떼어낼 때 이 봉솔의 자루를 활용한다.

봉아(蜂兒)
꿀벌의 알에서 부화한 직후부터 성충이 되기 전까지의 상태로 최근에는 봉아를 곤충의 새로운 먹거리 자원으로 연구하고 있다.

봉장(蜂場)
벌통을 놓고 벌을 사육하는 장소를 말한다. 양봉장이라고도 부른다.

봉충(峰蟲)
소비를 가해하는 벌집나방이나 애벌집나방 애벌레의 총칭이다.

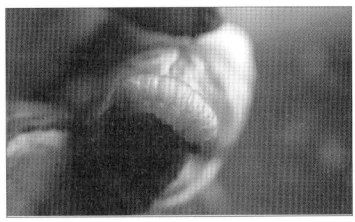

봉침요법(蜂針療法)
봉독의 효능을 이용하여 다양한 증상의 통증을 줄이고 증상 개선에 활용하는 치료법이다.

분봉(分蜂)
증세기에 벌통(벌집) 안의 공간이 압박됨에 따라 여왕벌이 봉군의 약 반수의 벌을 데리고 벌통(벌집)을 빠져나가는 것을 말한다.

분봉열(分蜂熱)
주로 봄철에 봉군(蜂群)이 분봉을 실행하려고 하는 분위기나 느낌의 일환으로 나타나는 열로 왕대의 출현이 가장 상징적이다.

사양(飼養)
봉군에게 식량을 제공하는 것으로 급이(給餌)라고도 한다. 사양기(飼養器)에 붓는 설탕액(糖液) 외에도 시기에 따라 꿀소비나 화분(꽃가루) 소비를 더하거나 화분떡(대용 꽃가루)을 두는 등 봉군의 꿀 저장 부족을 보충해 활기를 북돋운다.

산란(産卵)
여왕벌이 알을 낳는 것으로 수정란은 암컷인 여왕벌이나 일벌이 나오고 무정란에서는 수벌이 출방한다. 일벌이 산란하는 것을 동봉산란(일벌산란)이라고 한다.

산란육아권(産卵育兒圈)
소비(巢脾)에 여왕벌이 산란하여 알이나 봉아(蜂兒)가 있는 부분으로 중심에서 산란하기 시작해서 그 주변으로 확대된다. 산란육아 공간이나 육아구역이라고도 한다.

삼각틀(三角틀)
벌이 살기 좋은 꿀벌 공간을 일정하게 유지할 수 있도록 소비(벌집틀)에 고정시켜 두는 삼각형 플라스틱 틀기구로 코마(koma)라고도 한다.

상잔(上棧)
소광대의 윗부분으로(가로대) 상잔(top bar)이라고도 부른다.

선풍행동(扇風行動)
일벌이 꿀의 수분을 날리거나 온도관리를 위해서 날개로 활발하게 바람을 부치는 행동이다. 서양 꿀벌은 머리를 소문으로 향하고 토종벌은 엉덩이를 소문으로 향하는 차이가 있다.

설탕액(糖液)
설탕을 뜨거운 물에 녹인 설탕물로 벌의 먹이통(給餌器) 즉 사양기(飼養器)에 넣어 둔다.

성성숙(性成熟)
갓 태어난 여왕벌이나 수벌이 일정 기간을 거쳐 교미가 가능하게 된 상태이다.

소각비행(巢覺飛行)
내역벌에서 외역벌이 된 벌이 벌통(벌집) 위치를 기억하기 위해 하는 첫 비행으로 벌통(벌집)의 위치를 익히기 위한 연습비행이다. 벌통의 소문을 박차고 나온 뒤 머리를 소문을 향해 윙윙거리며 날아가는 것이 특징이다. 날씨가 좋은 날 10시부터 14시경에 행해지는 경우가 많아 봄철의 전성기 때는 연일 볼 수 있어 벌들은 30분 정도면 벌통(벌집)으로 다시 돌아온다. 오리엔테이션 플라이트(orientation flight)로도 부른다.

소광(巢框)
소초(巢礎)를 나무틀(소광)에 끼워 넣기 전의 비어있는 나무틀을 말한다. 최근에는 소초를 붙인 소초광으로 판매한다.

소문(巢門)
벌이 출입하는 벌통의 입구이다.

소비(巢脾)
일벌이 밀랍을 분비해 소초(巢礎)의 6각 방을 쌓아 올려 완성시킨 전체 틀로 벌체라고도 한다. 다시말해 소초에 벌집방을 지은 것이 소비이다.

소초(巢礎)
밀랍을 녹여 소방의 골격을 만든 기초단체이다. 인공 소초를 나무틀에 설치하고 가로질러 횡단시킨 철사(wire)를 소초에 매선(埋線, 철선을 묻은)시키면 소비가 된다. 이때 소광은 벌집의 내부에 끼우는 빈 나무틀을 말하고 소비는 소광에 철선을 설치하고 소초를 붙인 것을 말한다.

수벌(雄蜂)
여왕벌이 낳는 무정란이 수벌이 된다. 다른 봉군의 신왕과 교미를 하는 것이 생존 목적이 된다.

수벌소비(雄蜂房)
수벌 전용의 소비(벌집틀)로 수벌은 몸집이 커서 이에 맞추어 벌집방의 크기도 약간 크고 부풀어 올라와 있다. 인위적으로 만들어 관리하면 수벌을 제거하기도 쉽다.

수벌포크(drone fork)
소비에 만들어진 수벌의 번데기(수벌방)을 제거할 때 사용한다(96페이지 참조).

순밀(純蜜)
가당(加糖)이나 정제처리를 하지 않는 순수한 벌꿀이다.

쉬머링(shimmering)
꿀벌이 외적 등에 대해서 취하는 위협적 행동의 하나로 특이적 날개소리인 경계음을 집단으로 발생시키는 행동이다. 벌통(벌집)의 뚜껑을 열었을 때나 진동(振動)을 주었을 때도 발생하는 일이 있다. 히싱(hissing)은 전파의 혼신으로 잡음이 일어나는 현상을 말한다.

식량고갈(食糧枯渴)
먹이 그릇의 설탕액이나 벌이 모은 꿀, 꽃가루, 대용 꽃가루 등이 바닥나는 것을 말한다.

신고전염병(申告伝染病)
가축전염병예방법에서 조기에 정보를 파악하여 피해를 방지하기 위해 가축보건위생을 담당하는 부서에 보고해야 하는 감시전염병(監視伝染病)이다.

신경절(ganglia)
말초신경계의 구성 요소로 대뇌반구의 시상 바깥쪽 혹은 척추에 있는 신경조직 혹은 신경세포체로 구성된 회백질덩어리이다.

신왕(新王)
출방한 지 얼마 되지 않은 젊은 여왕벌로 신왕(新王)을 말한다. 상대어는 구왕이다.

아낙필락시스(anaphylaxis)
항원-항체 면역 반응이 원인이 되어 혈압이 급격히 떨어지는 전신 반응으로 벌에 쏘이거나 코로나 백신을 맞았을 때 발생할 수 있다.

아카리병(acarine disease)
꿀벌기문응애(Acarapis woodi)가 꿀벌의 전흉과 중흉 사이 첫 번째 기문 내부 기관의 내부벽에 기생, 체액을 빨아먹으면서 기관벽을 허물게 하여 발생하는 질병이다.

아피테라피(apitherapy)
아피(api)는 라틴어로 꿀벌을 뜻한다. 꿀벌의 혜택인 꿀 등 생산물을 건강회복, 노화방지, 미용 등에 활용하는 테라피(therapy)로 봉침요법(벌침, 특히 벌독을 사용하는 치료법)보다 의미의 범위가 넓다. 화분, 밀랍, 향유의 의학적인 용법을 일컫는다.

약군(弱群)
벌의 수가 적고 여왕벌의 산란, 꿀 저장, 성장이 적거나 느린 봉군이다. 도봉이나 질병 등의 피해를 입기가 쉽다. 상대어는 강군이다.

양봉진흥법(養蜂振興法)
양봉의 진흥에 관한 법률로 우리나라(한국)는 2019년 8월 27일에 제정되고 2020년 8월 28일에 시행되었다. 신고 의무가 취미로 양봉을 하는 취미, 애완양봉인들에게도 확대되었다.

양봉협회(養蜂協会)
전국 각지의 양봉 관계자로 구성된 사단법인으로 양봉산업의 발전을 목적으로 기술 보급이나 환경정비 등을 실시하고 있다.

양성군(養成群)
여왕벌을 키우는 봉군으로 이충틀로 옮겨진 여왕벌이 될 유충에게 로열젤리를 주고 왕대를 완성시켜 신여왕벌(新女王, 신왕(新王))을 키우는 젊은 봉군을 말한다.

여왕벌(queen)
일벌과 똑같은 유충이 계속 로열젤리를 먹고 자라면 여왕벌이 된다. 유지하는 통상 봉군 중 한 마리밖에 없는 벌로서 페로몬으로 일벌을 거느리고 제어하며 산란기에는 매일 1000~1500개의 알을 계속 낳는다.

영양교환(trophallaxis)
꿀벌에서 볼 수 있는 성충이 유충에게 먹이를 주고 그 대신 유충은 하순선으로부터 분비물을 성충에게 주는 행동으로 개미 사회에서도 먹이를 입으로 옮기는 현상을 볼 수 있다. 이

행동은 단지 먹이의 상호교환뿐만 아니라 사회구성원의 결합이나 정보전달에도 역할을 한다.

옥살산(oxalic acid)
옥살산(oxalic acid) 또는 수산(蓚酸)은 카복실산의 일종이다.

왕대(王臺)
새로운 여왕벌을 육성하기 위해 만들어지는 특별한 벌집방. 자연왕대와 변성왕대가 있다. 그 외에도 분봉을 나기 위한 분봉왕대, 왕을 바꾸기 위한 환왕왕대가 있다.

왕롱(王籠)
여왕벌을 넣어 일시적으로 격리하거나 가두는 바구니를 말한다.

외역봉(外役蜂)
꽃가루나 화밀 등을 채취하러 밖으로 나가는 외역벌로 오래된 노년(老年)의 벌이 이 역할을 한다. 외부에서 노역하는 벌.

왕유(royal jelly)
꿀벌의 소비에서 유충을 키우는 젊은 일벌의 인두선 분비물로 여왕벌이 될 유충에게 주는 먹이이다. 일벌이 될 유충에게도 부화 후 2~3일 정도 주고 이후에는 화분을 공급한다. 같은 유충이라도 로열젤리를 계속 먹으면 여왕벌이 된다.

외적(外敵)
꿀벌을 공격하거나 포식하는 생물을 말한다. 말벌이나 두꺼비가 대표적이다.

우화(羽化)
번데기가 탈피하여 성충이 되는 것을 말한다. 애벌레가 번데기가 되는 것은 용화이다.

웅봉(雄蜂)
여왕벌이 낳는 무정란이 수벌이 된다. 다른 봉군의 신왕과 교미를 하는 것이 생존 목적이 된다.

월동(越冬)
겨울나기를 말하는 것으로 꿀벌처럼 집단생활을 하면서 월동하는 곤충은 드물다.

유밀(流蜜)
밀원식물이 화밀(花蜜), 즉 꽃꿀을 분비하고 있는 상태로 유밀의 전성기를 유밀기라고 부른다.

유밀기(honey flow period)
꿀이 많이 나는 시기를 말한다. 무밀기는 꽃이 지고 화분이 없는 시기를 말한다.

유봉덮개(有峰蓋)
우화 전의 봉아가 밀랍 뚜껑으로 덮여있는 벌집방으로 유개봉아(有蓋蜂児)라고도 한다. 이는 신왕(新王)의 육성이나 인공분봉, 일벌 산란의 억제 등 다양한 측면에서 활용할 수 있다.

유인액(誘引液)
곤충 등을 유인하기 위한 달콤한 액체로 이 책에서는 말벌을 덫(trap)으로 유인하는 액체를 말한다.

유정란(有精卵)
수정된 난자로 암벌은 유정란에서 태어난다. 상대어는 무정란이다. 유정란에서 로열젤리를 계속 먹고 자라면 여왕벌이 된다.

유충(larva)
알에서 나온 후 아직 다 자라지 않은 애벌레로 완전변태를 하는 곤충은 번데기가 되기 전까지를 말한다.

육성(育成)
채밀보다 봉군의 강화나 봉군 증가를 우선하여 기르는 것. 양봉을 육성으로 돌리면 설탕액도 먹이면서 당해의 채밀은 하지 않는다.

이동양봉(移動養蜂)
밀원식물을 쫓아 이동하는 양봉의 형태이다. 상대어는 고정양봉이다.

이충(移虫)
여왕벌의 인공적인 양성 방법으로 유충을 벌집방에서 인공적인 용기로 옮기는 것을 말한다. 이 작업을 위해 사용하는 귀이개 모양의 도구를 이충침이라고 한다.

인공양성(人工養成)
주로 이충틀 등을 활용해 좋은 계통의 여왕벌을 인위적으로 육성하는 것을 말한다.

일벌(雌蜂)
암벌로 이름 그대로 우화한 후 일령(나이)에 따라 주어진 내역(內役)이나 외역(外役)에 충실히 종사하며 열심히 일한다.

일벌산란(働蜂産卵)
무왕 상태가 오래 지속된 후, 일벌이 스스로 산란하기 시작하는 이상 산란. 동봉산란이라고도 하는데 이는 무정란이므로 우화하면 모두 수벌이 된다.

자봉(雌蜂)
암벌(일벌)로 이름 그대로 우화한 후 일령에 따라 주어진 내역(內役)이나 외역(外役)에 충실히 종사하며 열심히 일한다.

자연왕대(自然王台)
벌이 여왕벌교체나 분봉을 의도하여 계획적으로 만드는 왕대이다. 주로 소비(벌집틀) 아래쪽에 만든다. 상대어는 변성왕대이다.

전사양봉(轉飼養蜂)
기후에 따라 혹은 꽃을 좇아 봉군(蜂群)을 옮겨 가며 벌을 기르는 일로 이동양봉이라고도 한다.

전화당(転化糖)
꿀(화밀)이 저장할 소방(巢房), 즉 벌집방에서 자당(sugar)이 벌이 분비한 효소에 의해 포도당, 과당으로 천천히 분해되는 변화를 말한다. 꿀은 천연 전화당이다.

정위비행(巢覺飛行)
내역벌에서 외역벌이 된 벌이 벌통(벌집) 위치를 기억하기 위해 하는 첫 비행으로 벌통(벌집)의 위치를 익히기 위한 연습 비행이다. 벌통의 소문을 박차고 나온 뒤 머리를 소문을 향해 윙윙거리며 날아가는 것이 특징이다. 날씨가 좋은 날 10시부터 14시경에 행해지는 경우가 많아 봄철의 전성기 때는 연일 볼 수 있어 벌들은 30분 정도면 벌통(벌집)으로 다시 돌아온다. 오리엔테이션 플라이트(orientation flight)로도 부른다.

조밀(粗蜜)
꿀소비를 채밀기로 돌려 나오는 초벌 꿀. 아직 밀랍 등이 많이 섞여 있어 면이나 체로 여과시켜야 한다.

조소(造巢)
일벌이 밀랍을 분비하여 소초(巢礎, 벌집 기초)를 쌓아 올리는 것으로 벌집 만들기이다.

종봉(種峰)
씨앗 벌로 꿀벌 사육을 처음 시작할 때 새로 구입하여 처음 시작하는 봉군을 말한다.

증살(蒸殺)
벌통을 이동하거나 운반할 때 벌통 안에 있는 벌이 스스로 일으킨 열로 인해 죽게 되는 것을 말한다.

증세(增勢)
벌의 수를 늘려 세력이 강한 봉군으로 키우는 것을 말한다. 증군이라고도 한다.

채밀(採蜜)
벌통에서 꿀소비를 가져와서 채밀기에 돌려 꿀을 분리하는 (뜨는) 것을 말한다.

채밀기(採蜜器)
분리기(分離器)라고도 하는데 밀개(密蓋)를 떼어낸 꿀소비를 안에 넣고 원심력으로 꿀을 분리하는 기계이다.

처녀왕(處女王)
교미비행을 떠나기 전 생후 얼마 안 된 새 여왕벌을 말한다.

출방(出房)
밀랍으로 된 뚜껑을 물어뜯어 우화하는 것으로 벌집방의 벌 번데기가 성충이 되어 나오는 것을 말한다.

측바(side bar)
벌집틀(소광대)의 세로로 만든 옆 창살, 즉 세로로 만든 측잔(側棧)이다. 소광대 윗부분은 상잔(top bar)이라고 한다.

측잔(側棧)
소광대(벌집틀)의 세로로 만든 옆 창살, 즉 세로로 만든 바(side bar)이다.

코마(三角틀)
벌이 살기 좋은 꿀벌 공간을 일정하게 유지할 수 있도록 소비(벌집틀)에 고정시켜 두는 삼각형 플라스틱 틀기구이다.

탈봉기(脫蜂器)
채밀할 때 벌을 털어내는 전동장치를 말한다.

탑바(top bar)
소비(벌집틀) 위에 치는 가로대로 상잔(上桟)이라고도 부른다.

티몰(thymol)
티몰은 2-이소프로필-5-메틸페놀(IPMP)로 타임(thyme) 또는 오레가노의 정유에서 추출되는 강한 항산화 작용을 하는 모노테르펜(monoterpene) 페놀의 일종이고 오래전부터 사용되어 오던 방향성 정유의 하나로 타임(백리향)과 같은 물질의 주 구성 성분이다.

페로몬(pheromone)
여왕벌이 분비하는 물질로 수벌에게는 성 페로몬으로 작용하는데 일벌의 난소 발달을 억제하고 봉군의 사회 질서를 유지하는 중요한 물질이다. 주성분은 9-oxo-2-decenoic acid(9-ODA, 옥소데센산) 등이다.

프로폴리스(propolis)
꿀벌이 여러 식물에서 뽑아낸 수지와 같은 물질에 자신의 침과 효소 등을 섞어서 만든 물질을 말한다. 봉교 참조

하이브툴(hive tool)
봉교에 의해 서로 붙어있는 소비광을 떼는 데나 벌통이나 소비광에 붙어있는 봉교를 긁어내는데 사용하는 철재로 만든 양봉 기구를 말한다.

하인두선(下咽頭腺)
일벌의 머리에 있는 유액 분비선으로 젊은 일벌이 로열젤리를 합성하여 분비한다. 유선(乳腺)이라고도 한다.

합봉(合封)
약군끼리 혹은 무왕군과 유왕군을 하나의 벌통에 넣어 봉군의 세력 강화를 촉진하는 것으로 합동(合同)이라고도 한다.

호식(Hoffmann hive)
호프만식 벌통(벌집틀)의 약자로 옆 창살 위쪽의 오목한 부분에 위 창살을 끼우는 구조이므로, 옆틀과 밀착시켜도 공간을 자연스럽게 확보할 수 있다.

화밀(花蜜)
꽃꿀(nectar)이라고도 하는데 꽃의 꿀샘에서 분비되는 달콤한 꿀로 꿀벌이 입에 넣기 전에는 절반 이상이 수분이다.

화분 경단(꽃가루 경단)
일벌의 뒷다리에 있는 꽃가루 바구니에 경단 모양으로 축적된 꽃가루를 말한다.

화분대용품(花粉代用品)
꽃가루로 만든 먹이로 화분떡이라고도 한다. 대용 꽃가루라고도 한다.

화분떡(bee bread)
외역벌(外役蜂)이 모아 온 꽃가루를 내역벌이 씹어 벌집방에 넣어 머리로 쳐서 굳힌 것으로 벌빵, 꽃가루빵이라고도 한다.

화분원식물(花粉源植物)
벌이 주로 꽃가루 채집을 목적으로 방문하는 식물을 말한다.

화분채취기(pollen trap)
꿀벌이 화분을 화분 바스켓에 경단처럼 달고 소문으로 들어올 때 작은 구멍으로 들어오게 하여 화분을 채취하는 기구이다.

환왕왕대(換王王台)
여왕벌이 부실할 경우 새 여왕벌로 교체하기 위한 왕대로 갱신왕대라고도 한다.

훈연기(燻煙器)
쑥이나 종이 등을 넣어 태우면서 연기를 발생시키는 기구로 꿀벌을 쫓아내거나 얌전하게 하고 싶을 때 사용한다.

제7절 참고문헌

1. 한영 참고문헌

FAO, Honey Bee Diseases and Pests: A Practical Guide.
Graham J.H. 1992. The Hive and The Honey Bee. Dadant & Sons.
Ivor D. and C.K. Roger 2015. bee keeping. bloomsbury.
김병호 외. 1996. 최신양봉학. 선진문화사.
남상용. 2020. 작물보호학. RGB출판사.
농촌진흥청 국립농업과학원. 2021. 토종벌 봉군관리 실용서. 진한엠앤비.
윤병수. 2002. 꿀벌의 전염병과 방제. 한국양봉협회회보 2월호.
윤충원. 2017. 나무생태도감. 지오북.
이영로. 2002. 원색한국식물도감. 교학사.
정철의 등. 2012. 일본외래 침입해충인 등검은말벌의 예비 위험평가. 한국양봉학회지 27(2):87-93.
조성봉, 이명렬. 2020. 양봉 사계절관리. 오성출판사.
최승윤. 1992. 양봉, 꿀벌과 벌통. 오성출판사.
최승윤. 1994. 최신 양봉학. 집현사.
조윤상. 2020. 꿀벌 해충, 작은벌집딱정벌레 예방 및 관리. 농림축산검역본부
홍인표 등. 2012. 꿀벌이 좋아하는 꽃. 국립농업과학원.
네이버 https://www.naver.com
구글 https://www.google.co.kr
농림축산검역본부 https://www.qia.go.kr
식품의약품안전처 https://www.mfds.go.kr
축산물품질평가원 https://www.ekape.or.kr
한국양봉학회 https://bee.or.kr/
한국양봉협회 https://www.korapis.or.kr

2. 일본 참고문헌

『벌로 본 꽃의 세계』 사사키 마사키. 카이유샤.
『양봉의 과학』 사사키 마사키. 사이언스 하우스.
『토종 꿀벌 - 북쪽 한도의 Apis cerana』 사사키 마사키. 카이유샤.
『근대양봉』 와타나베 히로시 / 와타나베 타카시. 일본양봉진흥회.
『새로운 꿀벌 기르는 법』 이노우에 탄지. 타이분칸.
『개정판 꿀벌과 말벌』 오사카시립 자연사 박물관. 특정비영리활동법인 오사카 자연사센터.
『꿀벌의 교과서』 포거스 채드윅 외. 엑스놀리지.
『꿀벌 그림책』 요시다 타다하루/타카베 하루이치 그림. 농산어촌문화협회.
『꿀벌과 산다』 후지와라 세이타. 지큐마루.
『꿀벌 사육기술 강습회 교재』 양봉진흥협의회.
『양봉기술 지도안내서』 양봉협회.
『키운다 늘린다 꿀벌 DVD로 더 알 수 있다』 농산어촌문화협회.

제8절 양봉 관련 주소록

1. 한국

◆ 고려양봉원 홈페이지 http:고려양봉원.kr
경북 경산시 압량면 가일길 3길 19-9
TEL: 053-424-5040/010-6421-9628

◆ 불로양봉원 홈페이지 www.bee-mart.co.kr
경기도 남양주시 진건읍 고재로 44-24
TEL: 02-496-1400/031-574-1403

◆ 에덴양봉원 홈페이지 www.honeyfarm.net
강원도 횡성군 횡성읍 한우로 797-8
TEL: 033-343-3924/010-7188-9980

◆ 삼육대학교 자연과학연구소 홈페이지 www.syu.ac.kr
서울시 노원구 화랑로 815 삼육대학교 온실2층
E-mail: 36cactus@naver.com

◆ 한국양봉학회 홈페이지 bee.or.kr
전북 완주군 이서면 농생명로 166
국립농업과학원 농업생물부 잠사양봉소재과 내

◆ 한국양봉협회 홈페이지 www.korapis.or.kr
서울시 서초구 서초중앙로 6길 9
TEL: 02-3486-0882~6

2. 일본

◆ 하나조노(화원) 양봉장(저자)
〒 369-1246
사이타마현 후카야시 코마에다 644-1
TEL & FAX: 048-584-0462
www7a.biglobe.
ne.jp/~hanazonoyoho/

◆ 쿠마가이 양봉(주)
〒 369-1241
사이타마현 후카야시 무사시노 2279-1
TEL: 048-584-1183
FAX: 048-584-1731
www.kumagayayoho.co.jp

◆ (주)마츠바라 기하치 총본장
〒 500-8056
기후현 기후시 시모타케초 29
TEL: 058-265-0870
FAX: 058-265-0869

◆ (주)아키타야 본점
〒 500-8471
기후현 기후시 가노후지초 1-1

TEL: 058-272-1221
FAX: 058-275-0001
www.akitayahonten.co.jp

◆ (주)와타나베 양봉장
〒 500-8453
기후현 기후시 가노테쯔포초 2-43
TEL: 0120-834-841
FAX: 058-274-6806
watanabe38.com

◆ (유)타와라 양봉장
〒 675-1369
효고현 오니시 다카다마치 1832-121
TEL: 0794-63-6617
FAX: 0794-63-8283
tawara88.com

◆ (유)구루메 양봉장
〒 839-0861
후쿠오카현 구루메시 아이카와마치 70-1
TEL: 0942-43-3838

◆ 아피(주)
〒 500-8558
기후현 기후시 가노사쿠라다초 1-1
TEL: 058-271-3838
FAX: 058-275-0855
www.api3838.co.jp

◆ (주)양봉연구소
〒 463-0010
아이치현 나고야시 모리야마구 스이소원 1-2011
TEL: 052-792-1183
FAX: 052-792-2025
www.8keninoue.com

◆ 카식 연구소
토종 꿀벌의 자연 소비(벌집틀)식 벌통 '카식 벌통' 취급)
〒 392-0015
나가노현 스와시 나카스 5141
TEL: 0266-58-6337
www.hachimiya.com

3. 미국/영국

◆ 미국양봉협회 https://www.abfnet.org/
The American Beekeeping Federation (ABF)
500 Discovery Parkway, Suite 125 Superior, Colorado 80027
TEL: 720-616-4145
info@abfnet.org

◆ 영국양봉협회 https://www.bbka.org.uk/
The British Beekeepers Association (BBKA)
England and Wales no. 1185343, The National Beekeeping Centre, Stoneleigh Park, Warwickshire CV8 2LG.
TEL: 02476-696679

제9절 색인(Index)

1. 한글색인

(ㄱ)

가시박(*Sicyos angulatus*) 59 193 196–197 199 202 206
가시응애(*Tropilaps clareae*) 213–214
감나무(*Diospyros kaki*) 24 187 196 199
감제풀(*Polygonum cuspidata*) 192 196–197 204 206
감탕나무(*Ilex integra*) 183 189 202 205
개구리(frog) 36 218
개모밀(*Polygonum capitatum*) 193 196 197 202 206
개미산(formic acid) 213–215 235
개양귀비(*Papaver rhoeas*) 202 205 229
개회나무(*Syringa reticulata*) 202 206
갯버들(*Salix gracilistyla*) 183 195–197 202 206
거미(spider) 208 213–215
거지덩굴(*Cayratia japonica*) 142 187 196 199 202 204
검양옻나무(*Rhus succedanea*) 56 183 187 196 202 206
격왕판(queen excluder) 26 45 50 60 89 91–93 104 127 236
결정(cristallization) 148 185–186 190–191 200 236
계상(honey super) 26 45–45 48 50 56 59–60 85–86 89 91–93 100–101 103–104 136 219 236
고정양봉(Stationary beekeeping) 242
곰(bear) 218
공소비(empty bee hive comb) 90 95 136 236
광나무(*Ligustrum lucidum*) 187 196
광식 사양기(frame feeder) 27 46 55 60 65 82 90 93 100 104 122 166
교미비행(mating flight) 51 87 94 165 218 236 243
교미상(mating hive) 236
구기자나무(*Lycium chinense*) 202 205
굴절당도계(refractometer) 29 236
귀룽나무(*Prunus grayana*) 202 206
귤나무(*Citrus unshiu*) 183–184 196 202
금계국(*Coreopsis drummondii*) 202 205
금귤(*Citrus japonica*) 183 202 205
금릉변(*Cymbidium floribundum*) 163
급이(feeding) 237 사양 참조
기문(spiracle) 215 237
기문응애(*Acarapis woodi*, 아카리병) 174 178 209 215
기문응애병(trachealmite disease) 215 237 251
까치밥나무(*Ribes mandshuricum*) 183 202 206

꽃꿀(floral nectar) 10–11 14 17 56 126 148 181 200 224 238 242 244
꿀벌 공간(bee space) 27 35 51 136 170 179 236 240 244
꿀벌부채명나방(*Galleria mellonella*) 217
꿀벌춤(honey bee dance) 13 237
꿀소비(honey comb frame) 19 47 50 54 57–58 65 80 83 85 90–91 93 101–102 126–132 134–137 167 170 173 217 237 243
꿀색(honey color) 222
꿀풀(*Prunella vulgaris*) 202 206 229

(ㄴ)

나도밤나무(*Meliosma myriantha*) 183 202 205
나래가막사리(*Verbesina alternifolia*) 183 202 205
나래쪽동백(*Pterostyrax hispida*) 183 202 206
나무딸기(*Rubus idaeus*) 202 206
나사노프샘(*Nasonov gland*, 향선) 11
낭봉아부패병(Sacbrood) 212
내검(inspection) 28–29 44–46 48–49 51 54–56 60 64–65 69–70 72–77 79 92 95–97 102–103 107 117 121 160 166–167 170–171 208 215 237
내버들(*Salix gilgiana*) 183 202 206
네오니코티노이드(neonicotinoid) 22
노제마병(*Nosema apis*) 209
누리장나무(*Clerodendrum trichotomum*) 201

(ㄷ)

다래나무(*Actinidia arguta*) 202 204
다릅나무(*Maackia amurensis*) 54 183 199 202 205
단풍나무(*Acer palmatum*) 56 183 202–203
달맞이꽃(*Oenothera biennis*) 202 205
담쟁이덩굴(*Parthenocissus tricuspidata*) 183 202 205
대악선(mandibular gland) 11 14
대용화분(artificial pollen) 78 80 83 116 237
대추나무(*Ziziphus jujuba*) 183 202 206
더듬이(antenna) 11
도깨비바늘(*Bidens bipinnata*) 59 193 197 199 202 204
도라지(*Platycodon grandiflorum*)
도망(absconding awarm) 158 162 164–165 169

도봉(robbing bee) 57 162 165 209-210 238
독침(bee sting) 11 17 40 53
독활(Aralia cordata) 196 199 202 204
동백나무(Camellia japonica) 183 195-197 199 202 204
동봉산란(laying worker) 120 171 238 243
동양종 꿀벌(Apis cerana) 121 142 157-178
동청나무(Ilex pedunculosa) 183 202 205
두릅나무(Aralia elata) 183 188 191 193 196 202 204
두꺼비(toad) 218
들깨(Perilla frutescens) 202 205 229
등갈퀴나물(Vicia cracca) 183 202 206
등검은말벌(Vespa velutina) 141 217 245
딸기(Fragaria ananassa) 22
땃두릅(Oplopanax elatus) 193 196 199 202 204
때죽나무(Styrax japonica) 24 183-184 196 199 202 206 229

(ㄹ)

라벤더(Lavandula angustifolia) 183 188 196 202 205
라식(Langstroth's hive) 27 238 244
라즈베리(raspberry) 183 202 206
랑스토로스식 벌통(Langstroth's hive) 27
로열젤리(royal jelly) 5 10 12 14-18 57 80 99 110-111 113 115-118 122 148-149 224 236 241-242 244
로열코트(royal coat) 13
로즈마리(Rosmarinus officinalis) 183 202 206
루꼴라(Eruca sativa) 22
립피아(Phyla canescens) 22 183 188 196 199 202 205

(ㅁ)

마가목(Sorbus commixta) 202 206 229
말벌(Vespa crabro, wasp) 17 39 41 44-45 52-53 55-59 67 141-146 217 242 245
매선기(wax soldering iron) 35 238
매실나무(Prunus mume) 195 197 199 202 206 229
머귀나무(Zanthoxylum ailanthoides) 188 196 202 206
먼나무(Ilex rotunda) 183 189 196 202 205
메밀(Fagopyrum esculentum) 148 183 189 193 196 199-200 202 205
멘톨(mentjol) 215
면포(bee veil) 30 41
모감주나무(Koelreuteria paniculata) 183 202 205 229
목초액(wood vinegar) 29 72 87 106-107
무왕군(queenless colony) 102 106-107 119 122 171 238 244
문지기벌(guard bee) 17-18 57 118 144
미국 부저병(American Foulbrood) 39 176 207-212 215 233

미국미역취(Solidago altissima) 59 194 197 199
미모사(Mimosa pudica) 183 199 202 205
민들레(Taraxacum platycarpum) 199 203 206
밀도(density) 90 194
밀도(uncapping knife) 126 128 134-135 238
밀랍(beeswax) 5 17-21 27-28 32 35 39 85 95 97 126 136 147-155 162 174 179-180 210 216 224 238-240 242-243
밀랍샘(beewax gland) 17 19 150
밀원식물(honey plant) 13 22 24 36-37 39 46-47 50 54 56-57 59 80 87 126 165 168 181-206 224-226 229 238 242
밀위(honey stomach) 14 98

(ㅂ)

바로아응애(Varroa destructor) 49 55 61 94 97 176 178 207 209 213-215 238
박하(Mentha arvensis) 171 178 183 204 205 215
반성소비(harf maded honeycomb) 27
밤나무(Castanea crenata) 183 189 199 202-205 229
배롱나무(Lagerstroemia indica) 183 189 196 203 205
백리향(Thymus quinquecostatus) 183 203 206 244
백묵병(chalk brood) 55 79 209 211
백합나무(Liriodenddron tulipifera) 203-205 229
버찌(Prunus pauciflora) 203 206
번데기(pupa, 용) 5 15-16 19-20 77-78 95-97 101 116 168 170 176 208 212-213 215 217 224 238 239 242
벌공간(Bee Space) 27
벌브러쉬(bee brush) 23 28 35 122 130 173
벌집(honey comb) 19-20 176 179 208-209 217 220 237-238
벌집벌레(homeycomb worm) 56 85 179 217
벌춤(dancing honey bee) 237
벌침(bee stinger) 5 11 17 40-41 99 149 209 241
벌통(bee hive) 26-27 160-161 165-166
법정전염병(legal communicable disease) 39 207-209 212 238
벚나무류(Prunus spp.) 148 162 169 183-185 196 200 203 206 229
베테랑벌(veteran bee) 17
변성왕대(emergency queen cell) 19 99 104 107 111 119-123 176 239 242-243
봉개(capped brood) 97 168 244-242 214 216 239
봉교(propolis) 239 244
봉구(grouped bee ball) 98 103 165 168-169 176 209 239
봉군(bee colony) 10 12 90-111 114 116-123 142 144-145 158 160 162 164 166 168-169 171 176 108 208 210 231 236-237
봉독(bee venom) 149 224 239

봉독제거기(bee poison remover) 41
봉솔(bee brush) 23 28 35 122 130 173
봉아(bee brood) 19 23 57 75 78–79 86 91 101 109–112 115 119 122–123 127 164–165 170–172 178 207–210 212 239 242
봉아이충기(bee brood transfer) 49 109 111–112 115
봉장(apiary) 23–24 36–38 52–55 58–67 86–87 127 168 183 239
봉충(waxmoth, 소충) 239
봉침(bee sting) 11 17 40 53
부저병(foul brood) 39 176 207–212 215 233
분봉(swarm) 15 38 44–46 48–49 74 79 89 91 94 98–105 110–111 123 160 162–166 168–170 172 176 236 239 242–243
분봉방지(swarm control) 98–103
분봉시키기(split beehive) 104–105
분홍바늘꽃(Epilobium angustifolium) 183 203 205
붉나무(Rhus javanica) 203 206 229
붉은겨울벗꽃(Cerasus campanulata) 203–204
블랙베리(Rubus occidentalis) 183 203 206
비란수(Prunus zippeliana) 183 203 206
비파나무(Eriobotrya japonica) 195 197 199
빗(comb) 41

(ㅅ)

사과나무(Malus pumila) 185 203 205
사양(feeding) 45 80–83 211 237 239–240
사양기(feeder) 27 46 55 60 65 82 90 93 100 104 122 166 237
사철나무(Euonymus japonicu) 203 205
사카린나트륨(sodium saccharin) 220
사회적인 꿀벌(social bee) 15–16
산다화(Camellia sasanqua, 애기동백) 197 199 203–204
산딸나무(Cornus kousa) 203 205 229
산란(oviposition) 12 15 19 46 48–49 65 77–80 90–91 97 100–104 119–123 171–172 209 215 236 238
산란관(ovipositor) 40
산벚나무(Prunus sargentii) 183–184 199 203 206
산초나무(Zanthoxylum schinifolium) 229 203 206
산호덩굴(Antigonon leptopus) 183 203–204
상잔(top bar) 27 34–35 76 83 95 238 240 243–244
샐비어류(Salvia spp.) 183 204 206
서양 꿀벌(improved bee) 201 231 233
서양종 꿀벌(Apis mellifera) 201 210 231
석고병(stone brood) 211

세균성병(bacterial disease) 209–210
세이지류(Salvia spp.) 203 206
소(cattle) 218
소광대(frame) 32–35 112 149 151 161 174 178–179 238 240 243–244
소래풀(Orychophragmus violaceus) 183 203 205
소문(hive entrance) 17 26 40 48 57 62–64 70–72 74 76 86–87 101 104 106–107 118 144–145 149 161 164–167 172 176–178 208–209 211 214 218 240 243
소비(hive frame) 32–35 84–85 90 130–133 173
소비광(frame of beehive comb) 244
소초(honeycomb foundation) 19 21 27 32–35 45–46 48–49 51 54 57 85 90 92–94 97 100–101 103 111 161 166 238 240 243
소충(waxworm, 봉충) 51 56 85 179 213 217 239
송악(Hedera japonica) 183 203 205
수벌(Drone) 5 9 10 12 15–16 20 27 44 45 49 51–52 56–57 75 78–79 84 94–97 103–104 158 168 171 224 239–240 244
수벌방(drone chamberlet) 240
수벌소비(drone comb frame) 27 49 79 95–96 104 240
수벌집(drone brood) 20 78 96
수벌포크(drone fork) 96 241
수분(pollination) 4 10 21–22 39 87 163 182 185 187 191 195
수분(water) 14 26 56 87 126–127 134 148 220–222 237 240 244
수정(fertilization) 12 15 110 171 238–239 242
술지게미(rice wine lees) 179
쉬나무(Evodia daniellii) 24 36 54 182–183 190 196 198–199 201 203 205 229
쉬머링(shimmering) 176 241
스테인레스(stainless) 28 32–33 174
신경절(ganglia) 241
신고전염병(reported communicable disease) 207 209 241
싸리(Lespedeza bicolor) 183 203 205

(ㅇ)

아까시나무(Robinia pseudoacacia) 59 196 199 203 206 229
아나필락시스(anaphylaxis) 41
아카리병(acarine disease) 237 241
아피바르(Apivar) 55 61
아피스탄(Apistan) 55 61 213–214
아피테라피(apitherapy) 149 241
안추사(Anchusa azurea) 183 203–204
알로에류(Aloe spp.) 183 201 203–204
알팔파(Medicago sativa) 22 183 203 205

양봉통계(statistics of bee) 233
양봉장(apiary) 23–24 36–38 52–55 58–67 86–87 127 168 183 239
양봉학(apiculture) 5 245
애기동백(*Camellia sasanqua*, 산다화) 183 194 197 199 203–204
애벌레(larva, 유충) 49 56 77 79 85 94 96–97 101 111–112 114–115 117 120 211–212 215–216 239–242
야생 장미(*Rosa roxburghii*) 183
양벗나무(*Prunus avium*) 196 203 206
엉겅퀴(*Cirsium japonicum*) 183 190 196 203 205 229
에리카(*Erica vulgaris*) 183 203 205
에피펜(EpiPen) 41
엠보싱(embossing) 27
여과천(strainer) 128
여왕벌 물질(queen substance) 13 120 236
여왕벌(queen) 9 12–24 26–28 38–40 44–45 48–49 51–52 54–59 69–70 74–75 79–91 94 98–104 106–123 236 238–244
여왕벌키우기(queen rearing) 110–123
여왕벌 전시(queen clipping, 날개 자르기) 164
영양교환(trophallaxis) 241
오동나무(*Pauronia coreana*) 203 205 229
오리나무(*Clethra barbinervis*) 190 196 202 205
오시마벗꽃(*Cerasus speciosa*) 203 205
옥살산(oxalic acid) 192 215 242
옥수수(*Zea mays*) 190 196 203 206 215
온주밀감(*Citrus unshiu*) 196
옻나무(*Rhus verniciflua*) 199 203 206 229
왕대(queen cell) 12 15 19–20 27 44 48 51 74 79 98–103 111–123 170 176 239 241–243
왕롱(queen bee cage) 104 107 111 113 116 118–119 122–123 242
왕벗나무(*Prunus yedoensis*) 203 206
왕완(artificial queen bee cell) 111–113
왕유(royal jelly) 5 10 12–13 14–18 57 80 99 110–111 113 115–118 122 148–149 224 236 241–242 244
용화(pupation) 15 95 217
우화(emergence) 15–19 78 94 96 111 113–114 116–119 122 168 170 178 213 238 242–243
원생동물(protozoa) 209
유동나무(*Vernicia montana*) 183 203 206
유럽부저병(European Foulbrood) 209–210
유밀기(honey flow period) 46 86–87 98 127 215 242
유왕군(queen colony) 106–107 171 244
유채(*Brassica napus*) 10 24 50 66 87 126 183 185 196–201 203–205 229 236

유충(larva) 14–16 18–20 39 49 77 85 97 111–116 119–122 142 149 170–171 208 210–213 215 217 236 238–239 241–242
육아벌(nurse bees) 12 18 111 237
음나무(*Kalopanax septemlobus*) 183 191 203 205
응애(mite, acarine) 38 44 49 55 57–58 61 79 94–97 176 213–215 238
응애약(miticide) 213
이동양봉(migratory beekeeping) 21 56 87 242–243
이성화당(isomerized sugar) 220
이충(grafting) 24 45 49 111–119 122 149 241–243
이충기(graftin tool) 112–113 115
이충틀(egg transfer frame) 112–117 241 243
이탈리안종(Italian bee) 38 56
일벌(worker bee) 10–19 40 46 54–55 65 74–75 77–78 91 94–95 97–102 107 110–114 116–123 126 148–150 158 164 168–169 171 176 196 201 209 212–214 216 218 238–244
일벌집(eotker brood) 20 27
일벌산란(worker bee oviposition) 120 171 238 243
잇꽃(*Carthamus tinctorius*) 203–204

(ㅈ)

자당(sucrose, 설탕) 14 126 236–237 243
자운영(*Astragalus sinicus*) 14 186 196 199 203–204 229
작은벌집딱정벌레(*Aethina tumida*) 216
장딸기(*Rubus hirsutus*) 183 203 206
장수말벌(*Vespa mandarinia*) 142–145 180
저정낭(sperm reservoir) 12
전사(migration) 39 44 243
전성소비(completed honeycomb) 27
전해수(electro-analysis water) 29 49 106 119 208
전화당(invert sugar) 220
정금나무(*Vaccinium oldhamii*) 183 203 206
제비(swallow) 104 118 213 218
제왕채밀(queenless honey extracting) 127
존스턴 기관(Johnston's organ) 13
주엽나무(*Gleditsia japonica*) 183 203 205
중국단풍(*Acer buergerianum*) 203 204
중지(middle leg) 11
쥐똥나무(*Ligustrum obtusifolium*) 203 205 229
쥐엄나무(*Gleditsia japonica*) 203 205
진균성병(fungal disease) 209 211
진드기(acarine, mite) 38 44 49 55 57–58 61 79 94–97 176 213–215 238

진홍토끼풀(*Trifolium incarnatum*) 183 203 206
질경이(*Plantago asiatica*) 203 205 229
쪽동백나무(*Styrax obassia*) 183 204 206
찔레나무(*Rosa multiflora*) 183 199 204 206

(ㅊ)
참깨(*Sesamum indicum*) 191 196 204 206
참죽나무(*Cedrela sinensis*) 204 229
채밀기(extractor) 21 23 32 34 45 50 65 72 83 91 126 128-123 132 134-137 161 243
처녀왕(vergin queen) 143 236 243
체(strainers) 128
측백나무(*Chamaecyparis pisifera*) 161
측잔(side bar) 238 243-244
층층나무(*Cornus controversa*) 204-205 229
칠엽수(*Aesculus turbinata*) 183 191 196 199 204

(ㅋ)
카니올란종(Carniolan bee) 38
칼라민타(*Calamintha nepeta*) 183 204
코마(koma) 27 32 35 240 244
코스모스(*Cosmos bipinnatus*) 194 196 20
크림손 클로버(*Trifolium incarnatum*) 203 203
큰개불알풀(*Veronica persica*) 186 196-197 201 204 206
큰턱샘(Mandibular gland) 11
클로버(*Trifolium alpinum*) 22 204 206

(ㅌ)
타르색소(tar pigment) 220
타임류(*Thymus quinquecostatus*) 203 206
탄소동위원소분별값(carbon isotope discrimination value) 220
탑바(top bar) 27 34-35 76 83 95 238 240 243-244
탈봉기(bee escaper) 131
태양열제랍기(solar wax melter) 151
탱자나무(*Poncirus trifoliata*) 183 204 206
토끼풀(*Trifolium repens*) 22 183 191 196 200 203-204 206 229
토종 꿀벌(native bee) 4 10 17 19 121 158-160 162 164 166 168-169 172-173 176 178-180 184 192-193 200 208-209 213-214 231 233
통나무벌통(log beehive) 160 162-163 166 172
튤립나무(*Liriodendron tulipifera*) 203-205
트레할로스(trehalose) 81 83
티몰(thymol) 212 214 233

(ㅍ)
페로몬(pheromone) 11 13 15 118-120 171 241 244
프로폴리스(propolis) 28 84-85 91 149-150 176 212 224 233
플루발리네이트(Fluvalinate, 피투 참조) 214 235
피나무(*Tilia amurensis*) 204 206 229
피라칸사 코시네아(*Pyracantha coccina*) 182

(ㅎ)
하이브툴(hive tool) 28 76 134 244
하인두샘(hypopharyngeal gland) 11
합봉(uniting bee) 29 45 72 75 80 106-107 122 171 244
해바라기(*Helianthus annuus*) 183 186 194 196 198-199 201 204-205
향선(Nassanoff's gland, 나사노프샘) 11
향유(*Elsholtzia ciliata*) 183 204-205
허니문(honey moon) 21
헛개나무(*Hovenia dulcis*) 183 192 196 204-205 229
헤어리베치(*Vicia villosa*) 183 196 198-200 204 206 229
호박(*Cucurbita moschata*) 192 196 199 204-205 229
호박벌(bumblebee) 11 22 191
호식(Hoffmann's hive) 27 238 244
호장근(*Reynoutria japonica*) 192 196-197 204 206
호프만식 벌통(Hoffman's hive) 27 244
홀더(holder) 112-113 117-119
홍화(*Carthamus tinctorius*) 183 203-204
화밀(floral nectar) 9-10 14 44 56 158 200-201 238 242-243
화분 바스켓(pollen basket) 11 14 214
화분소비(pollen hivecomb) 83
화분떡(bee bread) 14 179 237 239 244
화분채취기(pollen trap) 244
환기구(ventilating opening) 86
환왕왕대(supercedure queen cell) 100-101 244
황벽나무(*Phellodendron amurense*) 56 183 186 190 204-205 229
황제달리아(*Dahlia pinnata*) 106 199
황칠나무(*Dendropanax morbiferus*) 204-205 229
회화나무(*Sophora japonica*) 36 54 59 192 196 199 200 204 206
회향풀(*Foeniculum vulgare*) 183 204-205
후지(hind leg) 11
훈연기(smoker) 23 29 45 69 72-74 76 106-107 116 244
흰인가목(*Rosa koreana*) 204 206
히드록시메틸푸르푸랄(hydroxymethylfurfural, HMF) 220-221
히스(*Erica* spp.) 183
히싱(hissing) 176 241

2. 영문색인

(A)

absconding awarm(도망 분봉) 158 162 164-165 169
Acarapis woodi(기문응애) 174 178 209 214
acarine disease(기문응애병) 215 237 241
Acer buergerianum(중국단풍) 203 204
Acer palmatum(단풍나무) 56 183 202-203
Actinidia arguta(다래나무) 202 204
Aesculus turbinata(칠엽수) 183 191 196 199 204
Aethina tumida(작은벌집딱정벌레) 216
Aloe spp.(알로에류) 183 201 203-204
American Foulbrood(미국 부저병) 39 176 207-212 215 233
anaphylaxis(아나필락시스) 41
Anchusa azurea(안추사) 183 203-204
antenna(더듬이) 11
Antigonon leptopus(산호덩굴) 183 203-204
apiary(양봉장) 23-24 36-38 52-55 58-67 86-87 127 168 183 239
apiculture(양봉학) 5 245
Apis cerana(동양종 꿀벌) 121 142 157-178
Apis mellifera(서양종 꿀벌) 201 210 231
Apivar(아피바르) 55 61
Apistan(아피스탄) 55 61 213 214
apitherapy(아피테라피) 149 241
Aralia cordata(독활) 196 199 202 204
Aralia elata(두릅나무) 183 188 191 193 196 202 204
artificial queen bee cell(왕완) 111-113
artificial pollen(대용화분) 78 80 83 116 237
Astragalus sinicus(자운영) 14 186 196 199 203-204 229

(B)

bacterial disease(세균성병) 209-210
bear(곰) 218
bee bread(화분떡) 14 179 237 239 244
bee brood transfer(봉아이충기) 49 109 111-112 115
bee brood(봉아) 19 23 57 75 78-79 86 91 101 109-112 115 119 122-123 127 164-165 170-172 178 207-210 212 239 242
bee brush(벌브러쉬) 23 28 35 122 130 173
bee brush(벌솔) 23 28 35 122 130 173
bee colony(봉군) 10 12 90-111 114 116-123 142 144-145 158 160 162 164 166 168-169 171 176 108 208 210 231 236-237
bee escaper(탈봉기) 131
bee hive(벌통) 26-27 160-161 165-166
bee poison remover(봉독 제거기) 41
bee space(꿀벌 공간) 27 35 51 136 170 179 236 240 244
bee sting(벌침) 5 40-41 99 149 209 241
bee veil(면포) 30 41
bee venom(봉독) 149 224 239
beeswax(밀랍) 5 17-21 27-28 32 35 39 85 95 97 126 136 147-155 162 174 179-180 210 216 224 238-240 242-243
beewax gland(밀랍샘) 17 19 150
Bidens biternata(도깨비바늘) 59 193 197 199 202 204
Brassica napus(유채) 10 24 50 66 87 126 183 185 196-201 203-205 229 236
bumblebee(호박벌) 11 22 191

(C)

Calamintha nepeta(칼라민타) 183 204
Camellia japonica(동백나무) 183 195-197 199 202 204
Camellia sasanqua(산다화, 애기동백) 197 199 203-204
Camellia sasanqua(애기동백, 산다화) 183 194 197 203-204
cane sugar(자당) 14 126 236-237 243
carbon isotope discrimination value(탄소동위원소분별값) 220
capped brood(봉개) 97 168 211-212 214 216 239
Carniolan bee(카니올란종) 38
Carthamus tinctorius(잇꽃) 203-204
Carthamus tinctorius(홍화) 183 203-204
Castanea crenata(밤나무) 183 189 199 202-205 229
Cayratia japonica(거지덩굴) 142 187 196 202 204
cattle(소) 218
Cedrela sinensis(참죽나무) 204 229
Cerasus campanulata(붉은겨울벗꽃) 203-204
Cerasus speciosa(오시마벗꽃) 203 205
chalk brood(백묵병) 55 79 209 211
Chamaecyparis pisifera(측백나무) 161
Cirsium japonicum(엉겅퀴) 183 190 196 203 205 229
Citrullus vulgaris(수박) 199
Citrus japonica(금귤) 183 202 205
Citrus unshiu(귤나무) 183-184 196 202
Citrus unshiu(온주밀감) 196
Clerodendrum trichotomum(누리장나무) 201
Clethra barbinervis(오리나무) 190 196 202 205
colony(봉군) 0 12 90-111 114 116-123 142 144-145 158 160 162 164 166 168-169 171 176 108 208 210 231 236-237
comb(빗) 41
comb foundation(소초) 19 21 27 32-35 45-46 48-49 51 54 57 85 90 92-94 97 100-101 103 111 161 166 238 240 243
completed honeycomb(전성소비) 27
Coreopsis drummondii(금계국) 202 205
Cornus controversa(층층나무) 204-205 229
Cornus kousa(산딸나무) 203 205 229
Cosmos bipinnatus(코스모스) 194 196 20
cristallization(결정) 148 185-186 190-191 200 236
Cucurbita moschata(호박) 192 196 199 204-205 229
Cymbidium floribundum(금릉변) 163

(D)

Dahlia pinnata(황제달리아) 106 199
dancing honey bee(꿀벌춤) 13 237
Dendropanax morbiferus(황칠나무) 204-205 229
density(밀도) 90 194
Diospyros kaki(감나무) 24 187 196
drone chamberlet(수벌방) 240
drone(수벌) 5 9 10 12 15-16 20 27 44 45 49 51-52 56-57 75 78-79 84 94-97 103-104 158 168 171 224 239-240 244
drone brood(수벌집) 20 78 96
drone comb frame(수벌소비) 27 49 79 95-96 104 240

(E)

egg transfer frame(이충틀) 112-117 241 243

egg transfer needle(이충침) 112-113 115
electro-analysis water(전해수) 29 49 106 119 208
Elsholtzia ciliata(향유) 183 204-205
embossing(엠보싱) 27
emergence(우화) 15-19 78 94 96 111 113-114 116-119 122 168 170 178 213 238 242-243
emergency queen cell(변성왕대) 19 99 104 107 111 119-123 176 239 242-243
empty bee hive comb(공소비) 90 95 136 236
Epilobium angustifolium(분홍바늘꽃) 183 203 205
EpiPen(에피펜) 41
Erica spp.(히스) 183
Erica vulgaris(에리카) 183 203 205
Eriobotrya japonica(비파나무) 195 197
Eruca sativa(루꼴라) 22
Euonymus japonicu(사철나무) 203 205
European Foulbrood(유럽부저병) 209-210
Evodia danielli(쉬나무) 24 36 54 182-183 190 196 198-199 201 203 205 229
extractor(채밀기) 21 23 32 34 45 50 65 72 83 91 126 128-123 132 134-137 161 243

(F)

Fagopyrum esculentum(메밀) 148 183 189 193 196 199-200 202 205
feeder(사양기) 27 46 55 60 65 82 90 93 100 104 122 166 237
feeding(사양) 45 80-83 211 237 239-240
feral bees(야생벌) 160
fertilization(수정) 12 15 110 171 238-239 242
floral nectar(꽃꿀) 10-11 14 17 56 126 148 181 200 224 238 242 244
floral nectar(화밀) 9-10 14 44 56 158 200-201 238 242-243
Flunalinate(플루발리네이트) 214 235 피투 참조
Foeniculum vulgare(회향풀) 183 204-205
formic acid(개미산) 213-215 235
foul brood(부저병) 39 176 207-212 215 233
Fragaria ananassa(딸기) 22
frame feeder(광식 사양기) 27 46 55 60 65 82 90 93 100 104 122 166
frame of beehive comb(소비광) 244
frame(소광대) 32-35 112 149 151 161 174 178-179 238 240 243-244
frog(개구리) 36 218
fungal disease(진균성병) 209 211

(G)

Galleria mellonella(꿀벌부채명나방) 217
ganglia(신경절) 241
Gleditsia japonica(주엽나무) 183 203 205
Gleditsia japonica(쥐엄나무) 203 205
grafting(이충) 24 45 49 111-119 122 149 241-243
grouped bee ball(봉구) 98 103 165 168-169 176 209 239
guard bee(문지기벌) 17-18 57 118 144

(H)

harf maded honeycomb(반성소비) 27
Hedera japonica(송악) 183 203 205

Helianthus annuus(해바라기) 183 186 194 196 198-199 201 204-205
hissing(히싱) 176 241
hind leg(후지) 11
hive entrance(소문) 17 26 40 48 57 62-64 70-72 74 76 86-87 101 104 106-107 118 144-145 149 161 164-167 172 176-178 208-209 211 214 218 240 243
hive tool(하이브툴) 28 76 134 244
hive(벌통) 26-27 160-161 165-166
hive frame(소비) 32-35-84-85 90 130-133 173
Hoffman hive(호프만식, 호식) 벌통) 27 238 244
holder(홀더) 112-113 117-119
honey(벌꿀) 91 126 139 148 210 224 236 237
honey bee dance(꿀벌춤) 13 237
honey color(꿀색) 222
honey comb(벌집) 19-20 176 179 208-209 217 220 237-238
honey comb frame(꿀소비) 19 47 50 54 58 65 80 83 85 90-91 93 101-102 126-132 134-137 167 170 173 217 237 243
honey flow period(유밀기) 46 86-87 98 127 215 242
honey moon(허니문) 21
honey plant(밀원식물) 13 22 24 36-37 39 46-47 50 54 56-57 59 80 87 126 165 168 181-206 224-226 229 238 242
honey stomach(밀위) 11 14 98
honey super(계상) 26 45-45 48 50 56 59-60 85-86 89 91-93 100-101 103-104 136 219 236
honeycomb foundation(소초) 19 21 27 32-35 45-46 48-49 51 54 57 85 90 92-94 97 100-101 103 111 161 166 238 240 243
Hovenia dulcis(헛개나무) 183 192 196 204-205 229
hydroxymethylfurfural(히드록시메틸푸르푸랄, HMF) 220-221
hypopharyngeal gland(하인두샘) 11

(I)

Ilex integra(감탕나무) 183 189 202 205
Ilex pedunculosa(동청나무) 183 202 205
Ilex rotunda(먼나무) 183 189 196 202 205
improved bee(서양 꿀벌) 201 231 233
inspection(내검) 28-29 44-46 48-49 51 54-56 60 64-65 69-70 72-77 79 92 95-97 102-103 107 117 121 160 166-167 170-171 208 215 237
invertsugar(전화당) 220
isomerized sugar(이성화당) 220
Italian bee(이탈리안종) 38 56

(J)

Johnston's organ(존스턴 기관) 13

(K)

Kalopanax septemlobus(음나무) 183 191 203 205
Koelreuteria paniculata(모감주나무) 183 202 205 229
koma(코마) 27 32 35 240 244

(L)

Lagerstroemia indica(배롱나무) 183 189 196 203 205
Langstroth hive(랑스토로스식, 라식벌통) 27 238 244
larva(애벌레) 49 56 77 79 85 94 96-97 101 111-112 114-115 117 120 211-212 215-216 239-242

larva(유충) 14–16 18–20 39 49 77 85 97 111–116 119–122 142 149 170–171 208 210–213 215 217 236 238–239 241–242
Lavandula angustifolia(라벤더) 183 188 196 202 205
layering worker(일벌산란) 120 171 238 243
legal communicable disease(법정전염병) 39 207–209 212 238
Lespedeza bicolor(싸리) 183 203 205
Ligustrum lucidum(광나무) 187 196
Ligustrum obtusifolium(쥐똥나무) 203 205 229
Liriodenddron tulipifera(백합나무) 203–205 229
Liriodendron tulipifera(튤립나무) 203–205
log beehive(통나무벌통) 160 162–163 166 172
Lycium chinense(구기자나무) 202 205

(M)

Maackia amurensis(다릅나무) 54 183 199 202 205
Malus pumila(사과나무) 185 203 205
mandibular gland(대악선) 11 14
Mandibular gland(큰턱샘) 11
mating flight(교미비행) 51 87 94 165 236 243
mating hive(교미상) 236
Medicago sativa(알팔파) 22 183 203 205
Meliosma myriantha(나도밤나무) 183 202 205
Mentha arvensis(박하) 171 178 183 204 205 214
menthol(멘톨) 215
middle leg(중지) 11
migration(전사) 39 44 243
migratory beekeeping(이동양봉) 21 39 56 87 242–243
Mimosa pudica(미모사) 183 199 202 205
mite(응애, 진드기) 38 44 49 55 57–58 61 79 94–97 176 213–215 238
miticide(응애약) 213

(N)

Nassanoff's gland(향선, 나사노프샘) 11
native bee(토종 꿀벌) 4 10 17 19 121 158–160 162 164 166 168–169 172–173 176 178–180 184 192–193 200 208–209 213–214 231 233
nectar(화밀) 9 10 14 56 126 158 181 200–201 238 243–244
neonicotinoid(네오니코티노이드) 22
Nosema apis(노제마병) 209
nurse bees(육아벌) 12 18 111 237 양성군 참조

(O)

Oenothera biennis(달맞이꽃) 202 205
Oplopanax elatus(땃두릅) 193 196 199 202 204
Orychophragmus violaceus(소래풀) 183 203 205
oviposition(산란) 12 15 19 46 48–49 65 77–80 90–91 97 100–104 119–123 171–172 209 215 236 238
ovipositor(산란관) 40
oxalic acid(옥살산) 192 214 242

(P)

Papaver rhoeas(개양귀비) 202 205 229
Parthenocissus tricuspidata(담쟁이덩굴) 183 202 205
Pauronia coreana(오동나무) 203 205 229
Perilla frutescens(들깨) 202 205 229

Phellodendron amurense(황벽나무) 56 183 186 190 204–205 229
pheromone(페로몬) 11 13 15 118–120 171 241 244
Phyla canescens(립피아) 22 183 188 196 199 202 205
Plantago asiatica(질경이) 203 205 229
Platycodon grandiflorum(도라지)
pollen basket(화분 바스켓) 11 14 244
pollen hivecomb(화분소비) 83
pollen trap(화분채취기) 244
pollination(수분) 4 10 21–22 39 87 163 182 185 187 191 195
Polygonum capitatum(개모밀) 193 196–197 202 206
Polygonum cuspidata(감제풀) 192 196–197 204 206
Poncirus trifoliata(탱자나무) 183 204 206
propolis(봉교) 239 244
propolis(프로폴리스) 28 84–85 91 149–150 176 212 224 233
protozoa(원생동물) 209
Prunella vulgaris(꿀풀) 202 206 229
Prunus avium(양벚나무) 196 203 206
Prunus grayana(귀룽나무) 202 206
Prunus mume(매실나무) 195 197 199 202 206 229
Prunus pauciflora(버찌) 203 206
Prunus sargentii(산벚나무) 183–184 203 206
Prunus spp.(벚나무류) 148 162 169 183–185 196 200 203 206 229
Prunus yedoensis(왕벚나무) 203 206
Prunus zippeliana(비란수) 183 203 206
Pterostyrax hispida(나래쪽동백) 183 202 206
pupa(번데기) 5 15–16 19–20 77–78 95–97 101 116 168 170 176 208 212–213 215 217 224 238 239 242
pupation(용화) 15 95 217 242
Pyracantha coccina(피라칸사 코시네아) 182

(Q)

queen cage(왕롱) 104 107 111 113 116 118–119 122–123 242
queen clipping(여왕벌 전시, 날개 자르기) 164
queen colony(유왕군) 106–107 171 244
queen excluder(격왕판) 26 45 50 60 89 91–93 104 127 236
queen rearing(여왕벌키우기) 110–123
queen substance(여왕벌 물질) 13 120 236
queen(여왕벌) 9 12–24 26–28 38–40 44–45 48–49 51–52 54–59 69–70 74–75 79–91 94 98–104 106–123 236 238–244
queen cell(왕대) 12 15 19–20 27 44 48 51 74 79 98–103 111–123 170 176 239 241–243
queenless colony(무왕군) 102 106–107 119 122 171 238 244
queenless honey extracting(제왕채밀) 127 우왕채밀 참조

(R)

raspberry(라즈베리) 183 202 206
refractometer(굴절당도계) 29 236
reported communicable disease(신고전염병) 207 209 241
Reynoutria japonica(호장근) 192 196–197 204 206
Rhus javanica(붉나무) 203 206 229
Rhus succedanea(검양옻나무) 56 183 187 196 202 206
Rhus verniciflua(옻나무) 199 203 206 229
Ribes mandshuricum(까치밥나무) 183 202 206
rice wine lees(술지게미) 179
robbing bee(도봉) 57 162 165 209–210 238
Robinia pseudoacacia(아까시나무) 59 196 199 203 206 229

Rosa koreana(흰인가목) 204 206
Rosa multiflora(찔레나무) 183 204 206
Rosa roxburghii(야생 장미) 183
Rosmarinus officinalis(로즈마리) 183 202 206
royal coat(로열코트) 13
royal jelly(로열젤리) 5 10 12 14–18 57 80 99 110–111 113 115–118 122 148–149 224 236 241–242 244
royal jelly(왕유) 5 10 12–13 14–18 57 80 99 110–111 113 115–118 122 148–149 224 236 241–242 244
Rubus hirsutus(장딸기) 183 203 206
Rubus idaeus(나무딸기) 202 206
Rubus occidentalis(블랙베리) 183 203 206

(S)

sacbrood(낭충봉아부패병) 212
Salix gilgiana(내버들) 183 202 206
Salix gracilistyla(갯버들) 183 195–197 202 206
Salvia spp.(샐비어류, 세이지류) 183 204 206
Sesamum indicum(참깨) 191 196 204 206
shimmering(쉬머링) 176 241
Sicyos angulatus(가시박) 59 193 196–197 202 206
side bar(측잔) 238 243–244
smoker(훈연기) 23 29 45 69 72–73 76 106–107
social bee(사회적인 꿀벌) 15–16
sodium saccharin(사카린나트륨) 220
solar wax melter(태양열제랍기) 151
Solidago altissima(미국미역취) 59 194 197 199
Sophora japonica(회화나무) 36 54 59 192 196 199–200 204 206
Sorbus commixta(마가목) 202 206 229
sperm reservoir(저정낭) 12
spider(거미) 208 213–214
spiracle(기문) 237
split beehive(분봉시키기) 104–105
stainless(스테인레스) 28 32–33 174
stationary beekeeping(고정양봉) 242
statistics of bee(양봉통계) 233
stinger(벌침) 5 11 17 40–51 99 149 209 241
stone brood(석고병) 211
strainer(여과천) 128
strainers(체) 128
Styrax japonica(때죽나무) 24 183–184 196 199 202 206 229
Styrax obassia(쪽동백나무) 183 204 206
sucrose(자당, cane sugar) 14 126 236–237 243
supercedure queen cell(환왕왕대) 100–101
swallow(제비) 104 118 213 218
swarm control(분봉방지) 98–103
swarm(분봉) 15 38 44–46 48–49 74 79 89 91 94 98–105 110–111 123 160 162–166 168–170 172 176 236 239 242–243
Syringa reticulata(개회나무) 202 206

(T)

Taraxacum platycarpum(민들레) 199 203 206
tar pigment(타르색소) 220
thymol(티몰) 212 214 233
Thymus quinquecostatus(백리향, 타임류) 183 203 206 244
Tilia amurensis(피나무) 204 206 229

toad(두꺼비) 218
top bar(상잔) 27 34–35 76 83 95 238 240 243–244
tracheal mite(진드기) 38 44 49 55 57–58 61 79 94–97 176 213–215 238
Trapilaelaps clareae(가시응애) 213–214
trehalose(트레할로스) 81 83
Trifolium alpinum(클로버) 22 204 206
Trifolium incarnatum(진홍토끼풀) 183 203 206
Trifolium repens(토끼풀) 22 183 191 196 199–200 203–204 206 229
trophallaxis(영양교환) 241

(U)

uncapping knife(밀도) 126 128 134–135 238
uniting bee(합봉) 29 45 72 75 80 106–107 122 171 244

(V)

Vaccinium oldhamii(정금나무) 183 203 206
Varroa destructor(바로아응애) 49 55 61 94 97 176 178 207 209 213–215 238
ventilating opening(환기구) 86
Verbesina alternifolia(나래가막사리) 183 202 205
vergin queen(처녀왕) 143 236 243
Vernicia montana(유동나무) 183 203 206
Veronica persica(큰개불알풀) 186 196–197 201 204 206
Vespa crabro(말벌) 17 39 41 44–45 52–53 55–59 67 141–146 217 242 245
Vespa mandarinia(장수말벌) 142–145 180
Vespa velutina(등검은말벌) 141 217 245
veteran bee(베테랑벌) 17
Vicia cracca(등갈퀴나물) 183 202 206
Vicia villosa(헤어리베치) 183 196 198–200 204 206 229

(W)

wasp(말벌) 17 39 41 44–45 52–53 55–59 67 141–146 217 242 245
water(수분) 14 26 56 87 126–127 134 148 220–222 237 240 244
waxmoth(봉충) 239 소충과 동일어
wax soldering iron(매선기) 35 238
wax worm(소충) 56 85 179 213 217
wood vinegar(목초액) 29 72 87 106–107
worker bee oviposition(동봉산란) 120 171 238 243
worker bee(일벌) 10–19 40 46 54–55 65 74–75 77–78 91 94–95 97–102 107 110–114 116–123 126 148–150 158 164 168–169 171 176 196 201 209 212–214 216 218 238–244
worker brood(일벌집) 20 27

(Z)

Zanthoxylum ailanthoides(머귀나무) 188 196 202 206
Zanthoxylum schinifolium(산초나무) 229 203 206
Zea mays(옥수수) 190 196 203 206 215
Ziziphus jujuba(대추나무) 183 202 206

사진을 곁들인 실무형 지침서
양봉학개론
松本文男 著/남상용 역

YOUHOUTAIZEN
Copyright ⓒ 2019 Fumio Matsumoto
First published in Japan in 2018
by Seibundo Shinkosha Publishing Co., Ltd.
Korean translation rights arranged
with Seibundo Shinkosha Publishing Co., Ltd.
through Shinwon Agency Co.
Korean edition copyright ⓒ 2021 by RGB press

이 책의 한국어 판권은 RGB 출판사에 있습니다. 저작권법에 의해 한국 내에서 보호를 받는 저작물이므로 어떠한 형태로든 무단전재와 무단복제를 금합니다.

2021년 8월 10일 초판 인쇄
2021년 8월 20일 초판 발행
발행 : 삼육대학교 자연과학연구소(E-mail : 36cactus@naver.com)
출판 : RGB Press(E-mail : namsyzip@syu.ac.kr)
ISBN 978-89-98180-27-0

출판에 도움을 주신 분들
법적인 문제와 업무대행을 해준 신원 에이전시, 편집과 인쇄를 맡아준 파오디의 조흥원 실장, 이 일로 인해 발생한 여러 어려움을 잘 참아준 삼육대학교 실험실 연구원들과 가족들에게도 감사를 드린다.

저자
마츠모토 후미오
양봉가. 1947년생. 사가현 토스시 출생. 하나노조 양봉장(사이타마현 후카야시) 운영. 건축과 토목업에 종사하였다. 어렸을 때 먹었던 꿀맛을 잊기 힘들어 진짜 꿀벌을 찾아 구하던 중 스스로 벌을 기르게 되었다. 나이 45세 때인 1992년에 벌통 2개로 시작한 양봉은 20개, 50개, 100개로 증가해 현재는 수백군의 꿀벌을 사육하고 있다. 항상 벌의 건강을 생각하며 맛있고 질좋은 벌꿀을 채취하기 위해 독학으로 양봉기술을 확립하였다. 벌꿀의 판매는 물론, 순하고 일 잘하는 꿀벌의 육성에도 힘쓰고 있다. 저자가 육성하고 번식시킨 여왕벌과 일벌이 일본의 전역에 보급되어 있다.

역자
남상용(농학박사)
서울대 농업생명과학대 식물생산과학부 학부, 석사, 박사졸업
현재 삼육대학교 과학기술대학 환경디자인원예학과 교수
현재 삼육대학교 부설 자연과학연구소 소장
현재 농촌진흥청 다육식물 유전자원관리기관 책임자
현재 (사)한국선인장과 다육식물협회장
현재 한국양봉학회 정회원